改訂 磁気工学の基礎と応用

電気学会 マグネティックス技術委員会 編

コロナ社

編　者

石山　和志（いしやま　かずし）　　東北大学

執筆者および執筆箇所 （五十音順）

荒井　賢一	（あらい　けんいち）	東北大学名誉教授（1.1.1～1.1.3, 1.2, 2.1～2.3）
石井　　修	（いしい　おさむ）	山形大学（8.1.3）
石山　和志	（いしやま　かずし）	東北大学（1.1.1～1.1.3, 1.2, 2.1～2.3, 8.1.4）
伊良皆啓治	（いらみな　けいじ）	九州大学（10.1.1, 10.2.3）
岩坂　正和	（いわさか　まさかず）	千葉大学（10.1.2）
岩田　　聡	（いわた　さとし）	名古屋大学（5.3.2）
岩原　正吉	（いわはら　まさよし）	金沢大学名誉教授（1.1.4, 1.3）
上原　　弦	（うえはら　げん）	金沢工業大学（10.2.2）
円福　敬二	（えんぷく　けいじ）	九州大学（10.2.1）
岡崎　靖雄	（おかざき　やすお）	岐阜大学名誉教授（3.2）
柿川真紀子	（かきかわ　まきこ）	金沢大学（10.3）
加藤　剛志	（かとう　たけし）	名古屋大学（9.2）
北本　仁孝	（きたもと　よしたか）	東京工業大学（5.2.1, 5.2.2）
早乙女英夫	（さおとめ　ひでお）	千葉大学（6.1, 6.2, 7.2.2～7.2.5）
榊　　　陽	（さかき　よう）	千葉大学名誉教授（2.6.1, 2.6.2, 6.1, 6.2）
佐々木　堂	（ささき　ただし）	岐阜大学名誉教授（3.1）
笹田　一郎	（ささだ　いちろう）	九州大学（8.1.1～8.1.2, 8.4）
佐藤　敏郎	（さとう　としろう）	信州大学（7.3）
高梨　弘毅	（たかなし　こうき）	東北大学（5.3.3）
竹澤　昌晃	（たけざわ　まさあき）	九州工業大学（5.1）
竹村　泰司	（たけむら　やすし）	横浜国立大学（5.2.3）
田島　克文	（たじま　かつぶみ）	秋田大学（7.2.1, 7.2.6）
徳永　雅亮	（とくなが　まさあき）	元 日立金属（4.3.4, 4.5）
中園　　聡	（なかその　さとし）	電力中央研究所（10.1）
中村　健二	（なかむら　けんじ）	東北大学（6.3, 6.4）
中村　慶久	（なかむら　よしひさ）	岩手県立大学（9.1, 9.2）
西尾　博明	（にしお　ひろあき）	元 明治大学（4.2）
枦　修一郎	（はし　しゅういちろう）	東北大学（5.3.1）
福永　博俊	（ふくなが　ひろとし）	長崎大学（3.3, 3.4）
藤井　壽崇	（ふじい　としたか）	豊橋技術科学大学名誉教授（2.4, 2.5）
本田　　崇	（ほんだ　たかし）	九州工業大学（10.3.2）
松木　英敏	（まつき　ひでとし）	東北大学（10.3.1）
山﨑　慶太	（やまざき　けいた）	竹中工務店（10.3.3）
山崎　健一	（やまざき　けんいち）	電力中央研究所（10.1.3）
山崎　二郎	（やまざき　じろう）	九州工業大学（7.1.5）
山沢　清人	（やまさわ　きよひと）	信州大学（7.1.1～7.1.4）
山田　外史	（やまだ　そとし）	金沢大学（1.1.4, 1.3）
山元　　洋	（やまもと　ひろし）	明治大学名誉教授（4.1, 4.3.1～4.3.3, 4.4）
脇若　弘之	（わきわか　ひろゆき）	信州大学名誉教授（8.2, 8.3, 8.5）

（所属は編集当時のものによる）

改訂によせて

「磁気工学の基礎と応用」は大学や高等専門学校で広く教科書として用いられていたが，初版から14年ほどが経過した。この間，磁気に関する新しい発見だけでなく，環境・エネルギー問題の解決の方向と軌を一にする産業技術の発展のために磁気の持つ利点がより重要視されるようになってきた。また，わが国では少子高齢化が進み，高度かつ多様な医療技術の開発が進められているが，磁気が関与する場面が増えている。

このような良いタイミングを捉えて改訂版を出すことができたのは，電気学会マグネティックス技術委員会およびその傘下の現在八つある調査専門委員会全メンバーの望外の喜びである。

改訂にあたっては，枠組みは従来のままとしたが，応用のところは技術の進歩に即して大幅な内容の見直しを行っている。例えば，第9章は磁気による情報ストレージという切り口で大きく書き換えられ，磁性材料についてはデータの大幅な追加，大きなポテンシャルを持つスピントロニクスについて新たな項の追加，さらには高周波磁気デバイスやシミュレーション技術についての説明の強化など随所に意欲的な改訂がなされている。さらに，今後の磁気の発展方向の一つに医療分野があるが，「生体磁気と医療応用」として新たに第10章として加えた。この結果ページ数が20弱増えてしまった。本書の内容を半期の講義で使用するには内容が豊富であると思われるので，ある程度内容を選択しながら教えることが必要になるかも知れない。この場合，第2章の物質の磁性で共通の基礎となる事柄を一通りこなし，学生をどのような分野に送り出すのかという視点に教員の専門性を加味して取捨選択するのも一つの方法である。本書は教科書の枠を超えて内容が豊富になったところもあるが，それは磁気工学の範囲が広いということ，逆にいえば社会で広く利用される有用な技術群を

改訂によせて

生み出す母胎でもあるということである。ぜひ多くの読者に本書を手にとってもらい，普段はあまり見ることがないであろう磁気工学が生み出した技術の数々を知って頂き，ひいてはこの分野に興味を持っていただきたい。

磁気は学問として長い歴史を持っている。幸い，わが国は先達に恵まれ，磁気工学の先導を担っている。次の世代の人達が私達と同じ道を歩み，そしてその先に道を開拓してもらいたいと念ずる次第である。

2013年8月

電気学会マグネティックス技術委員会

初版の序文

　磁性材料の応用は，電力分野における電気機器用電磁鋼板やアモルファス磁心，電子通信分野におけるリレー用パーマロイ磁心，インダクタ素子やスイッチング電源用のフェライト磁心，情報分野における記録・記憶要素としての薄膜磁気ヘッド，磁気テープや磁気ディスク，さらにはこれら各分野に共通して用いられている永久磁石など多岐にわたり，経済規模としては半導体産業に匹敵している。またこの分野に従事する技術者，研究者の数も膨大である。しかしながら磁気工学の応用に基本をおいた教科書がきわめて少ないのが現実である。

　電気学会マグネティックス技術委員会はこのような状況を憂い，磁気の基礎から応用まで一貫して系統的に学ぶことのできるテキスト作製の必要性を認識し，本書「磁気工学の基礎と応用」を編集出版することにした。技術委員会では傘下の調査専門委員会に所属する気鋭の研究者，技術者多数を執筆者として依頼し，最新の成果を取り入れて，いままでにないユニークな教科書を作ることを計画し，このたび上梓の運びとなった。

　磁気の基礎についてはすでにいくつかの優れた教科書があり，本書の執筆者の多くもこれらの恩恵を受けてきたことは，編集会議の席上でも折に触れて語られていた。一方，磁気の応用に関しても，多くの教科書が出版されているが，こちらはいずれも一長一短があり，必ずしも広く受け入れられていないようである。本書の編集に当たっては従来のテキストを調査し，長所を生かし問題点を改め，読みやすい内容にするよう努力したつもりである。

　本書の読者として考えているのは，磁気工学の分野にこれから従事しようとする大学院修士課程学生，卒業研究で磁気の研究を志す大学学部の4年生や工業高等専門学校の5年生，会社で磁気関係の業務を主とする部署に配属された

若い技術者などである。そして，初めて磁気の勉強をする者にとってもこの1冊で磁気工学の基礎から応用まで，一通りを身につけることができるように配慮したつもりである。しかし，限られた紙面のため各執筆者が書きたいことを100％記述することは無理で，興味ある話題でも割愛せざるを得なかった。書ききれなかったことについては，引用してある文献を参照してさらに理解を深めていただきたい。

　なお，本書の名称は「磁気工学の基礎と応用」となっているが，応用面は時の経過とともに陳腐化するのが宿命である。執筆者が固定しているときにはそのような本は消えゆく運命にある。冒頭に述べたように本書は技術委員会で編集している。当委員会は最新の研究成果を把握している調査専門委員会の研究者集団を抱えているので，本書の内容については何年かに一度見直しを行い，新しく書き改められることを想定している。研究が進展しそのような時期が早く来ることを期待するとともに，本書を学んだ方々の中から，執筆陣に参加する人が輩出することを念願している。

　1999年3月

電気学会マグネティックス技術委員会

目　　　　次

1. 電流と磁界

1.1 電　流　と　磁　界 ……………………………………………………1
　1.1.1 磁　　　　界 ………………………………………………………1
　1.1.2 磁界計算のための基礎定理 …………………………………………1
　1.1.3 定常電流による磁界の発生 …………………………………………3
　1.1.4 電　磁　力 ……………………………………………………………6
1.2 物　質　の　磁　化 ……………………………………………………7
　1.2.1 磁性体と磁化 …………………………………………………………7
　1.2.2 静磁エネルギー ………………………………………………………8
　1.2.3 ヒステリシス …………………………………………………………8
　1.2.4 透磁率と磁化率 ………………………………………………………10
　1.2.5 反　磁　界 ……………………………………………………………11
1.3 電　磁　誘　導 ……………………………………………………………12
　1.3.1 電磁誘導の法則 ………………………………………………………12
　1.3.2 インダクタンス ………………………………………………………13
演　習　問　題 …………………………………………………………………14

2. 物質の磁性

2.1 磁性体の種類 ……………………………………………………………15
　2.1.1 原子の磁気モーメント ………………………………………………15
　2.1.2 ランジュバンの常磁性理論 …………………………………………17
　2.1.3 ワイス理論 ……………………………………………………………18

	2.1.4	交換相互作用	20
	2.1.5	超交換相互作用	21
	2.1.6	磁性体の種類	22
	2.1.7	磁化測定	24
2.2	磁気異方性とその測定法		25
	2.2.1	磁気異方性	25
	2.2.2	磁気異方性の測定法	29
2.3	磁歪（磁気ひずみ）とその測定法		31
	2.3.1	磁　　歪	31
	2.3.2	磁 歪 定 数	32
	2.3.3	磁歪の逆効果	33
	2.3.4	磁歪測定法	33
2.4	磁 区 と 磁 壁		34
	2.4.1	磁　　区	34
	2.4.2	磁　　壁	35
	2.4.3	磁区の観察法	38
2.5	静 的 磁 化 機 構		39
	2.5.1	磁化過程とヒステリシス曲線	39
	2.5.2	磁壁の不連続移動と保磁力	40
	2.5.3	回転磁化過程と初磁化率	42
2.6	磁壁移動と損失発生機構		44
	2.6.1	渦電流と渦電流損	44
	2.6.2	磁壁数の推定	49
演 習 問 題			52

3. 高透磁率磁性材料

3.1	高透磁率特性		54
3.2	金属合金系材料		56
	3.2.1	鉄系磁性材料	56
	3.2.2	電磁鋼板	57

  3.2.3　パーマロイ/FeNi 合金 …………………………………………61
  3.2.4　FeCo 合金/パーメンダ ……………………………………………64
  3.2.5　FeAl 合 金 ……………………………………………………………64
  3.2.6　センダスト/FeAlSi 合金 …………………………………………64
  3.2.7　用途別分類 ……………………………………………………………64
 3.3　フェライト材料 ……………………………………………………………65
  3.3.1　フェライトの製造法 …………………………………………………66
  3.3.2　スピネル形フェライト ………………………………………………66
  3.3.3　その他のフェライト …………………………………………………71
 3.4　ナノ結晶およびアモルファス材料 ………………………………………72
  3.4.1　アモルファス・ナノ結晶磁性材料の作製法 ……………………73
  3.4.2　アモルファス磁性材料の磁気特性 ………………………………74
  3.4.3　ナノ結晶磁性材料の磁気特性 ……………………………………77
 演 習 問 題 ……………………………………………………………………79

4.　永久磁石材料と特殊磁性材料

 4.1　磁石材料の進歩 ……………………………………………………………80
 4.2　磁石材料の特性と評価ならびに測定法 …………………………………82
  4.2.1　減磁曲線の測定原理および測定装置の校正方法 ………………83
  4.2.2　JIS 法に準拠した自記磁束計による履歴および減磁曲線の測定手順 ……86
 4.3　種々の磁石材料の製造法と磁気特性 ……………………………………87
  4.3.1　アルニコ磁石，Fe-Cr-Co 系磁石，半硬質磁性材料 ……………88
  4.3.2　フェライト磁石 ………………………………………………………89
  4.3.3　希土類磁石 ……………………………………………………………91
  4.3.4　ボンド磁石 ……………………………………………………………98
 4.4　磁石材料の応用 ……………………………………………………………100
 4.5　特 殊 磁 性 材 料 ………………………………………………………102
  4.5.1　磁 歪 材 料 …………………………………………………………102
  4.5.2　非磁性材料 ……………………………………………………………103
 演 習 問 題 ……………………………………………………………………104

5. 薄膜磁性材料

- 5.1 磁化過程 …………………………………………………… *105*
  - 5.1.1 静的磁化過程 ……………………………………… *105*
  - 5.1.2 動的磁化過程 ……………………………………… *110*
- 5.2 薄膜・微粒子作製方法 ………………………………… *114*
  - 5.2.1 物理的作製法 ……………………………………… *114*
  - 5.2.2 化学的作製法 ……………………………………… *116*
  - 5.2.3 微細加工法 ………………………………………… *118*
- 5.3 諸特性と応用 …………………………………………… *120*
  - 5.3.1 高周波応用 ………………………………………… *120*
  - 5.3.2 磁性薄膜の記録応用 ……………………………… *122*
  - 5.3.3 スピントロニクス ………………………………… *128*
- 演 習 問 題 ……………………………………………………… *133*

6. 磁気デバイスの解析

- 6.1 磁 気 回 路 ……………………………………………… *134*
  - 6.1.1 磁気抵抗とインダクタンス ……………………… *134*
  - 6.1.2 複合磁気回路 ……………………………………… *135*
  - 6.1.3 磁気エネルギーと機械的仕事 …………………… *137*
- 6.2 磁心の等価回路 ………………………………………… *137*
  - 6.2.1 磁心の損失 ………………………………………… *137*
  - 6.2.2 磁心の等価回路表現 ……………………………… *139*
- 6.3 有 限 要 素 法 ………………………………………… *140*
- 6.4 磁気回路網法 …………………………………………… *141*
  - 6.4.1 非線形磁気抵抗の導出および連成解析手法 …… *142*
  - 6.4.2 RNAモデルの導出法 ……………………………… *145*
  - 6.4.3 永久磁石モータの特性算定例 …………………… *146*

演習問題 ……………………………………………………………………148

7. パワーマグネティックス

7.1 磁気アクチュエータ ……………………………………………………149
 7.1.1 電磁ソレノイド …………………………………………………149
 7.1.2 リニアモータ ……………………………………………………151
 7.1.3 電磁ポンプ ………………………………………………………153
 7.1.4 磁気浮上 …………………………………………………………154
 7.1.5 マイクロ磁気アクチュエータ …………………………………154
7.2 非線形磁化特性の応用 …………………………………………………157
 7.2.1 磁気増幅器 ………………………………………………………157
 7.2.2 鉄共振回路とその応用 …………………………………………158
 7.2.3 定電圧変圧器 ……………………………………………………159
 7.2.4 周波数変換 ………………………………………………………160
 7.2.5 相数変換 …………………………………………………………162
 7.2.6 直交磁心とその応用 ……………………………………………162
7.3 高周波磁性薄膜デバイスとその応用 …………………………………163
 7.3.1 高周波磁性薄膜材料と高周波磁性薄膜デバイスの基本構造 …164
 7.3.2 薄膜インダクタ,薄膜トランスとマイクロスイッチング電源 …167
 7.3.3 準マイクロ波帯磁気デバイス …………………………………168
 7.3.4 新しい高周波磁気応用 …………………………………………169
演習問題 ……………………………………………………………………170

8. 磁気センサ

8.1 磁界センサ ………………………………………………………………171
 8.1.1 種々の磁界計測法 ………………………………………………171
 8.1.2 フラックスゲート磁界センサ …………………………………174
 8.1.3 MRセンサ ………………………………………………………176
 8.1.4 SQUID ……………………………………………………………178

8.2 位置・変位センサ …………………………………………………180
  8.2.1 アブソリュート式センサ ……………………………………180
  8.2.2 インクリメント式センサ ……………………………………181
8.3 角度・角変位センサ ………………………………………………182
8.4 トルクセンサ ………………………………………………………185
  8.4.1 トルク計測の原理 ……………………………………………185
  8.4.2 ソレノイド形トルクセンサ …………………………………186
  8.4.3 磁気ヘッド形トルクセンサ …………………………………187
8.5 応力センサ …………………………………………………………188
演習問題 …………………………………………………………………190

9. 磁気による情報ストレージ技術

9.1 磁気記録 ― HDD の現状と将来 ― ……………………………191
  9.1.1 概　要 ………………………………………………………191
  9.1.2 HDD の概略 …………………………………………………192
  9.1.3 書込みの原理 ………………………………………………195
  9.1.4 書込み性能の理論予測 ……………………………………200
  9.1.5 課題と展望 …………………………………………………208
9.2 光磁気記録 …………………………………………………………210
  9.2.1 記録再生方式 ………………………………………………211
  9.2.2 記録媒体 ……………………………………………………212
演習問題 …………………………………………………………………213

10. 生体磁気と医療応用

10.1 生体と磁気 ………………………………………………………214
  10.1.1 生体からの磁気 ……………………………………………214
  10.1.2 生体機能物質と磁気（強磁場の生体効果と医学・生命科学）………216
  10.1.3 磁気の生体影響の評価 ……………………………………217

10.2 生体信号と磁気刺激 …………………………………………………220
　10.2.1 生体信号の検出 ……………………………………………220
　10.2.2 脳磁図と心磁図 ……………………………………………222
　10.2.3 磁 気 刺 激 ……………………………………………224
10.3 磁気医療技術 …………………………………………………………226
　10.3.1 エネルギー・信号伝送 ……………………………………226
　10.3.2 医療機器駆動 ………………………………………………228
　10.3.3 磁気シールド ………………………………………………230

引用・参考文献 ………………………………………………………………232
演習問題解答 …………………………………………………………………250
索　　　引 ……………………………………………………………………256

単位について

工学分野では，SI 単位系（国際単位系）と呼ばれる MKSA 有理化単位系（電流〔A〕を基本単位に入れる）が普及している。しかし，磁気に関してはガウス単位系や CGS 電磁単位系（CGS emu）を用いるのが便利であるため，現在でも実用上はこれらの単位系が用いられている。ガウス単位系は磁気に関しては CGS 電磁単位系を用いている。したがって，SI 単位系と CGS 電磁単位系が磁気の分野ではいまだに併存している状態である。

SI 単位系では，磁気定数 $\mu_0 = 4\pi \times 10^{-7}$ H/m が定義され，真空の透磁率に等しい。CGS 単位系では定義されず，真空の透磁率は 1 である。

本書は原則として SI 単位系によっているが，磁気モーメントに Wb·m の単位を与え，磁化は磁気分極（T）を指す用語にしている。CGS 単位系との対応を付けやすくするためである。

SI と CGS emu との換算表

量	記号	SI 単位	換算比（emu/SI）	CGS 電磁単位
電流	I	A	10^{-1}	Abampere
磁極	q_m	Wb	$10^8/4\pi$	
磁束	Φ	Wb	10^8	Mx
磁気モーメント	m	A·m^2		
（磁気モーメント）	m	Wb·m	$10^{10}/4\pi$	
磁化	M	A/m		
磁気分極（磁化）	J	T	$10^4/4\pi$	G
磁束密度，磁気誘導	B	T	10^4	G
磁界	H	A/m	$4\pi \times 10^{-3}$	Oe
透磁率	μ	H/m	$10^7/4\pi$	
反磁界係数	N		4π	
異方性定数	K	J/m^3	10	erg/cc

1 電流と磁界

1.1 電流と磁界

1.1.1 磁　　　界

　直流電流の流れている電線のそばに置いた方位磁針は，電線と直角方向に向こうとする。このことは，電流によって電線近傍に作られた場が，永久磁石である方位磁針に力を及ぼすことを示している。この場を**磁界**（magnetic field）あるいは**磁場**と呼ぶ。磁界はベクトル量であり，その方向は電流を中心とする円周方向で，電流の方向に対して右ねじの向きである。そして磁界の強さは電流に比例し，電流からの距離に反比例する。磁界は永久磁石の周辺にも作られるが，特に均一な強度の磁界は各種のコイルに電流を流すことで作られる。本節では，電流によって作られる磁界の計算方法について述べる。

1.1.2 磁界計算のための基礎定理

　（1）**アンペアの法則**　　図1.1に示すように電流を囲む任意の閉曲線を考える。電流がその閉曲線上の位置に作り出す磁界の強さ H をその閉曲線上で積分するとその値は電流値 i に等しくなる。これを**アンペアの法則**（Ampere's law）といい，式で表すと

$$\oint H \, dl = i \tag{1.1}$$

となる。上式より，磁界 H は〔A/m〕の次元を持つことがわかる。また，後述のように磁気定数 μ_0 を用いて磁界を $\mu_0 H$ と表せば〔T〕の次元となる。

　この法則を用いて，直線電流の周辺に作られる磁界を計算してみよう。図

1. 電流と磁界

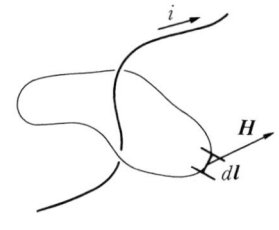
図1.1 アンペアの法則

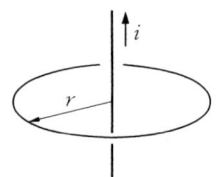
図1.2 アンペアの法則を用いた電流 i から r だけ離れた場所での磁界計算

1.2に示すように，電流 i 〔A〕から r 〔m〕だけ離れた点における磁界を計算するために，電流を囲む半径 r 〔m〕の円を考える。この円上でのアンペアの法則は

$$H \cdot 2\pi r = i \tag{1.2}$$

となるから，求める磁界は

$$H = \frac{i}{2\pi r} \tag{1.3}$$

となる。

（2）**ビオ・サバールの法則** 図1.3に示されるような，電流 i 〔A〕が流れている長さ dl の微小な線素片が作る磁界 $d\boldsymbol{H}$ は，電流素片 idl，電流素片からの距離 r 〔m〕，および $\boldsymbol{r}$ と $d\boldsymbol{l}$ のなす角度 θ に関係し，次式で表される。

$$\left. \begin{array}{l} d\boldsymbol{H} = \dfrac{i}{4\pi} \cdot \dfrac{d\boldsymbol{l} \times \boldsymbol{r}}{r^3} \\[2mm] dH = \dfrac{i \sin\theta}{4\pi r^2} dl \end{array} \right\} \tag{1.4}$$

この関係を**ビオ・サバールの法則**（Biot-Savart law）と呼ぶ。このときの $d\boldsymbol{H}$ の向きは，ベクトル表示の式からも明らかなように，$d\boldsymbol{l}$ と $\boldsymbol{r}$ とに垂直で，かつ $d\boldsymbol{l}$ から $\boldsymbol{r}$ へ回転したときの右ねじの方向となる。

この法則を用いて，図1.4で示す電流 i の流れている半径 r の1ターンコイルがその中心に作る磁界の強さを計算してみよう。すべての電流素片が作る磁界は同じ方向（コイルに垂直方向）となるため，これらを合計すればコイルが

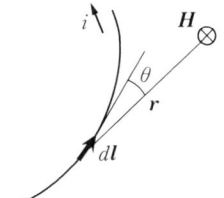 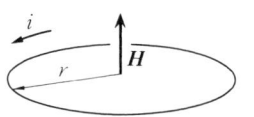

図1.3　ビオ・サバールの法則　　図1.4　ビオ・サバールの法則を用いた磁界計算

作る磁界に等しくなり

$$H = i\left(\frac{1}{4\pi r^2}\right)\int_0^{2\pi r} dl = i\left(\frac{1}{4\pi r^2}\right)(2\pi r) = \frac{i}{2r} \quad (1.5)$$

と計算される。

　以上のように，アンペアの法則およびビオ・サバールの法則はいずれも電流から磁界を計算するものであるが，それぞれ積分形，微分形の表現となっている。そのため一般的には，直線電流のように積分範囲が広い場合はアンペアの法則を，コイルのように電流が局在している場合はビオ・サバールの法則を用いて計算すると磁界計算が容易になる。

1.1.3　定常電流による磁界の発生

　前項で示した法則を用いて，電流が流れているコイルの発生する磁界を計算してみよう。まず，図1.5に示すようなきわめて薄いNターンのコイルを考え，そのコイルに電流i〔A〕を流した際にコイル中心軸上で発生する磁界強度H〔A/m〕を計算する。ただし，コイルの半径をr_1〔m〕，コイルから磁界強度計算位置までの距離をr_2〔m〕，αを$\tan^{-1}(r_1/r_2)$とする。

　コイルの中心軸上では，コイルの対称性によりコイルの各部で発生する磁界のコイル面内に平行な成分はたがいに打ち消し合い，合成磁界は中心軸に平行な成分のみが残る。そこで，中心軸に平行な成分だけをビオ・サバールの法則を用いて計算すると

$$H = \frac{N}{4\pi}\int \frac{i\sin\alpha}{\sqrt{r_1^2+r_2^2}} dl = \frac{Ni}{2}\cdot\frac{r_1^2}{(r_1^2+r_2^2)^{3/2}} \quad (1.6)$$

1. 電流と磁界

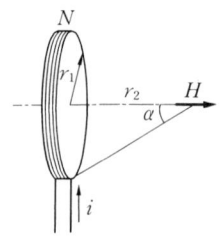
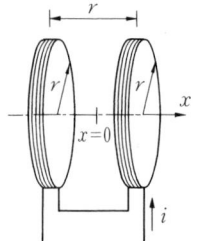

図1.5 コイルの発生する磁界　　図1.6 ヘルムホルツコイル

となる。この式に $r_2=0$, $N=1$ を代入すると $H=i/2r_1$ となり, 式 (1.5) と一致する。

　コイルの中心軸上以外の位置では, 磁界のコイル面に平行な成分が打ち消されずに残る。この磁界を求めるにはいくつかの方法がある。例えば, 円電流をいくつかの素片に分け, おのおのの素片が求める位置に作り出す磁界をビオ・サバールの法則で求め, その結果を合成すればよい。この計算は解析的には困難だが, 最近はパソコンが発達しているため簡単に数値計算ができるようになった。

　つぎに図1.6に示すようにこのNターンのコイルを2個, 同軸上にコイルの半径と同じ距離だけ離して設置し, 同方向に同じ大きさの電流を流した場合に発生する磁界を計算しよう。コイルの中心軸をx軸とし, 二つのコイルの中点を $x=0$ とする。x軸上の磁界強度 $H(x)$ は式 (1.6) を用いて

$$H(x) = \frac{Ni}{2}\left[\frac{r^2}{\left\{\left(\frac{r}{2}+x\right)^2+r^2\right\}^{3/2}} + \frac{r^2}{\left\{\left(\frac{r}{2}-x\right)^2+r^2\right\}^{3/2}}\right]$$

$$= \frac{iNr^2}{2}\left(\frac{5}{4}r^2\right)^{-3/2}\left[\left\{\frac{4(x^2+rx)}{5r^2}+1\right\}^{-3/2} + \left\{\frac{4(x^2-rx)}{5r^2}+1\right\}^{-3/2}\right]$$

(1.7)

と計算される。これを公式

$$\{1+f(x)\}^a = 1 + af(x) + \frac{a(a-1)}{2}(f(x))^2 + \frac{a(a-1)(a-2)}{2\cdot 3}(f(x))^3 + \cdots \tag{1.8}$$

を用いて展開し，整理すると，x^3 より小さい次数の項はすべて消えて

$$H(x) = \frac{iNr^2}{2}\left(\frac{5}{4}r^2\right)^{-3/2}\left[2 - \frac{108}{25}\cdot\frac{x^4}{r^4} + \cdots\right] \tag{1.9}$$

となる。この式からもわかるように x/r が小さい場所，つまり $x=0$ 近傍での $H(x)$ は x に対する依存性が小さい。このことは，二つのコイルの中間点付近で発生する磁界強度の均一性が高いことを示している。この配置のコイルは**ヘルムホルツコイル**（Helmholtz coil）と呼ばれ，コイル間に均一な磁界を発生させるための装置として広く用いられているものである。ヘルムホルツコイルの中心磁界は式 (1.9) に $x=0$ を代入することにより得られ

$$H = \frac{8}{5\sqrt{5}}\left(\frac{Ni}{r}\right) \tag{1.10}$$

となる。ヘルムホルツコイルは，数百〔A/m〕程度以下の比較的弱い磁界を発生させるために使われることが多い。

　一方，比較的大きな磁界を発生させるために使われるコイルとして，ソレノイドコイルが知られている。これは，電線をらせん状に規則正しく密に巻いたコイルであり，磁界はコイル中の円筒状の空間に，円筒の軸方向に発生する。ソレノイドコイルの内部に発生する磁界強度は，アンペアの法則を用いることにより簡単に計算できる。いま，ソレノイドコイルが十分に長く，コイル端部からコイル外側へ漏れる磁界の影響が十分小さいと仮定する。ソレノイドコイルの軸を含む平面での断面を考え，**図 1.7** に示すようにコイルの内部と外部を通る長方形を考え，その辺についてアンペアの定理を適用する。このコイルの 4 辺のうち，AB 間にのみ，辺と平行の磁界 H が存在する。そのため，AB 間の距離を r とし，ソレノイドコイルの単位長さ当りの巻数を n とすると，この長方形 ABCD の囲む電流は $n\cdot r\cdot i$ であり，アンペアの法則により

$$H\cdot r = n\cdot r\cdot i \tag{1.11}$$

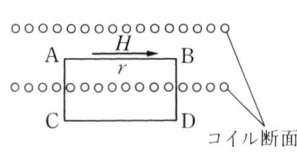 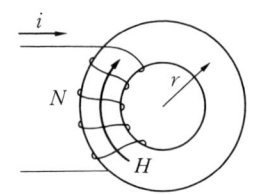

図1.7 ソレノイドコイルの発生する磁界   図1.8 リングに巻き付けたコイルが発生する磁界

が成立し，これから磁界強度 H は

$$H = N \cdot i \tag{1.12}$$

と計算される。

つぎにリングに巻き付ける形に巻いたコイルが，コイル内部に作り出す磁界を計算してみよう。図1.8に示すように，平均半径 r のリングにコイルを N ターン巻き付け，そこに電流 i を流すと，コイル内に発生する磁界はアンペアの法則を使って

$$H \cdot 2\pi r = N \cdot i$$

すなわち

$$H = \frac{N \cdot i}{2\pi r} \tag{1.13}$$

と計算される。

1.1.4 電 磁 力

磁束密度 B の中で電荷 q が速度 v で運動している場合，その電荷が受ける力 F 〔N〕は一般に

$$F = q(v \times B) \tag{1.14}$$

で与えられる。この力 F は**ローレンツ力**（Lorentz force）と呼ばれる。式の表現からもわかるように，この力は電荷の進行方向と磁束密度の方向の作る面に垂直である。式(1.14)において，q を電荷密度と考えると（qv）は電流密度 i となることから，上式は

$$F = i \times B \tag{1.15}$$

とも書ける。これは，磁界中に置かれた電流に働く**電磁力**（electromagnetic

force)を表すもので,**フレミングの左手の法則**(Fleming's left-hand rule)と呼ばれている。

1.2 物質の磁化

1.2.1 磁性体と磁化

前節で述べたように,電流の流れているコイルはその周辺に磁界を作り出す。この働きは,磁性材料も同じである。このことは逆に,磁性材料の内部には電流が流れているコイルと同じ働きをするものが存在するということである。この働きをするものが**磁気モーメント**(magnetic moment)であり,磁気モーメントを持つ材料を**磁性体**と呼ぶ。磁気モーメントは〔Wb・m〕の次元を持つベクトル量であり,単位体積当りの磁気モーメントを**磁化**(magnetization)または**磁気分極**(magnetic polarization)といい,Jで表す。単位は〔Wb/m²〕=〔T〕である。磁化は磁気モーメントと同様にベクトル量であり,その向きは磁化した部分を切り出して孤立させたときに生じるS極(−極)からN極(+極)へ向かう方向である。

物質の磁化の方向は,一般に外部から印加した磁界の方向と大きさにより変化する。永久磁石材料は内部の磁気モーメントの向きが印加磁界方向に向きにくい材料であり,そのため磁化方向と逆向きの磁界中に置かれると材料自身が回転してしまうこともある。方位磁針が磁界中で回転するのはまさにこの現象によるものである。このように磁化の向きが変化しにくい材料を**硬質磁性材料**(hard magnetic material)という。また磁気モーメントの向きがきわめて回転しやすい材料は,**軟質磁性材料**(soft magnetic material)と呼ぶ。それぞれの材料の詳細については3章および4章で学ぶ。

一方,磁化された磁性体内部には**磁束**(flux)が生じている。特に単位断面積当りの磁束量は**磁束密度**(magnetic flux density)と呼ばれ,B〔T〕で表される。磁束密度B〔T〕と磁化J〔T〕,磁界H〔A/m〕の間には

$$B = J + \mu_0 H \tag{1.16}$$

なる関係がある。ここでμ_0は**磁気定数**(magnetic constant)と呼ばれる定数

で，真空の透磁率と同じ値を持ち

$$\mu_0 = 4\pi \times 10^{-7} \text{ [H/m]} \tag{1.17}$$

である．

1.2.2 静磁エネルギー

図1.9に示すように磁化Jの向きがそろった磁性体において，材料の内部では隣り合う磁気モーメントのN極とS極とが打ち消し合うが，材料両端部ではN極およびS極の**磁極**（magnetic pole）が表面に現れる．このように磁極が材料表面または結晶粒界などに現れることにより，磁極間に作用する**クーロン力**

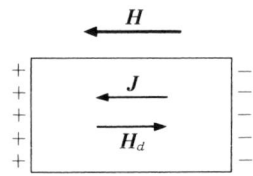

図1.9 磁極の発生と反磁界

（Coulomb force）のためエネルギーが増加する．このエネルギーを**静磁エネルギー**（magnetostatic energy）という．

磁気に関するエネルギーの中で静磁エネルギーは一般的に，後述の**異方性エネルギー**（magnetic anisotropy energy）と同程度の大きさを有するため，磁気特性に大きな影響を及ぼす．特に**磁区構造**（magnetic domain structure）の決定には大きな支配力を持つため，磁区構造を制御する場合には静磁エネルギーの評価が不可欠となる．

1.2.3 ヒステリシス

磁性体に磁界を印加して，磁気モーメントの方向を1方向にそろえることを"磁化する"という．磁化と磁界の間の関係を調べることは磁性体の特性を調べる上で最も重要な点の一つである．磁性体の磁化特性は一般的に非可逆的であり，かつ曲線的に変化する．図1.10に代表的な特性を示す．このような非可逆的特性を**ヒステリシス**（hysteresis）と呼ぶ．またこの曲線を**ヒステリシス曲線**（hysteresis loop）と呼ぶ．ヒステリシス曲線は非可逆的であると同時に，ある点で飽和することがその特徴である．これは物質内部の磁気モーメントがすべて同じ方向にそろうために，それ以上

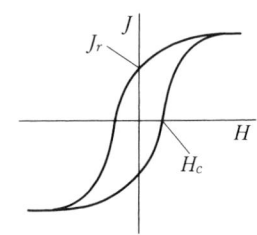

図1.10 ヒステリシス曲線

の磁界を加えてもその状態が変化しないことを意味する。

さてここで，磁性体を磁化するために必要なエネルギーについて考えてみる。ヒステリシス曲線としてJ-Hループを考え，磁界Hの下で磁化がδJだけ変化すると，それに伴うエネルギー変化量δWは

$$\delta W = H \cdot \delta J \tag{1.18}$$

であるから，ヒステリシス曲線を1周する間に次式で示される量のエネルギーが消費され，熱に変わる。

$$W = \oint H \, dJ \tag{1.19}$$

このエネルギーを**ヒステリシス損**（hysteresis loss）と呼び，W_hで表す。軟磁性材料はこのヒステリシス曲線の面積が小さいことが望ましい。

さて，磁性体に磁界を印加した後その磁界を取り去ると，ヒステリシスの存在により磁化の大きさは零にはならず，ある大きさの磁化が残存する。この磁化の大きさを**残留磁化**（remanent magnetization）と呼び，J_rで表す。また，残留磁化状態の磁性体に逆方向の磁界を印加すると，ある大きさの印加磁界で磁化の大きさが零になる。この磁界の大きさを**保磁力**（coercive force）と呼び，H_cで表す。この場合には，J-H曲線を想定しているので保磁力を特にH_{cJ}と表す。一方，Jの代わりにBを用いたB-H曲線もJ-H曲線と同様に広く使用されている。J-H曲線とB-H曲線とは同一の試料であっても形状が異なり，B-H曲線上で$B=0$の直線と交わる点で定義される保磁力はH_{cB}と表現する。H_{cJ}とH_{cB}は軟質磁性材料ではその差が小さいことからあまり問題にせず，保磁力を単にH_cと表す場合が多いが，大きな保磁力を有することが望ましい硬質磁性材料ではH_{cB}とH_{cJ}は区別して使用している。

これまで述べてきたように，強磁性体はヒステリシスを有するため，一度磁化してしまうとその磁化を取り除くことは容易ではない。磁性体を$H=0$，$B=0$の状態に戻すことを**消磁**（neutralizationまたはdemagnetization）と呼び，消磁されていることを**消磁状態**（magnetic neutral state）と呼ぶ。消磁の方法には，磁性体を飽和させ得る大振幅の交流磁界を印加し，その振幅を徐々に小

さくし零にする方法(交流消磁法)と，材料のキュリー温度以上に加熱し，無磁界中で冷却する方法(熱消磁法)がある。

1.2.4 透磁率と磁化率

磁性体の特性を評価する一つの要因として，磁化のしやすさが挙げられる。すなわち，ある大きさの磁界を印加した場合の磁束変化量の大小である。この磁束変化のしやすさを表す指標が**透磁率**(permeability)であり，次式のように定義されている。

$$\mu = \frac{B}{H} \tag{1.20}$$

この式からわかるように，透磁率は磁界と磁束密度の関係を示す磁化曲線の傾きを表している。透磁率と同様に磁界と磁化との間の関係を示すものが**磁化率**(susceptibility)であり，次式のように定義されている。

$$\chi = \frac{J}{H} \tag{1.21}$$

透磁率は一般には式(1.20)で示された絶対値よりも，次式で示すように磁気定数で規格化した値が用いられることが多く，この規格化された透磁率を**比透磁率**(relative permeability)と呼び，μ_sで表す。

$$\mu_s = \frac{\mu}{\mu_0} = \frac{B}{\mu_0 H} \tag{1.22}$$

この式から，横軸をμ_0倍したB-H曲線の傾きを用いると直接比透磁率が求められることがわかる。

特に**図 1.11**に示すように，磁化曲線の原点近傍での比透磁率を**初透磁率**(initial permeability)μ_i，磁化曲線の各部の傾斜を**微分透磁率**(differential permeability)μ_{diff}，磁化曲線の各部と原点を結んだ直線の勾配が最大になる点でのその勾配を**最大透磁率**(maximum permeability)μ_{max}と呼んでいる。

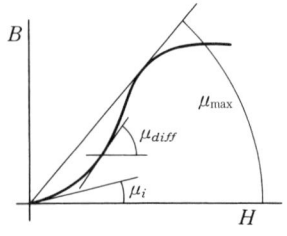

図 1.11 磁化曲線と透磁率の種類

1.2.5 反　磁　界

磁性体を磁化すると試料端部に磁極が生じる。磁極は磁力線のわきだし口であるため，そこから磁性体外部に磁界が生じる。ところがそれと同時に，磁極は磁性体内部にも磁化方向と逆向きに磁界を作り出す（図1.9参照）。これが**反磁界**（demagnetizing field）である。この反磁界を考慮すると実際に磁性体に印加される磁界 H_{eff} は $H_{eff} = H - H_d$ となる。

反磁界の大きさ H_d は，磁化の強さ J を用いて

$$H_d = N \frac{J}{\mu_0} \tag{1.23}$$

と表される。ここで，N は0から1の間の値を持つ定数で**反磁界係数**（demagnetizing factor）と呼ばれている。反磁界係数が大きいほど，磁化曲線の勾配は小さくなり，同じ磁化量を得るためにより大きな印加磁界が必要になる。反磁界係数は試料の形状によって決まるが，形状の対称性が低い場合には反磁界係数を厳密に算出することはできない。**図1.12**に示すような回転楕円体形状試料など特殊な場合のみ反磁界係数が算出可能で，その場合には試料内部では一様な反磁界が生じている[1]†。

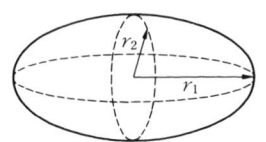

図1.12　反磁界係数計算のための回転楕円体モデル

細長い回転楕円体（$r_1 > r_2$）の長軸方向（r_1 方向）の反磁界係数 $N_{prolate}$ は，$m = r_1/r_2$ として

$$N_{prolate} = \frac{1}{m^2 - 1} \left[\frac{m}{(m^2-1)^{1/2}} \times \ln\left(m + (m^2-1)^{1/2}\right) - 1 \right] \tag{1.24}$$

円盤状の回転楕円体（$r_1 < r_2$）の面内方向（r_2 方向）の反磁界係数 N_{oblate} は，$m = r_2/r_1$ として

---

†　肩付き数字は，巻末の引用・参考文献の番号を示す。

$$N_{oblate} = \frac{1}{2}\left[\frac{m^2}{(m^2-1)^{3/2}}\sin^{-1}\frac{(m^2-1)^{1/2}}{m} - \frac{1}{m^2-1}\right] \tag{1.25}$$

とそれぞれ計算される．このように反磁界係数を示す式は複雑であるが，直交座標系における x, y, z 方向の反磁界係数 N_x, N_y, N_z の間には，一般的につぎのような関係がある．

$$N_x + N_y + N_z = 1 \tag{1.26}$$

そのためこの式を利用して対称性の良い形状の試料の反磁界係数を容易に求めることができる場合がある．例えば細長い棒状試料の場合，その長さが十分長ければ両端面に現れる磁極の間の距離が遠いために，長さ方向の反磁界係数は 0 である．すると棒の長さに直角な方向では，その対称性から残り二つの方向の反磁界係数はともに 1/2 となる．同様に考えて，十分に広い薄板状試料の板厚方向の反磁界係数は 1，板面内方向では 0 であり，球の反磁界係数はすべての方向で 1/3 である．

1.3 電 磁 誘 導

1.3.1 電磁誘導の法則

1.1 節では，電流が流れることにより電線の周囲に磁界が発生することを述べた．一方，磁界中にコイルを置いた場合，その磁界が時間的に変化するか，またはコイルが磁界中を移動することによりコイルに電圧が誘導され，コイルが閉回路を構成しているときにはコイルに電流が流れる．この現象は**電磁誘導**（electromagnetic induction）と呼ばれ，このとき発生する電圧，電流をそれぞれ誘導起電力，誘導電流と呼ぶ．これらの現象は，19 世紀前半にファラデー（Faraday, M.），レンツ（Lentz, H.），ならびにノイマン（Neumann, J.von.）らによって，次式に示すような**ファラデーの電磁誘導の法則**（Faraday's law）として数式化された．

$$e = -N\frac{d\Phi}{dt} = -\frac{d\Psi}{dt} \tag{1.27}$$

$$\Psi = N\Phi \tag{1.28}$$

ここで e, $\varPhi$, $\varPsi$ はそれぞれ誘導起電力〔V〕，磁束〔Wb〕，磁束鎖交数〔Wb〕であり，N はコイルの巻数である．起電力の方向は，**図 1.13** に示すように時間的ならびに運動による磁束の変化を打ち消す方向，あるいは右ねじの法則に従った方向であり，図（a）には磁束 $\varPhi$ が減少する場合についてその方向が示されている．

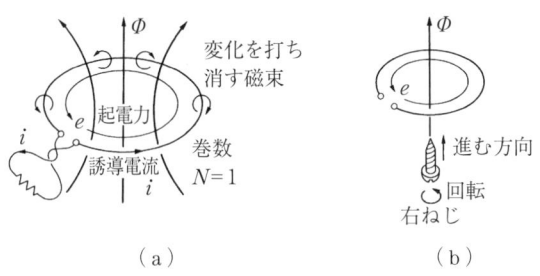

図 1.13　電磁誘導の法則

一方，一定磁束密度 B〔T〕中で線導体を移動させた場合にも起電力 e が誘導される．この起電力は，**フレミングの右手の法則**（Fleming's right-hand rule）によるもので

$$e = l(\boldsymbol{v} \times \boldsymbol{B}) \tag{1.29}$$

で与えられる．ここで，$\boldsymbol{v}$〔m/s〕と l〔m〕はそれぞれ磁界内で運動する線導体の速度，導体の長さである．先に述べた磁界の時間的変化による起電力は，変圧器起電力とも呼ばれるのに対し，この起電力は速度起電力といわれ，運動により発生する電圧を表している．

1.3.2　インダクタンス

電気回路論においては，**図 1.14**（a）に示すように，端子電圧 v_1〔V〕が電流 i_1〔A〕の時間変化に比例する素子を**インダクタ**と呼ぶ．すなわち

$$v_1 = L \frac{di_1}{dt} \tag{1.30}$$

と表し，L〔H〕を**自己インダクタンス**と呼ぶ．この関係は，電磁誘導の法則と対応する現象である．ただし，式（1.27）と式（1.30）の符号の違いは，図（b）に示すように式（1.27）では起電力すなわち電源をイメージするのに対し

14   1. 電流と磁界

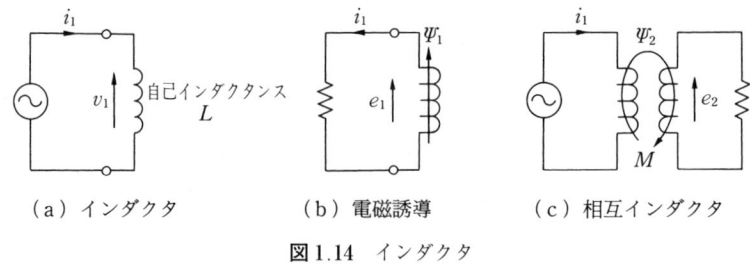

図1.14 インダクタ

て，式 (1.30) で表すインダクタは負荷として扱い，電圧と電流の方向の定義が異なるためである．式 (1.27) と式 (1.30) から磁束鎖交数 Ψ と自己インダクタンス L の間には

$$\Psi_1 = Li_1 \tag{1.31}$$

の関係が成立し，インダクタと物理現象とが結び付く．また，コイルに鎖交する磁束が自己のコイルによるものではなく，図 1.14（c）に示す他のコイルにより発生する磁束による場合には，相互インダクタンス M〔H〕となり式 (1.32) となる．

$$\Psi_2 = Mi_1 \tag{1.32}$$

演 習 問 題

（1） 飽和磁化が 2T の物質で球を作り，磁化が飽和する十分な大きさの磁界を印加した．このとき，球の内部に作られている反磁界の大きさを求めよ．

（2） 図 1.15 に示すモデルにおいて，電磁誘導の法則からフレミングの右手の法則を導出せよ．

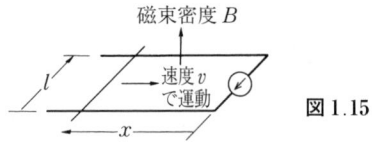

図1.15

（3） 電磁誘導の法則が速度起電力と変圧器起電力の両方を表すことを示せ．

（4） 図 1.7 に示す無限長ソレノイドコイルの単位長さ（1m）当りのインダクタンス L〔H〕を求めよ．

2 物質の磁性

2.1 磁性体の種類

2.1.1 原子の磁気モーメント

前章で述べたとおり,磁性体は磁気モーメントを有する。この磁気モーメントの発生原因には,電子が原子の周りを公転していることに起因して生じるものと,電子自身の**スピン**(自転,spin)により生じるものとがある。これら電子の運動は磁気モーメントを考える上で重要であるので簡単に触れることにする。

ループ電流が磁石として働くことからも理解されるように,原子核の周りを公転する電子により磁気モーメントが生じる。いま,簡単のため図 2.1 に示すように原子核の周りを $-e$ の電荷を有する電子が半径 r の円軌道を描いて角速度 ω で回転しているものとする。この電子の運動は電流値が $(-e\omega/2\pi)$ のループ電流と考えられるから,これにより作られる磁気モーメントは

$$M = -\mu_0 \left(\frac{e\omega}{2\pi}\right)(\pi r^2) = -\left(\frac{\mu_0 e}{2m}\right)P \tag{2.1}$$

と計算される。ここで,P は電子の**軌道角運動量**(orbital angular momentum),m は電子の質量である。

一方,量子力学によると電子の角運動量 P は,$(h/2\pi)$ を単位としてその整数倍の値しか取り得ない。ここで h はプランク定数である。そのため先述の磁気モーメントも連続的な値を取り得ず

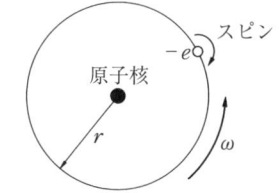

図 2.1 原子核の周りを自転しながら軌道運動する電子

$$\mu_B = \frac{\mu_0 e \hbar}{2m} \tag{2.2}$$

を単位として変化することになる. ここで, $\hbar = h/2\pi$ である. この μ_B を**ボーア磁子**（Bohr magneton）といい, $\mu_B = 1.16542 \times 10^{-29}$ Wb·m の値を持つ.

つぎに電子のスピンによる磁気モーメントを考える. この場合の磁気モーメントは**スピン角運動量**（spin angular momentum）P を用いて

$$M = -\left(\frac{\mu_0 e}{m}\right) P \tag{2.3}$$

と表される. スピンに伴う角運動量 P が等速円運動の場合の半分の $\hbar/2$ になることから, 電子スピンにより生じる磁気モーメントの最小単位もやはり μ_B に等しくなることがわかる.

これらより, 電子の円運動とスピンにより生じる磁気モーメントを表す一般式は

$$M = -g\left(\frac{\mu_0 e}{2m}\right) P \tag{2.4}$$

と書ける. ここで g は ***g* 係数**（g-factor）と呼ばれる係数で, 円運動の場合には $g=1$, スピンの場合には $g=2$ となる.

一方, 電子ばかりでなく原子核も, そのスピンに起因してわずかではあるが磁気モーメントを有している. この原子核の磁気モーメントは, **陽子**（proton）の質量を m_p とし, ボーア磁子の計算と同様に考えて

$$\mu_N = \frac{\mu_0 e \hbar}{2m_p} \tag{2.5}$$

が最小単位となることがわかる. この μ_N を**核磁子**（nuclear magneton）と呼び, $\mu_N = 6.33 \times 10^{-33}$ Wb·m の値を持つ. 陽子の質量が電子の質量に比べて大きいことから, 核磁子の大きさはボーア磁子に比べて 10^{-3} 程度小さい. しかし**核磁気共鳴**（nuclear magnetic resonance, 略して NMR）や, **メスバウアー効果**（Mössbauer effect）などさまざまな現象を生み出す源となっており, 物性研究にとって重要な定数である.

2.1.2 ランジュバンの常磁性理論

さまざまな物質を磁性の視点から分類すると，強磁性体，常磁性体，反磁性体などがある．これらの詳細については後に解説するが，ここでは常磁性体の磁化に関する理論について説明する．常磁性体は後述するように磁気モーメント間に相互作用が働かず，磁気モーメントがさまざまな方向を向いて，熱振動しており，磁界を印加しても磁気モーメントが磁界印加方向にそろわないため磁化しにくく，通常，磁化率は 10^{-5} 程度と小さい．常磁性体に強い磁界を印加した場合，磁気モーメントがどの程度熱擾乱に打ち勝って印加磁界方向に回転し，その向きがそろうかを計算したものが，ランジュバン（Langevin）の常磁性理論である．いま，磁性原子1個が持つ磁気モーメントを M とおき，M と外部印加磁界 H のなす角を θ とすると，この磁気モーメントは

$$U = -MH\cos\theta \tag{2.6}$$

で与えられるエネルギーを持つ．これは M を H と平行に（$\theta=0$）そろえようとするトルクを生み出すエネルギーである．ここに熱擾乱の効果が加わると，磁気モーメントがエネルギー U を持つ状態にある確率は

$$\exp\left(\frac{MH}{kT}\cos\theta\right) \tag{2.7}$$

に比例する．ここで，k はボルツマン定数，T は絶対温度である．

M の H 方向成分をすべて積分したものが磁化であるから，単位体積中の全原子数を N とし，$\alpha = MH/kT$ とおくと，磁化の大きさ J は

$$J = NM\left(\frac{1}{\tanh\alpha} - \frac{1}{\alpha}\right) = NM\, L(\alpha) \tag{2.8}$$

となる．ここで $L(\alpha)$ を**ランジュバン関数**（Langevin function）と呼ぶ．**図 2.2** に示すように，α が十分大きければランジュバン関数は 1 に近づき，磁化の大きさ J は NM に等しい，すなわちすべての磁気モーメントが外部磁界に平行となり，磁化が飽和する．しかしながら，超電導磁石を用いることで作られる大きな磁界（$\simeq 8\times10^6\,\mathrm{A/m}$）を考えても，室温では α の値は 0.02 程度であり，原点近傍の直線部分のみが実現されることがわかる．$\alpha \ll 1$ として近似

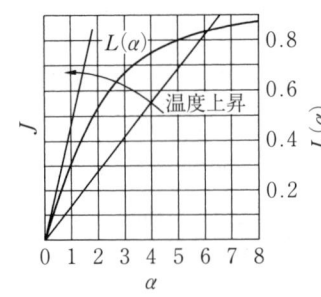

図2.2 ワイス理論を示す概念図。温度によって勾配の変化する直線とランジュバン関数の交点が自発磁化 J を示す。

し,原点近傍の関数を計算すると,$L(\alpha) \fallingdotseq \alpha/3$ となることから

$$J = NM\left(\frac{\alpha}{3}\right) = \frac{NM^2}{3kT} H \tag{2.9}$$

と表される。上述のように室温ではつねにこの近似式が成り立っている。すなわち常磁性体においては,つねに磁界 H と磁化の大きさ J が比例関係にあることを示している。ここでこの比例係数,すなわち磁化率 χ は

$$\chi = \frac{J}{H} = \frac{NM^2}{3kT} \tag{2.10}$$

と表される。この式の示す磁化率と温度の関係は,常磁性体の磁化率は絶対温度の逆数に比例するという**キュリーの法則**(Curie's law)を説明するものである。

2.1.3 ワイス理論

磁石に引き付けられるような物質,いわゆる強磁性体と呼ばれる物質は,外部から磁界を印加しなくとも磁気モーメントの向きがそろって整列しているために,その方向に自発磁化と呼ばれる磁化量を持つ。このことは磁気モーメント同士が熱擾乱に打ち勝って,その向きを平行にそろえていることを意味している。そこで本項では,強磁性体のモーメントが平行にそろう原因について述べる。

前述のように常磁性体では,室温で磁気モーメントを平行にそろえるためには実現不可能な大きさの磁界を印加するか,あるいは温度を絶対零度に近づける必要があった。そこでワイス(Weiss)は強磁性体のモーメントを整列させている非常に大きな磁界として,**分子磁界**(molecular field)と呼ばれる物質内部の仮想的磁界を仮定して,強磁性の出現を説明した。これがワイス理論である。

いま,分子磁界の大きさ H_m は物質の磁化の大きさ J に比例すると考え

$$H_m = \omega J \tag{2.11}$$

と仮定する。ここでωは比例係数である。すると磁気モーメントの感じる磁界は外部印加磁界Hと分子磁界H_mの和になる。そこで前項のランジュバンの常磁性理論においてHの代わりに$(H+\omega J)$を代入すると

$$\left. \begin{array}{l} J = NM\ L(\alpha) \\ \alpha = \dfrac{M(H+\omega J)}{kT} \end{array} \right\} \tag{2.12}$$

が得られる。この二つの方程式を連立させて解くことで磁化を求めることができる。式 (2.12) の第2式は

$$J = \frac{kT}{M\omega}\alpha - \frac{H}{\omega} \tag{2.13}$$

と変形できるから、ランジュバン関数と1次関数の交点として解が求まる。図2.2に式 (2.12) の第1式が示すランジュバン関数と式 (2.13) で示される1次関数を示す。ここでは、自発磁化を考えて$H=0$とした。絶対零度付近では、式 (2.13) の示す直線の勾配は小さく、交点のαは無限大となり、磁化の大きさJはNMに等しくなる。温度の上昇に伴って、直線の勾配は大きくなり、交点の位置が変化、すなわち磁化の大きさJが減少し、ついにはある温度で交点が原点と一致、すなわちJが零になる。この温度を**キュリー温度**（Curie point）と呼び、T_Cで表す。これより、キュリー温度以下では分子磁界により磁気モーメントは平行にそろい、自発磁化を生じるが、キュリー温度以上では、分子磁界による拘束よりも熱擾乱が優位となり、自発磁化が失われることが理解される。

キュリー温度では、原点近傍でのランジュバン関数〔式 (2.12) の第1式〕の傾きと式 (2.13) の示す直線の勾配が等しくなるため、これら2式の連立方程式を解くことでキュリー温度T_Cが求められ

$$T_C = \frac{NM^2\omega}{3k} \tag{2.14}$$

と計算される。さらにキュリー温度以上の温度での磁化率を計算すると、式 (2.10) に$H=(H+\omega J)$を代入整理して

$$\chi = \frac{J}{H} = \frac{NM^2}{3kT - NM^2\omega} \tag{2.15}$$

と求められる。ここに式 (2.14) を代入して

$$\chi = \frac{J}{H} = \frac{NM^2}{3k(T - T_C)} = \frac{C}{T - T_C} \tag{2.16}$$

が得られる。ここで C は $NM^2/3k$ である。式 (2.16) はキュリー温度以上での磁化率がキュリー温度からの温度のずれに反比例することを示しており、これを**キュリー・ワイスの法則**（Curie-Weiss law）と呼んでいる。

以上のように、ワイス理論は強磁性体の特性の温度変化をよく説明できることが明らかとなった。

2.1.4 交換相互作用

分子磁界を仮定することにより、強磁性体の磁化の温度特性がよく説明できることがワイス理論から示された。そこで、現実の特性を説明し得る分子磁界の大きさの程度を計算してみよう。

例えば鉄の場合、原子1個の持つ磁気モーメント M は $2.2\mu_B$、キュリー温度 T_C は 1 063 K であるから、式 (2.11) と式 (2.14) を用いて分子磁界 H_m の大きさを求めてみると

$$H_m = \omega J = \omega NM = \frac{3kT_C}{M}$$
$$\cong 1.7 \times 10^9 \text{A/m} \cong 2.1 \times 10^7 \text{Oe} \tag{2.17}$$

となる。

この磁界の大きさは、大形電磁石が発生し得る磁界（$\fallingdotseq 1.5 \times 10^6$ A/m）や、超電導電磁石の発生する磁界（$\fallingdotseq 8 \times 10^6$ A/m）と比較しても桁違いに大きい。

この大きな磁界の成因としてはまず、隣の原子の持つモーメントが発生する磁界による影響〔**磁気双極子相互作用**（magnetic dipole interaction）〕が考えられる。ところがモーメントの大きさを数 μ_B 程度、モーメント間の距離を原子間距離程度と見積もって求められる磁界の大きさはせいぜい 10^5 A/m のオーダであり、分子磁界の大きさを説明することはできない。この問題は分子

磁界の謎とされてきたが，ハイゼンベルグ（Heisenberg, W.）によって提案された**交換相互作用**（exchange interaction）によって説明された。

この考え方によれば，すべての電子について合成されたスピン S_i と S_j とを持つ二つの原子の間には

$$w_{ij} = -2J_{ex}S_iS_j \qquad (2.18)$$

のエネルギーを持つ相互作用が働く。ここに J_{ex} は交換積分である。$J_{ex}>0$ であれば，S_i と S_j とが平行の場合に安定となり，$J_{ex}<0$ であれば，S_i と S_j とが反平行の場合にエネルギーが低くなる。

強磁性体の場合，この J_{ex} が正できわめて大きいために熱擾乱に打ち勝ってスピンが平行にそろうのである。ここで J_{ex} の物理的意味を考える。まず，パウリ（Pauli, W.）の禁制律により一つの軌道にはたがいに平行なスピンは存在することができないために，原子の電子軌道は，隣接原子の持つスピンが自分のスピンに平行か反平行かによって変化する。すなわち，たがいに反平行なスピンを持つ電子軌道は重なり合って一つの軌道を形成できるが，スピンが平行であれば，それらの軌道は重なることができず，それぞれが独立に軌道を形成する。そのために隣接原子の持つスピンの向きによって電子の存在確率が変化し，その結果，**静電相互作用**（Coulomb interaction）の変化を生じる。このエネルギーを最低にするようにスピンが平行あるいは反平行にそろう作用が，交換相互作用である。

静電相互作用は磁気双極子相互作用に比べてきわめて大きく，その結果，大きな J_{ex} を示すのである。

2.1.5 超交換相互作用

前述の交換相互作用における交換積分 J_{ex} が負であるような材料は，隣接スピンが反平行に整列することになる。このような材料を**反強磁性体**という。反強磁性体の多くは磁性を担う元素（Fe，Co，Ni，Mn など）の酸化物，弗化物，塩化物などである。

そのため磁性を持つ陽イオンは**図 2.3** に示すように O^{2-} などの陰イオンに遮られており，直接の交換相互作用は弱い。しかしながら，例えば右側の陽イオ

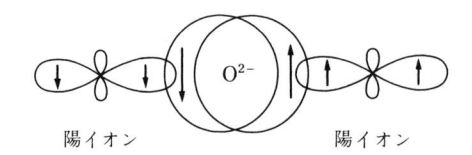

図 2.3 陰イオンがスピンによって磁気的分極を起こしている様子

ンの電子が上向きのスピンを有していたとすると，中心の陰イオンの電子のうち上向きのスピンを持つものが右側に引き付けられ，分布がひずむ。その結果，中心の陰イオンの左側に下向きのスピンを持つ電子が分布し，その電子が左側の陽イオンの電子と交換相互作用する。そのため，左右のイオン同士ではスピンの方向が反平行に整列するような交換相互作用が働く。

このように陰イオンを介して磁性を持つ原子のスピンが間接的に交換相互作用を通して結合することを**超交換相互作用**（super exchange interaction）と呼ぶ。

2.1.6 磁性体の種類

磁性体は，その内部の磁気モーメントの配列の様子によっていくつかに分類されている。ここではそれらについて概説する。

（1）**常 磁 性**　ランジュバンの常磁性理論で示されるように，磁界をかけると磁界の強さに比例してわずかに磁化する性質を示すものが**常磁性**（paramagnetism）で，代表的な常磁性体には Ti，V，Pd，Pt，希土類塩などがある。

磁気モーメントは有するが，交換相互作用がないため自発磁化を持たず印加磁界と磁化は比例関係にあり，磁化率は $10^{-3} \sim 10^{-5}$ 程度である。式 (2.10) からも明らかなように，磁化率の逆数は絶対温度に比例する。

（2）**反 磁 性**　磁界印加によりわずかに負に磁化する性質を**反磁性**（diamagnetism）といい，He，Ne，Ar，Cu，Ag，Au，Sb，Bi など多数の物質がこれに相当する。これは原子核の周りを軌道運動している電子に磁界が印加されると，電子の運動の速度が磁界の増加を妨げる向きに変化することに起因するものであり，そのため見掛け上磁界の印加方向と逆向きに磁化するのである。

（3）**強磁性（フェロ磁性）**　磁界印加によりきわめて大きな磁化を生じる性質を**強磁性**（ferromagnetism）という。**図 2.4** に示すように交換相互作用

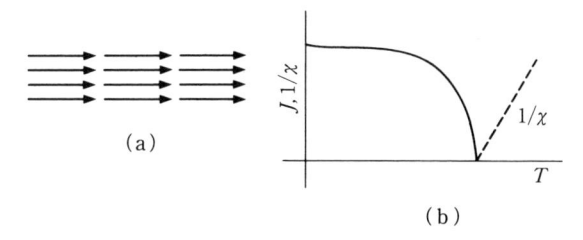

図 2.4 フェロ磁性体の磁気モーメントの整列状態（a）
と磁化および磁化率の温度依存性（b）

によりスピンが平行になり，磁気モーメントが平行にそろい自発磁化を示す。ワイス理論で示されたように，温度の上昇とともに自発磁化は減少し，キュリー温度で磁化が消失する。Fe，Co，Ni などがこれにあたる。

（4）**反強磁性** 図 2.5 のように，隣接するスピンがそれぞれ逆方向を向いており，同じ大きさを持つ磁気モーメントがたがいに打ち消し合う性質を**反強磁性**（antiferromagnetism）といい，磁化率は常磁性体と同程度に小さい。MnO，FeO，CoO，NiO，MnF_2，Cr_2O_3 などに見られる。温度が上昇するとモーメントを配列させている負の交換相互作用に比べて熱擾乱の影響が大きくなるため，磁化率は上昇する。ネール点（Néel point）θ_N と呼ばれる温度で配列が完全に壊れるため，それ以上の温度では磁化率は低下する。

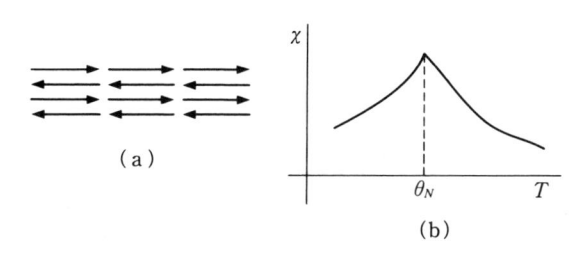

図 2.5 反強磁性体の磁気モーメントの構造（a）
と磁化率の温度依存性（b）

（5）**フェリ磁性** 図 2.6 に示されるように**フェリ磁性**（ferrimagnetism）を持つ材料は，異なる大きさの 2 種類以上の磁気モーメントが負の交換相互作用によりそれぞれ反平行方向を向いて配列している。そのため観測される磁化

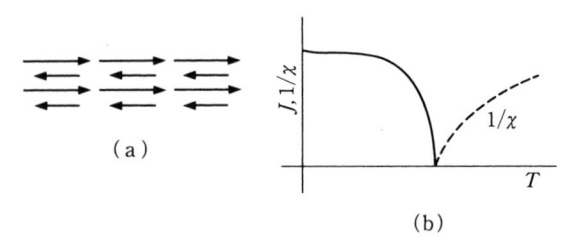

図 2.6 フェリ磁性体の磁気モーメントの構造（a）と磁化および磁化率の温度依存性の一例（b）

はそれらのモーメントの大きさの差である。酸化物強磁性体（例えばフェライト）にはフェリ磁性を持つものが多い。

2.1.7 磁化測定

磁化測定は磁性体の特性評価の上で最も重要な測定の一つである。磁化測定の方法には，物質の磁化が周辺に作り出す磁界を測定する方法と，物質の磁化変化を電磁誘導により電圧として測定する方法とがある。前者の例が振動試料形磁力計やSQUID磁力計（superconducting quantum interference divice magnetometer, 超電導量子干渉素子磁力計）であり，後者の例がピックアップコイルを用いた測定である。SQUID磁力計に関しては 8.1.4 項で述べるのでここでは省略する。

（1）振動試料形磁力計　振動試料形磁力計（vibrating sample magnetometer, 略してVSM）は，磁化測定の標準的装置として広く用いられている。この測定原理はつぎのとおりである。

磁化した磁性体は周辺に磁界を作り出す。そのため磁性体試料を振動させることにより試料から作り出される磁界が時間的に変化（振動）する。その結果，試料近傍に置かれたコイルに鎖交する磁束の量が試料の振動に伴って変化し，コイルに試料の振動周波数と同じ周波数の電圧が電磁誘導により誘導される。そこでコイルに誘導される電圧を計測することにより磁化の大きさを計測できる。その際，試料の振動を参照信号としてロックイン増幅器を用いて高感度増幅することで測定感度を高めている。振動試料形磁力計は試料が作り出す磁束の一部を検出しているので，原理的に校正が必要である。校正には飽和磁

化の値が既知の材料，例えばニッケルを用いてその飽和磁化量が既知の値に等しくなるように校正するか，あるいは標準コイルを用いる。

（2）**ピックアップコイル**　磁性体にコイルを巻き交流磁界を印加すれば，そのコイルには磁束変化量に依存した電圧が誘導される。その誘導される電圧を積分することにより磁束変化を計測できる。すなわち，断面積 S の試料に n ターンの**ピックアップコイル**（pickup coil）を巻いた場合，ピックアップコイルに誘導される電圧 V は，磁束密度を B，磁束を Φ として

$$V = -n\frac{d\Phi}{dt} = -nS\frac{dB}{dt} \tag{2.19}$$

と表されるため，磁束密度 B は

$$B = -\frac{1}{nS}\int V\,dt \tag{2.20}$$

と求められる。

2.2　磁気異方性とその測定法

2.2.1　磁 気 異 方 性

磁性体の磁化特性を測定すると，その特性は測定方向により異なる。これを**磁気異方性**（magnetic anisotropy）と呼んでいる。磁気異方性はさまざまな原因により発生し，例えば単結晶材料を測定すればその結晶軸方向に対する観測方向により特性が変化し，また棒状試料や板状試料ではその形状に起因して磁化特性の異方性が現れる。これらは磁化の方向によってエネルギー状態が変化することに起因している。このエネルギーを**異方性エネルギー**（anisotropy energy）と呼び，磁化は最もエネルギーの低い方向に向く。この方向を**磁化容易軸**（axis of easy magnetization）**方向**あるいは**容易軸**（easy axis）**方向**と呼ぶ。

一方，エネルギーの最も高い方向を**磁化困難軸**（axis of hard magnetization）**方向**または**困難軸**（hard axis）**方向**と呼ぶ。そのため磁化困難軸方向に外部から磁界を印加すると，最初磁化容易軸方向を向いていた磁化が印加磁界の増大に伴って困難軸方向へ向きを変える。そして磁界を取り去ると再び磁化は容易軸方向へ戻る。

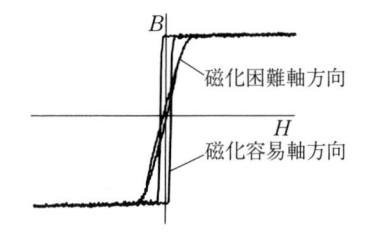

図 2.7 磁化容易軸方向と磁化困難軸方向のヒステリシス曲線の一例

図 2.7 に磁化困難軸方向と磁化容易軸方向との代表的ヒステリシス曲線を示す。磁化困難軸方向では磁化を飽和させるために必要な磁界が大きく，磁化させにくいのに対して，磁化容易軸方向はわずかの磁界印加で磁化が飽和する，すなわち磁化することが容易であると考えれば直感的に理解できるであろう。

磁気異方性は磁気特性を決定する最も重要な要因の一つである。一般的に永久磁石材料は外部磁界下でも磁化量が変わらないことが望ましいため，異方性は大きくなければならない。

一方，軟磁性材料は外部磁界に対して敏感に磁化が変化することが望ましいため異方性は小さいほうがよい。しかしながら実際には材料の使われ方に応じて異方性の強さと向きを精密に制御することが必要であり，磁性材料開発とその応用に関して異方性制御は最も大きな研究対象である。以下このような異方性をそのおもな発生原因で分類し解説する。

（1）結晶磁気異方性　磁気モーメントが結晶軸に対して方向を変えると，結晶の対称性を反映しエネルギーが変化し異方性を生じる。これが**結晶磁気異方性**（magnetocrystalline anisotropy）である。

鉄やニッケルのような立方格子を考え磁化の方向余弦を（$\alpha_1, \alpha_2, \alpha_3$）として，これらを変数として異方性エネルギーを表現してみる。この場合，結晶の対称性を満たさなければならず，磁化の方向が逆転してもエネルギーは変化しないはずであることから，α の奇数次項は 0 となり，さらに α^2 の項も $\alpha_1^2 + \alpha_2^2 + \alpha_3^2 = 1$ の関係から定数項となる。けっきょく，この立方格子の**結晶磁気異方性エネルギー**（magnetocrystalline anisotropy energy）E_a は

$$E_a = K_1(\alpha_1^2\alpha_2^2 + \alpha_2^2\alpha_3^2 + \alpha_3^2\alpha_1^2) + K_2\alpha_1^2\alpha_2^2\alpha_3^2 + \cdots \quad (2.21)$$

となる。ここで K_1，K_2 を**異方性定数**（anisotropy constant）という。

式（2.21）から明らかなように，〈100〉軸方向の結晶磁気異方性エネルギー

は 0, ⟨111⟩ 軸方向では $K_1/3 + K_2/27$ である．そのため K_2 を無視すれば，K_1 が正ならば ⟨100⟩ 軸方向のエネルギーが小さく，K_1 が負であれば最もエネルギーが低いのは ⟨111⟩ 軸方向となる．

表 2.1 に鉄とニッケルの結晶磁気異方性定数を示す．これらの値から鉄の ⟨111⟩ 軸方向の異方性エネルギーを計算すると $1.571 \times 10^4 \, \mathrm{J/m^3}$ と正の値をとるため，磁化容易軸は ⟨100⟩ 軸方向となることがわかる．一方，ニッケルの異方性定数からは，⟨111⟩ 軸を磁化容易軸とする結晶磁気異方性を有すること，異方性の大きさは鉄に比べて約 1 桁小さいことがわかる．

表 2.1 鉄およびニッケルの結晶磁気異方性定数

	$K_1 \, [\mathrm{J/m^3}]$	$K_2 \, [\mathrm{J/m^3}]$
Fe	4.72×10^4	7.5×10^2
Ni	-5.7×10^3	-2.3×10^3

ところで六方晶の場合，異方性は c 軸方向とそれに直角方向との間の特性差として現れるため，c 軸を含む面内では，磁化容易軸，困難軸とも 1 方向ずつしか存在しない．このような異方性を**一軸磁気異方性**（uniaxial magnetic anisotropy）と呼ぶ．一軸異方性の場合の異方性エネルギーは磁化と容易軸とのなす角を θ として

$$E_a = K_{u1}\sin^2\theta + K_{u2}\sin^4\theta + \cdots$$
$$= \left(\frac{1}{2}K_{u1} + \frac{3}{8}K_{u2}\right) + \left(\frac{1}{2}K_{u1} - \frac{1}{2}K_{u2}\right)\cos 2\theta + \frac{1}{8}K_{u2}\cos 4\theta + \cdots \quad (2.22)$$

と表される．ここで K_{u1}, K_{u2} は**一軸磁気異方性定数**（uniaxial magnetic anisotropy constant）と呼ばれる．

コバルトは最密六方構造を有し，一軸異方性を有する代表的材料である．その一軸異方性定数はつぎのような値が得られている．

$$\left. \begin{array}{l} K_{u1} = 4.53 \times 10^5 \, \mathrm{J/m^3} \\ K_{u2} = 1.44 \times 10^5 \, \mathrm{J/m^3} \end{array} \right\} \quad (2.23)$$

多結晶試料の場合，集合組織を持たない場合には個々の結晶の向きはランダ

ムであるため，観測される磁気特性は各結晶粒ごとに平均化され等方的となり異方性は直接観測できない．しかし，結晶磁気異方性は内部の磁気モーメントの回転の容易さを表すきわめて重要な要素であるため，優れた特性を持つ軟磁性材料を実現するために結晶磁気異方性の大きさを制御することが重要であり，さまざまな種類の合金が研究・開発されている．

結晶磁気異方性の原因にはいくつかあり，詳細な説明は文献[1],[2]に譲るが，おもなものとしてつぎの2点が考えられている．第1に隣接原子の交換相互作用の変化である．すなわち，軌道磁気モーメントがスピンとともにその向きを変えると，隣接する電子軌道の重なりが変化するために交換相互作用が変化し，エネルギーが変化するものである．第2には，特に酸化物磁性体に多く見られるもので，結晶場中での磁性イオンの軌道の振舞いから生じるものであり，**配位子場論**（ligand field theory）により説明される[3]．

（2）**形状磁気異方性と誘導磁気異方性**　結晶磁気異方性と同様に材料の形状により磁化の向きやすい方向と磁化の向きにくい方向とが生じる．これは試料が単結晶，多結晶にかかわらず，等方的形状ではない場合に方向によって反磁界係数が異なるために現れるものである．例えば飽和磁化J_sが1Tの磁性体を反磁界係数Nが0.9の方向と0.05の方向とへ磁化する際のエネルギー差を考えるとその値はほぼ$3.38\times10^5\,\mathrm{J/m^3}$となり，きわめて大きな異方性を生じることが理解される．これを**形状磁気異方性**（shape magnetic anisotropy）という．

誘導磁気異方性（induced magnetic anisotropy）の起因の代表的なものには**磁界中冷却効果**（magnetic annealing effect）がある．Fe-Ni合金で詳細に調べられた現象であるが，加熱した試料を印加磁界中で冷却することによりFe-Fe，Fe-Ni，Ni-Ni原子対ができる確率が磁界印加方向とそれ以外の方向とで異なることで，異方性が生じるものである．このような原子対配列を**方向性規則配列**（directional order）と呼んでいる．

さらに，圧延加工により誘導される異方性もある．これは金属を圧延加工する際に滑り面と呼ばれるある特定の結晶面に沿って原子の移動が起こるために

原子対の存在確率が変化し，その結果，磁気異方性を誘導するものである。この現象を利用した材料に**イソパーム**（Isoperm）がある。これは50% Fe-Ni合金を圧延加工し，圧延方向と直角に磁化容易軸を誘導し，直線的に傾斜した磁化曲線を得るものである。

2.2.2 磁気異方性の測定法

磁性体が磁界中で受けるトルクを測定することで磁気異方性が測定できる。このための計測装置が磁気トルク計である。装置の概略を**図2.8**に示す。試料はりん青銅などの細線で磁界中につるされる。試料がトルクを受け回転すると，細線に取り付けられた鏡も同時に回転し，鏡に照射されていた光の反射点が変化する。この光の変化を電気的に検出・増幅しフィードバック回路を通してコイルに電流を流し，回転を元へ戻すよう制御する。するとコイルに流した電流がトルクに比例することになる。そこで磁界を回転させながらトルクを計測することにより，トルクの磁界印加方向依存性が測定できる。

トルク $L(\theta)$ と異方性エネルギー $E(\theta)$ の間には次式のような関係がある。

$$L(\theta) = -\frac{dE(\theta)}{d\theta} \tag{2.24}$$

すなわち，エネルギーの勾配に比例してよりエネルギーの低いほうへトルクを受けるため，観測されたトルク曲線を積分することにより異方性エネルギー

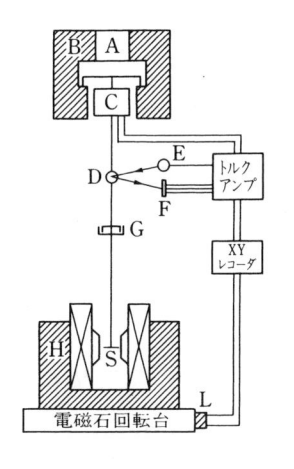

A：永久磁石　　B：磁気回路
C：平衡コイル　　D：ミラー
E：光源　　　　F：CdSブリッジ
G：ダンパ　　　H：電磁石
S：サンプルホルダー
L：電磁石回転角度検出器

図2.8　磁気トルク計の原理図

を求めることができる。例えば，単結晶試料の（100）面内で磁界を回転させながら計測した結晶磁気異方性によるトルク曲線は，式 (2.21) で示された異方性エネルギーの定義式に $\alpha_1 = \cos\theta$，$\alpha_2 = \sin\theta$，$\alpha_3 = 0$ を代入して得られる式を θ で微分し

$$L(\theta) = -\frac{1}{2} K_1 \sin 4\theta \tag{2.25}$$

と計算される。そのため計測されたトルク曲線の振幅を $(1/2)K_1$ とおいて，ここから K_1 が算出できる。またエネルギーが極大・極小となる点でトルク曲線が0を横切るため，容易軸方向，困難軸方向を正確に求めることができる。

さらにこの測定において，もし試料形状に起因する形状異方性などの影響が計測された曲線に重畳されていたとしても，求めるトルクは 4θ 成分のみを持つことがわかっているため，計測されたトルク曲線をフーリエ分解することにより 4θ 成分のみを取りだし，その振幅から結晶磁気異方性定数を算出することが可能である。

一方，一軸異方性を有する磁性材料の異方性を評価する際に，トルク曲線計測よりも簡便な測定方法として磁化曲線から求める方法がある。すなわち，磁化容易軸方向に計測した磁化曲線と，磁化困難軸方向に計測した磁化曲線の囲む面積が磁気異方性エネルギーを表すことを利用するものである。この方法は特に軟磁性薄膜材料に対する簡便な異方性評価に使われることが多い。

一軸異方性を有する軟磁性薄膜材料の磁化困難軸方向の磁化曲線は，**図 2.9** に示すように磁界印加に伴って直線状に磁化が増加する特性を有する。この図において，磁化困難軸方向に測定した磁化曲線と，直線 $J = J_s$ （J_s は飽和磁化），および $H = 0$ に囲まれた面積が異方性エネルギーとなる。すなわち

$$K_u = \frac{1}{2} H_k J_s \tag{2.26}$$

という関係が成り立つ。ここで H_k は困難軸方向に磁化を飽和させるために必要な磁界を表し，こ

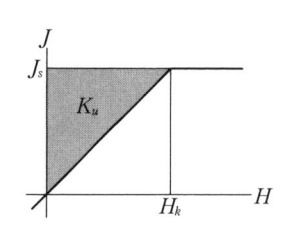

図 2.9 磁化曲線から求める異方性エネルギー

れを**異方性磁界**（anisotropy field）と呼んでいる。異方性磁界は薄膜材料の異方性を示す簡便な指標として広く用いられている。

2.3 磁歪（磁気ひずみ）とその測定法

2.3.1 磁歪

磁性体内部の磁化が変化すると，それに伴って外形寸法が変化する。これを**磁歪**（magnetostriction）あるいは**磁気ひずみ**と呼ぶ。磁歪による変形量（$\delta l/l$）はきわめて小さく，通常は 10^{-6} を単位として表現される。しかしながら磁歪は磁気エネルギーを弾性エネルギーに変換する振動子など工学的に広く応用され，さらに後述する逆磁歪効果により異方性にも影響を及ぼすため，磁性材料の評価パラメータとしても非常に重要である。

磁歪の出現には種々のメカニズムがあるが，いずれの場合も個々の原子の持つスピン間の相互作用が重要な役割を果たしている。例えば，**図 2.10** に示すようなスピンを持つ原子対を考えてみると，スピン間には前節で述べた交換相互作用が働く。この相互作用は現象論的には磁気双極子相互作用と同様に考えることができるので，スピン間距離とスピンの方向とに依存し，よりエネルギーの低い状態へとスピンの方向およびその距離を変化させようとする。図（a）の配置ではスピン間距離が近いほど，そして図（b）の配置ではスピン間距離が遠いほど安定となる。しかしながら材料の弾性によりスピン間距離すなわち原子間距離の変化量はある点でバランスする。

（a）スピン間距離が近いほど安定　　（b）スピン間距離が遠いほど安定

図 2.10 隣接スピン間の方向変化による双極子相互作用の変化

このような状態で磁化方向が変化すると，スピンの向く方向が変化するためスピン間相互作用が変化し，弾性エネルギーとの和が最低となるように再び原子間距離が変化する。すなわち材料の外形寸法が変化するのである。もしも材料が磁性を持たなければ，つまり交換相互作用によるスピンの平行整列がなければ前述のような磁歪は現れない。

2.3.2 磁 歪 定 数

結晶磁気異方性の存在からも類推されるように磁歪による変形量は結晶軸方向に大きく依存する。いま,立方晶を考え,磁化の方向(磁化方向)の方向余弦を $(\alpha_1, \alpha_2, \alpha_3)$,磁歪観測方向の方向余弦を $(\beta_1, \beta_2, \beta_3)$ とすると,磁歪は

$$\frac{\delta l}{l} = \frac{3}{2}\lambda_{100}\left(\alpha_1^2\beta_1^2 + \alpha_2^2\beta_2^2 + \alpha_3^2\beta_3^2 - \frac{1}{3}\right)$$
$$+ 3\lambda_{111}\left(\alpha_1\alpha_2\beta_1\beta_2 + \alpha_2\alpha_3\beta_2\beta_3 + \alpha_3\alpha_1\beta_3\beta_1\right) \tag{2.27}$$

と計算される。ここで λ_{100} および λ_{111} はそれぞれ [100] 軸方向,[111] 軸方向の磁歪量(理想的消磁状態と飽和磁化状態との寸法差)であり,**磁歪定数** (magnetostriction constant) と呼ばれている。式 (2.27) を用いることによりあらゆる方向での磁歪量が計算できる。

集合組織を持たない多結晶体の磁歪は磁化方向と観測方向とを全方向に対して平均することにより

$$\frac{\delta l}{l} = \frac{2}{5}\lambda_{100} + \frac{3}{5}\lambda_{111} \tag{2.28}$$

と表される。

磁歪による伸びが結晶方位に無関係で,磁界印加方向と磁歪観測方向のみによって決まるような場合を**等方磁歪** (isotropic magnetostriction) と呼ぶ。この場合,$\lambda_{100} = \lambda_{111} = \lambda$ が成り立つため,これを式 (2.27) に代入すると

$$\frac{\delta l}{l} = \frac{3}{2}\lambda\left\{(\alpha_1\beta_1 + \alpha_2\beta_2 + \alpha_3\beta_3)^2 - \frac{1}{3}\right\} = \frac{3}{2}\lambda\left(\cos^2\theta - \frac{1}{3}\right) \tag{2.29}$$

と表される。ここで θ は磁化方向と磁歪観測方向のなす角である[†]。

[†] 結晶軸方向に依存する磁歪による外形変化では,体積の変化は生じない。しかしながら変化量はわずかであるが,磁化の方向によらず,磁化することによって体積が変化する磁歪がある。これを**体積磁歪** (volume magnetostriction) と呼ぶ。体積磁歪は,例えば常磁性の状態から強磁性の状態になった際に,交換相互作用を通じてスピン間距離,すなわち原子間距離が変化することによって生じる。また大きな磁界を印加し,強制的にスピンをそろえることによって生じる**強制磁歪** (forced magnetostriction) も体積磁歪であり,磁化が結晶磁気異方性に逆らって回転するために生じる結晶効果 (crystal effect) も体積磁歪と考えられる。

2.3.3 磁歪の逆効果

磁性体に外部から応力を加えると，それに伴って磁気特性が変化する。この現象を**磁歪の逆効果**（inverse magnetostrictive effect）または**逆磁歪効果**と呼ぶ。

加えた応力を σ とし，磁化方向の方向余弦を $(\alpha_1, \alpha_2, \alpha_3)$，応力印加方向の方向余弦を $(\beta_1, \beta_2, \beta_3)$ とすると，この応力により変化したエネルギーは

$$E = -\frac{3}{2}\lambda_{100}\sigma\left(\alpha_1^2\beta_1^2 + \alpha_2^2\beta_2^2 + \alpha_3^2\beta_3^2 - \frac{1}{3}\right)$$
$$-3\lambda_{111}\sigma\left(\alpha_1\alpha_2\beta_1\beta_2 + \alpha_2\alpha_3\beta_2\beta_3 + \alpha_3\alpha_1\beta_3\beta_1\right) \tag{2.30}$$

と表される。特に等方磁歪の場合には，$\lambda_{100} = \lambda_{111} = \lambda$ を代入して

$$E = -\frac{3}{2}\lambda\sigma\left(\alpha_1\beta_1 + \alpha_2\beta_2 + \alpha_3\beta_3\right)^2$$
$$= -\frac{3}{2}\lambda\sigma\cos^2\theta \tag{2.31}$$

と表される。ここで θ は磁化と応力のなす角度である。

この式から張力印加により磁歪を仲立ちとして一軸異方性が生じることがわかる。例えば，正の磁歪を有する材料に張力を印加し外形寸法を変化させると，張力印加方向を磁化容易軸とする磁気異方性が逆磁歪効果で出現する。逆磁歪効果は，薄膜材料において成膜時に導入された応力が磁気特性に影響を及ぼす原因であり，また磁歪と磁区構造とを関連付ける主たる要因でもある。

2.3.4 磁歪測定法

磁歪による外形寸法変化量は通常 $10^{-5} \sim 10^{-6}$ ときわめて小さいため，その変化を正確に測定することは容易ではない。バルク試料の磁歪測定に最も広く使われている方法が，ストレンゲージを用いた方法である。

ストレンゲージとは，金属の細い線をつづら折れ状に台紙に張り付けたもので，変形に伴って金属線の抵抗が変化することを利用した変形測定器具である。ストレンゲージを試料に張り付け磁界を印加することで磁歪を測定できる。この測定では，温度変化や印加磁界の影響によりゲージ率（抵抗変化率と伸び率の比例係数）が変化する点に注意が必要である。そのため**図2.11**に示

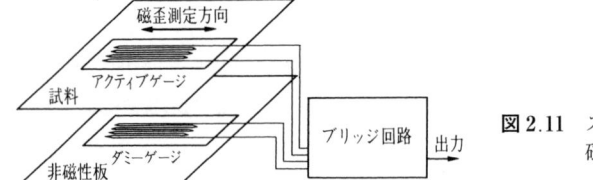

図 2.11 ストレンゲージを用いた磁歪の測定

すように，被測定試料に張り付けたゲージと同じ性能のゲージ（ダミーゲージ）を試料近傍におき，この二つのゲージを同じ温度，同じ磁界下に置いてブリッジ回路を組むことにより，ダミーゲージと被測定試料に張り付けたゲージとの抵抗差を計測し，誤差を回避する。

一方，試料が薄くなるとゲージと試料との機械的剛性差が小さくなり，試料の変形をゲージが妨げてしまう。そのため薄膜試料などでは 5 章で述べる光てこ法などの方法が用いられる。

2.4 磁区と磁壁

2.4.1 磁区

強磁性体内は一般に一様に磁化された**磁区**（magnetic domain）といわれる巨視的な領域に分割されている。そして各磁区内の磁気モーメントは一様に一定方向にそろっており飽和磁化状態にあるが，その方向は磁区ごとに異なっており試料全体としての磁化の値が小さい状態になっている。特に，正味の磁化がない状態（$J=0$）を**消磁状態**（magnetic neutral state）という。消磁状態では磁区内の磁気モーメントの方位はまったくでたらめかといえばそうではなく，磁気エネルギーを最小にする安定な方位に落ち着いている。

磁区内での磁気モーメントの方位を決める磁気エネルギーとして 2.2 節で述べた磁気異方性エネルギーがある。図 2.12（a）は鉄単結晶（100）面の消磁状態の磁区模様を後で述べる**粉末図形法**（powder pattern method）で観察した顕微鏡写真である。図（b）はその磁気モーメントの状態を模式的に示したものである。図（a）中黒い線で区切られた領域が磁区である。鉄の（100）面では［100］と［010］方向を磁化容易軸方向とする 2 軸の結晶磁気異方性を持

2.4 磁区と磁壁　35

(a) 粉末図形法による顕微鏡写真

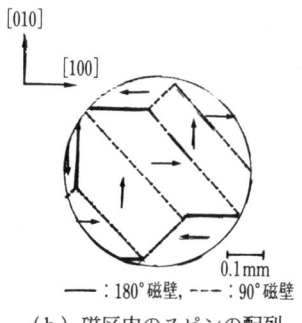

(b) 磁区内のスピンの配列

―― : 180°磁壁,　--- : 90°磁壁

図2.12　鉄単結晶（100）面の磁区模様

つので，磁気モーメントはこれらのいずれかの方位を向く。そしてそれぞれの磁区の境界で磁極を発生しないように，磁気モーメントの法線成分が連続的につながる形態をとる。このような磁区の形態は試料の磁気エネルギーをできるだけ小さくするという第1原理に従って決定される。

　磁区形態を決定する磁気異方性として理想的な単結晶試料では結晶磁気異方性だけを考慮すればよいが，一般の試料ではいろいろな磁気異方性が付加される。例えば，2.3節で述べたようにひずみがあると磁歪の逆効果によって磁気異方性を生じるし，磁界中熱処理によって原子対の異方的配列があると誘導磁気異方性が発生する。また，試料表面に磁極が現れると静磁エネルギーを減ずるように磁区の細分化が起こる。このように試料の状態によって磁区構造は一般に複雑で多様な形態をとることになる。

2.4.2　磁　　壁

　図2.12において理解されるように磁区と磁区との境界は細い線で仕切られている。この線の部分を**磁壁**（magnetic domain wall）という。図2.12の磁壁の中には両側の磁区の磁気モーメントがたがいに反平行なものと，90°をなしている2種類の磁壁があることが見られる。前者を180°磁壁，後者を90°磁壁と呼ぶ。

　ここで磁壁の構造について考えてみよう。もし磁壁の両側で磁気モーメントMが一つの磁化容易軸方向からもう一つの磁化容易軸方向に急激に変化する

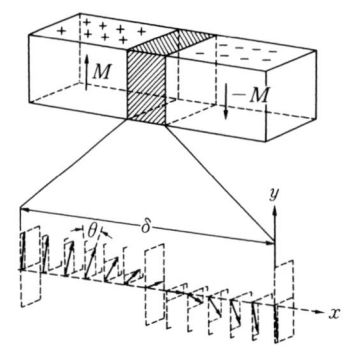

図2.13 180°磁壁構造
（ブロッホ磁壁）

とすれば，2.1節で述べた交換相互作用エネルギーが大きくなりエネルギー的に不利になる。そこで**図2.13**のように磁気モーメントがx軸に沿ってゆっくりと回転したほうが有利となる。しかし，この場合は磁気モーメントの方位が磁化容易軸方向から外れてしまうので異方性エネルギーは大きくなってしまう。磁壁は交換相互作用エネルギーと異方性エネルギーの兼ね合いで決まることになる。磁気モーメントが回転している遷移幅を**磁壁幅**（wall width）という。

座標xにおける磁気モーメントがy軸となす角を$\theta(x)$にとると，交換エネルギーは，$E_{ex} = A(\partial\theta/\partial x)^2$で与えられる。ただし，$A$は交換定数で交換積分$J_{ex}$に比例する。一方，異方性エネルギーを$E_a = Kf(\theta(x))$とすると，磁壁のエネルギー$E_W$は

$$E_W = \int_{-\infty}^{\infty}\left\{A\left(\frac{\partial\theta}{\partial x}\right)^2 + Kf(\theta)\right\}dx = \int_{-\infty}^{\infty} F\left(x, \theta(x), \frac{\partial\theta}{\partial x}\right)dx \quad (2.32)$$

となる。ここで，Kは異方性定数である。

E_Wの値は被積分関数Fに未知関数$\theta(x)$とその導関数$(\partial\theta/\partial x)$を含むので，$\theta(x)$を具体的に与えれば求めることができる。実現される磁壁構造はE_Wを最小にすることによって決定される。このような$\theta(x)$を決定する問題は数学で変分法といわれ，**オイラー・ラグランジュの方程式**（Euler-Lagrange equation）を満たす必要がある。

$$\frac{\delta F}{\delta\theta} \equiv \frac{\partial F}{\partial\theta} - \frac{d}{dx}\left(\frac{\partial F}{\partial(\partial\theta/\partial x)}\right) = K\frac{\partial f}{\partial\theta} - 2A\left(\frac{\partial^2\theta}{\partial x^2}\right) = 0 \quad (2.33)$$

両辺に$(\partial\theta/\partial x)$を乗じ$x$について積分すると，磁壁から十分離れたところ$(x \to \pm\infty)$では$\theta(x) = \partial\theta/\partial x = 0$となり，積分定数は消え

2.4 磁区と磁壁

$$A\left(\frac{\partial \theta}{\partial x}\right)^2 = Kf(\theta) \tag{2.34}$$

すなわち

$$\frac{\partial \theta}{\partial x} = \frac{1}{\Delta}\sqrt{f(\theta)}, \quad \text{ただし } \Delta \equiv \sqrt{\frac{A}{K}}$$

を得る。再度 x について積分すると

$$\frac{x}{\Delta} = \int_0^\theta \frac{d\theta}{\sqrt{f(\theta)}} \tag{2.35}$$

磁壁エネルギー E_W は, 式 (2.32) と式 (2.34) から

$$E_W = \int_{-\infty}^{\infty} 2Kf(\theta)dx = 2K\int_{\theta_1}^{\theta_2} f(\theta)\frac{\Delta}{\sqrt{f(\theta)}}\, d\theta = 2K\Delta\int_{\theta_1}^{\theta_2} \sqrt{f(\theta)}\, d\theta \tag{2.36}$$

となる。ただし, θ_1, θ_2 は磁壁の両側の磁気モーメントの角度である。特に $\theta = 0°$（あるいは $180°$）を磁化容易軸とする一軸異方性 $f(\theta) = \sin^2\theta$ の場合について計算してみる。

式 (2.35) は

$$\frac{x}{\Delta} = \int_0^\theta \frac{d\theta}{\sin\theta} = \ln\left(\tan\frac{\theta}{2}\right) \quad \text{または} \quad \sin\theta = \frac{1}{\cosh\left(\dfrac{x}{\Delta}\right)} \tag{2.37}$$

これを図示すると**図 2.14** のようになる。磁壁幅を δ として θ を $x=0$ の接線（図中の破線）で近似したものを用いて定義すると

$$\delta = \frac{\pi}{\left(\dfrac{d\theta}{dx}\right)_{x=0}} = \frac{\pi}{\left(\dfrac{\sin\theta}{\Delta}\right)_{\theta=\pi/2}} = \pi\Delta = \pi\sqrt{\frac{A}{K}} \tag{2.38}$$

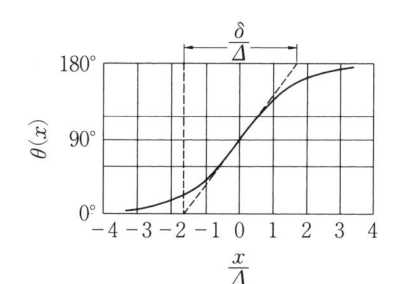

図 2.14 $180°$ 磁壁内のスピン回転と磁壁幅 δ

となり，また磁壁エネルギーは

$$E_W = 2K\Delta \int_0^\pi \sin\theta \, d\theta = 4K\Delta = 4\sqrt{AK} \tag{2.39}$$

となる。

鉄の場合，$A = 1.5 \times 10^{-11}$ J/m，$K = 4.2 \times 10^4$ J/m^3 であるから，式 (2.38) から磁壁幅は $\delta = 6 \times 10^{-8}$ m $= 60$ nm と見積もられる。鉄の結晶格子間隔 a は 3×10^{-10} m $= 3$Å であるから，磁壁をつくる格子数 δ/a は 200 となり，上で取り扱った連続近似が成り立つ。また図2.12にみられる 90° 磁壁についても同様に計算ができるが，取扱いが複雑であるので適当な文献〔例えば文献（4）〕を参照されたい。

ここで扱った例は最も簡単な二つの代表的な磁壁であり，試料表面に現れる磁極による静磁エネルギーの寄与を無視できた。この前提は試料の厚さが十分大きなバルク試料の内部の磁壁に適用できる。しかし，薄膜のように上下表面が接近した板状の試料に対しては静磁エネルギーの効果が優先してくる。この場合は試料表面に磁極が現れないように磁壁内の磁化回転は板面内で起こる。このタイプの磁壁を**ネール磁壁**（Néel wall）と呼ぶ。これに対して上で述べた磁壁を**ブロッホ磁壁**（Bloch wall）と呼ぶ。

2.4.3 磁区の観察法

最も古くから行われている簡便な磁区観察法が図2.12で示した粉末図形法である。これはマグネタイト（Fe$_3$O$_4$）のコロイド溶液を試料表面に塗布すると，磁壁の部分から漏れる磁界に黒褐色のマグネタイト微粒子が引き寄せられ，光学顕微鏡で観察すると磁壁が黒い線として現れる。

広く磁区観察に用いられると同時に，光磁気ディスクの信号検出に利用され実用的にも重要なものに**磁気光学効果法**（magneto-optical effect method）がある。これは直線偏光を試料に照射すると，反射光あるいは透過光の偏光面が磁気モーメントの方向に依存して回転する現象をいう。特に反射光に対して**カー効果**（Kerr effect），透過光に対して**ファラデー効果**（Faraday effect）といわれる。これらの方法は光をプローブに用いるので，磁壁運動など動的磁区

観察ができるという特長を持っている。

電子線が透過可能な厚さ約 100 nm 以下の薄膜試料に対しては透過形電子顕微鏡が利用できる。これは波面がそろった電子ビームが試料を通過する際，磁気モーメントの空間的変動によって生じる漏れ磁界の影響を受け，ローレンツ力で電子ビームが偏向することを利用したものである。偏向の焦点から外れた面での電子線強度が磁気モーメントの向きによって強められたり弱められたりするので，磁壁が明暗の像として観察される。この方法は**ローレンツ顕微鏡法**（Lorentz micrography）といわれ，試料の厚さに制限があるが高分解能で磁化の局所的揺らぎまで検出できるという特長を持つ。

このほか，**走査形電子顕微鏡法**（scanning electron micrography，略して SEM），スピン SEM 法，**磁気力顕微鏡法**（magnetic force micrography）あるいは**干渉電子顕微鏡法**（interference electron micrography）など種々の磁区観察法が案出されている。

2.5 静的磁化機構

2.5.1 磁化過程とヒステリシス曲線

外部から磁界 H を印加したとき，磁化状態がどのような変化を受けるかを調べてみよう。ただし，磁界は時間的に十分ゆっくりと準静的に変化させるものとする。このとき磁化 J には磁界エネルギー

$$E_H = -\boldsymbol{J}\cdot\boldsymbol{H} = -J_s H\cos\phi \quad (\phi : \boldsymbol{J} と \boldsymbol{H} がなす角度) \quad (2.40)$$

が加わるので，磁化は E_H を含めた系全体の磁気エネルギーが最小になるように変化すると考えられる。まず図 2.15（a）に模式的に示した，90°磁壁によって分けられた四つの磁区から成り立っている鉄の単結晶の消磁状態の場合について定性的に考察してみよう。

E_H は $-\cos\phi$ に比例するから磁化が $\phi = 0°$ に近い方位を持つ磁区ほどエネルギー的に安定であり，まず安定な磁区が拡大するように磁壁の移動が起こる。図（b）の H_A 以下の小さな磁界の下では $H=0$ にすると，ほぼ可逆的に消磁状態に戻る。しかし，H_A 以上の磁界では図（c）のように磁壁移動がさらに進

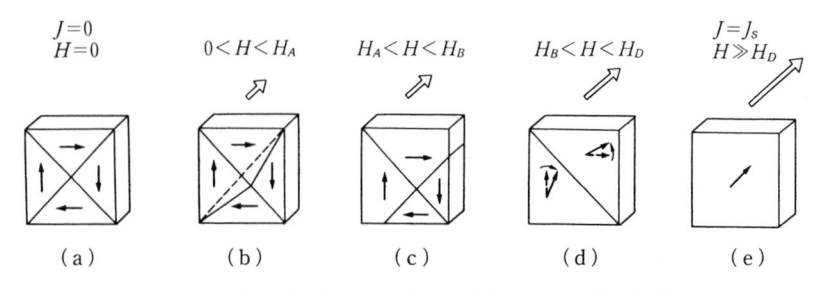

$J=0$	$0<H<H_A$	$H_A<H<H_B$	$H_B<H<H_D$	$J=J_s$
$H=0$				$H\gg H_D$
(a)	(b)	(c)	(d)	(e)

図 2.15 静的磁化過程に対する磁区構造の変化（模式図）

むが，もはや H を減じても元の状態に戻らず非可逆的に変化する．図（d）では磁気エネルギーが高い磁区は一掃され，磁気エネルギーが小さい磁区だけが残る．さらに H を大きくしてゆくと磁化は H 方向に回転し，遂には H の方向に向く〔図（e）〕．この状態を**飽和磁化**（saturation magnetization）といい，$J=J_s$ となる．

以上の磁化過程を磁界 H 対磁化 J のグラフに示すと**図 2.16** の O-A-B-C-D の曲線になる．O，A，B，C，D はそれぞれ図 2.15 の図（a），（b），（c），（d），（e）に対応している．この曲線を**初磁化曲線**（initial magnetization curve）という．飽和磁化状態 D から磁界 H を減じ，正→負→正と H を一巡させると初磁化曲線とはまったく異なる曲線をたどり，閉じたループすなわち**ヒステリシス曲線**（hysteresis loop）を描く．

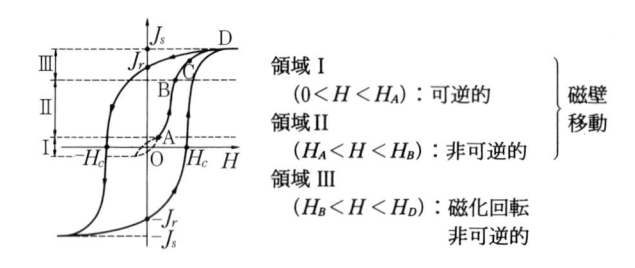

図 2.16 ヒステリシス曲線と初磁化曲線の磁化率

領域 I　$(0<H<H_A)$：可逆的 ｝磁壁移動
領域 II　$(H_A<H<H_B)$：非可逆的
領域 III　$(H_B<H<H_D)$：磁化回転　非可逆的

2.5.2 磁壁の不連続移動と保磁力

図 2.16 の磁化曲線は滑らかな曲線として描かれているが，磁壁移動が寄与する部分を拡大してみると磁化が階段状に不連続に変化することが認められる

ことがある。この機構について以下考察してみる。

磁性体の内部では磁気エネルギー $U(x)$ は図 2.17（b）のように結晶方位や応力などの非一様性によって局所的に無秩序に変化していると考えられる。いま厚さ D で無限の広がりを持つ磁性体中に直線的に伸びた一つの 180°磁壁があるとする。磁壁の長さ L の部分を考える（したがって磁壁の面積は $S=LD$）。磁壁は $U(x)$ が極小となる位置 $(x=x_0)$ に落ち着いているとき，図（a）のように磁界 H の印加によって，磁壁は右側に δx だけ移動したとする。このときの全系のエネルギーの平衡条件は

$$\delta U + \delta U_H = \delta U - 2J_s H \cos\phi \cdot S\delta x = 0$$

すなわち

$$H(x) = \frac{1}{2J_s S \cos\phi}\left(\frac{\partial U}{\partial x}\right)_x \tag{2.41}$$

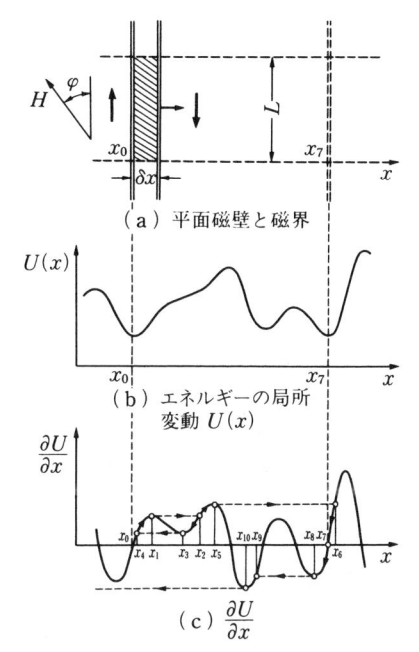

図 2.17　平面 180°ブロッホ磁壁の不連続磁壁移動

となる。ここで H の代わりに $H(x)$ と書いたのは式（2.41）を満たす磁界の強さは位置によって変わるからである。また，式中数字 2 は，磁壁が変位することによっての $(-J_s)$ 磁区が減って $(+J_s)$ の磁区になるので，正味の磁化の増加分が $2J_s$ となるからである。

磁界を増加すると磁壁はエネルギーの山を登る位置に移動するが，エネルギー極大に達する前に磁界を取り除くと，磁壁は可逆的に元の極小位置に戻る。これが初磁化過程である。さらに磁界を増加させ極大をとる位置 $(x=x_1)$ を超すと $\partial U/\partial x < 0$ となる領域になるが，ここでは式（2.41）の平衡条件を満

たすことができず不安定であり，一気に $\partial U/\partial x>0$ を満たす位置 ($x=x_2$) に跳躍する。さらに磁界を増加すると x_6 へ跳躍する。この状態で磁界を取り除くと x_0 に戻らず x_7 に落ち着き非可逆磁壁移動が起こる。

このようにして磁壁は $x_0 \to x_1 \to x_2 \to x_5 \to x_6 \to$ と不連続に跳躍しながら移動してゆく。図 2.17（c）には，高磁界から減少したときの非可逆磁壁移動の過程も示してある（$x_6 \to x_8 \to x_9 \to x_{10} \to$）。この磁壁の跳躍現象を**バルクハウゼン効果**（Barkhausen effect）という。

一般に非可逆的磁壁移動磁界の最大値

$$H_W = \frac{1}{2 J_s S \cos \phi} \left| \frac{\partial U}{\partial x} \right|_{\max} \tag{2.42}$$

は**磁壁抗磁力**といわれる。磁壁移動が磁化反転に支配的な場合は $H_W \fallingdotseq H_C$ としてよい。このように磁壁抗磁力（あるいは保磁力）は材料内の非一様性に基づいており，構造に敏感な量である。

2.5.3 回転磁化過程と初磁化率

内部に磁壁を含まず試料全体にわたって磁気モーメントが一様にそろっている状態（単磁区状態）における磁化過程は，磁界方向に磁気モーメントが回転することによって進行する。これを**回転磁化**（rotation magnetization）という。したがって磁化の大きさ J は飽和磁化 J_s である。このような磁化の回転による磁化過程は磁性薄膜や磁性微粒子で実現され応用上重要である。この系で考慮すべき磁気エネルギーとしては磁気異方性エネルギー E_a と磁界エネルギー E_H であり，**図 2.18** に示した座標系を用いると，全エネルギー E は

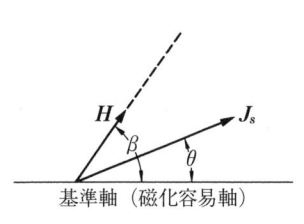

図 2.18 単磁区状態の磁気モーメントの回転

$$E = E_a + E_H = K f(\theta) - J_s H \cos (\beta - \theta) \tag{2.43}$$

となる。ここで，K：異方性定数，H：印加磁界，θ, β は基準軸（磁化容易軸）から測った磁化および磁界の方位角である。磁化過程は与えられた H, β の下で E を最小にする θ を求める問題に帰着される。すなわち，$\partial E/\partial \theta = 0$, $\partial^2 E/$

2.5 静的磁化機構

$\partial\theta^2 > 0$ を満たす θ を求めることになる.

応用上重要な一軸異方性の場合 ($f(\theta) = \sin^2\theta$) について考えてみよう. 式 (2.46) は

$$E = K\sin^2\theta - J_s H\cos(\beta - \theta) \tag{2.44}$$

となる.

図 2.18 において, $H=0$ において J_s が磁化容易軸方向 $\theta = 0°$ を向いていたとする. この状態で角度 β 方向に小振幅の磁界 H を加える. このとき磁化が受ける回転角 θ も小さい. 式 (2.44) を H, θ を微少量としてべき級数に展開し2次までの項をとると

$$E = K\theta^2 - J_s H \sin\beta \cdot \theta + 定数 \tag{2.45}$$

$$\frac{\partial E}{\partial \theta} = 2K\theta - J_s H \sin\beta = 0 \tag{2.46}$$

$$\frac{\partial^2 E}{\partial \theta^2} = 2K > 0 \tag{2.47}$$

ゆえに

$$\theta = \frac{J_s \sin\beta}{2K} H \tag{2.48}$$

を得る.

磁化の磁界方向成分は

$$J = J_s \cos(\beta - \theta) \fallingdotseq J_s \cos\beta + J_s \sin\beta \cdot \theta$$

となり, 第2項が H によって生じた項である.

ゆえに

$$J = \frac{J_s^2 \sin^2\beta}{2K} H$$

となる. これから, 磁化回転による初磁化率は次式のようになる.

$$\chi = \frac{J}{H} = \frac{J_s^2 \sin^2\beta}{2K} \tag{2.49}$$

特に, 焼結磁石のような磁化容易軸が無秩序に配向した単磁区微粒子の集合体の場合には, 逆に磁化容易軸を固定して磁界印加方向が無秩序であるとし

て，立体角 $d\Omega = 2\pi \sin\beta \, d\beta$ を用いて方位に関する平均値をとると

$$\langle \sin^2\beta \rangle = \frac{1}{4\pi}\int_\Omega \sin^2\beta \, d\Omega = \frac{1}{4\pi}\int_0^\pi 2\pi \sin^2\beta \, d\beta = \frac{2}{3}$$

から，初磁化率は

$$\chi = \frac{J_s^2}{3K} \tag{2.50}$$

となる。

2.6 磁壁移動と損失発生機構

磁気応用の多くは磁性体に交番磁界を印加して使用するので，磁性体の動的磁化機構は工学上重要である。この節の前半では，最初磁区構造を考慮しない磁化機構について，つぎに磁区構造を考慮した磁化機構について述べる。後半では磁気共鳴の起こる高周波での動的磁化特性の取扱いについて解説する。

2.6.1 渦電流と渦電流損

磁性体に交番磁界を印加すると電磁誘導によって磁性体内に電界 E が発生し，電流（導電電流および変位電流）が環流してジュール損失が発生する。この電流を**渦電流**（eddy current），損失を**渦電流損**（eddy current loss）という。以下，磁化特性は線形と仮定して解析を行う。

〔1〕 磁区構造を無視した場合 図 2.19 に示す y-z 面で無限の広がりを持ち，x 軸方向に厚さ d の板状磁性体に，z 方向に沿って交番磁界 $H = H_m e^{j\omega t}$ を印加した場合の渦電流の効果を調べてみる。このためマクスウェルの方程式から導かれるつぎの式を解く必要がある。

$$\nabla^2 H = \frac{\mu}{\rho}\cdot\frac{\partial H}{\partial t} + \varepsilon\mu\cdot\frac{\partial^2 H}{\partial t^2} \tag{2.51}$$

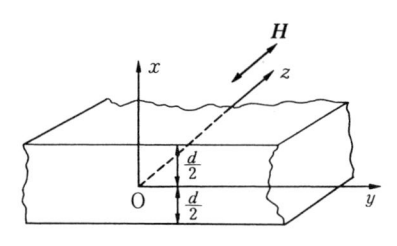

図 2.19 渦電流の計算のための磁性薄板

上式の解 H を求め，$B = \mu H$ の関係を用いて B を得ると，単位体積当りの渦電流損は次式のようになる[5]。

$$W_e = \frac{1}{T}\int_0^T H \cdot \frac{dB}{dt}\,dt$$

$$= \frac{\pi f^2 B_m^2 d}{2\mu} \cdot \frac{\beta \sinh \alpha d - \alpha \sin \beta d}{\cosh \alpha d - \cos \beta d} \quad [\mathrm{W/m^3}] \tag{2.52}$$

試料中の磁界分布,したがって磁束分布が一様ではないので,上式の B_m は試料断面における最大磁束密度の平均値である。α は減衰定数,β は位相定数でつぎのように表される。

$$\left.\begin{array}{l} \alpha = \sqrt{\dfrac{\omega^2 \varepsilon \mu \left(\sqrt{1+1/(\omega\varepsilon\rho)^2}-1\right)}{2}} \\[2ex] \beta = \sqrt{\dfrac{\omega^2 \varepsilon \mu \left(\sqrt{1+1/(\omega\varepsilon\rho)^2}+1\right)}{2}} \end{array}\right\} \tag{2.53}$$

α の逆数をこの場合の**表皮の深さ**(skin depth)といい,試料内部の磁界が表面のそれの $1/e$ になる距離で定義し,記号 δ で表す。

金属磁心では誘電率を無視できるので,式 (2.52) はつぎのようになる。

$$W_e = \frac{\pi f^2 B_m^2 d}{2\mu\delta} \cdot \frac{\sinh d/\delta - \sin d/\delta}{\cosh d/\delta - \cos d/\delta} \quad [\mathrm{W/m^3}] \tag{2.54}$$

ただし,金属磁心の場合の表皮の深さ δ は次式のようになる。

$$\delta = \sqrt{\frac{2\rho}{\omega\mu}} \tag{2.55}$$

周波数が低い場合には試料内の磁界分布がほぼ均一になるので,表皮の深さがきわめて大きいとして,式 (2.54) はつぎのようになる[6]。

$$W_e = \frac{(\pi d f B_m)^2}{6\rho} \quad [\mathrm{W/m^3}] \tag{2.56}$$

式 (2.56) は"一様磁化の場合の渦電流損表示式"と呼ばれているもので,磁界分布が均一な場合の試料について,マクスウェルの方程式を解き電流密度を求めることによっても簡単に得ることができる。

以上にさまざまな条件における渦電流損の表示式を示したが,これらの式は実際に観測される渦電流損を必ずしも正確に記述していない。その理由は磁性体の磁化はおもに磁壁の移動によって行われるので,渦電流は磁壁の周辺に集

中的に局在しているからである。つぎに磁壁の移動を考慮した渦電流損について吟味する。

（2）磁区構造を考慮した場合　磁壁の運動方程式は一般に，以下の式で記述される。ただし，磁壁の移動を議論する対象は軟磁性材料が多いので，習慣に従い J_s の代わりに B_s を用いた。

$$m\frac{d^2x}{dt^2} + \beta\frac{dx}{dt} + \alpha x = 2B_s H \cos\theta \ [\text{N}/\text{m}^2] \tag{2.57}$$

ここで x は磁壁の位置，m は磁壁の質量，β は制動係数，α は磁壁の復元力の係数，θ は印加磁界 H と B_s の間の角度である。左辺第1項の慣性力は磁壁の質量がきわめて小さいので，磁壁移動が議論される MHz 以下の周波数範囲では無視することができる。第2項は磁壁の移動に対する制動力で，金属磁心では渦電流がおもな原因である。第3項は保磁力近傍における可逆磁化の際の復元力である。磁壁が復元力の最大値を十分に超える大きさの磁界の印加によって有限の速度で移動する場合には，第3項は一定値 $2B_sH_c$（H_c は保磁力）に等しいとして，式 (2.57) をつぎのような形で用いることにする。なお以下では簡単のため，磁界と磁化の方向が平行または反平行の場合のみを扱う。

$$\beta\frac{dx}{dt} = 2B_sH_e \tag{2.58}$$

ここで，$H_e = H - H_c$

制動係数 β が決まれば磁壁の単位面積当りの損失は $\beta(dx/dt)^2$ であるが，通常は β を求めるより直接渦電流分布を求めたほうが物理的意味を把握しやすいので，以下に代表的な磁区構造の場合の渦電流損の求め方を述べる。

図 2.20 に示した断面の幅 $2L$，高さ d を持つ無限長単結晶磁性体の軸方向に沿って磁化する場合を考える[7]。磁化容易軸が軸方向であるとし，最初は消磁状態で1枚の磁壁が中央の y 軸に沿って存在しているとする。保磁力を超える磁界を印加するとこ

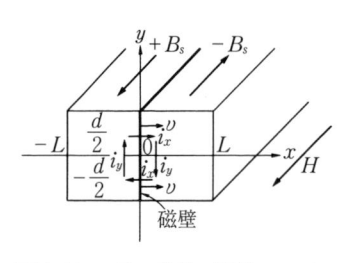

図 2.20 1枚の磁壁の運動のモデル

2.6 磁壁移動と損失発生機構

の磁壁が右または左に移動して，磁界方向の磁区の体積を増し磁化が進行する。これに伴う磁束の変化によって磁壁の周辺には渦電流が流れ，渦電流損が発生する。図 2.20 の場合の基本方程式と境界条件は i を電流密度として以下のようになる。

$$\nabla \times i = 0 \qquad x \neq 0 \tag{2.59}$$

$$\nabla \times i = -\frac{1}{\rho} \cdot \frac{\partial B}{\partial t} \qquad x = 0 \tag{2.60}$$

$$\nabla \cdot i = 0 \tag{2.61}$$

境界条件としては表面に垂直な電流密度成分 i_n および磁壁に平行な成分 i_y について，それぞれ以下の関係がある。

$$i_n = 0, \quad x = \pm L, \quad y = \pm \frac{d}{2} \tag{2.62}$$

$$i_{y(x=-0)} - i_{y(x=+0)} = \frac{2 B_s}{\rho} v \tag{2.63}$$

ここで，v は磁壁の移動速度である。

上式を解いて渦電流密度成分 i_x, i_y が求まると，単位体積当りの損失の瞬時値は以下の式で算出することができる。

$$W_e(t) = \frac{4 \rho}{2 Ld} \int_0^L \int_0^{d/2} \left(i_x^2 + i_y^2 \right) dxdy \tag{2.64}$$

磁束が正弦波状に $B(t) = B_m \sin \omega t$ で変化する場合，磁壁も正弦波状に振動していると仮定する。磁壁の最大変位を x_m とおくと，$x = x_m \sin \omega t$, $v = \omega x_m \cos \omega t$, $x_m/L = B_m/B_s$ なので，これらを用い 1 周期当りの平均電力損を求めると

$$W_e = \frac{16 \, dLB_m^2 f^2}{\pi \rho} \sum_{k:odd}^{\infty} \frac{1}{k^3} \tanh \frac{k\pi L}{d} \quad [\mathrm{W/m^3}] \tag{2.65}$$

通常の磁心では $L \geq d$ なので $\tanh k\pi L/d \fallingdotseq 1$ であり，かつ $\sum_{k:odd}^{\infty} (1/k^3) \fallingdotseq 1.05$ となるので，上式は近似的に

$$W_e = \frac{8.4 \, d(2L)B_m^2 f^2}{\pi \rho} \quad [\mathrm{W/m^3}] \tag{2.66}$$

となる。上式を磁化機構を無視した一様磁化の場合の式 (2.56) と比較すると，

損失は一様磁化では板厚の2乗に比例するのに対し,このような磁壁移動では断面積に比例している。また係数は前者では$\pi^2/6$なのに対し,後者では$8.4/\pi$で後者のほうが大きく,結局磁壁移動で磁化するときの損失が大きくなることがわかる。これは磁壁周辺に集中して渦電流が流れるので,電流の2乗に比例する損失は一様に電流が流れる場合より大きくなるためである。

図2.21のように板厚dで無限の広がりを持つ消磁状態の磁性板に,板面に直角でたがいに平行な短冊状磁壁が間隔$2L$で存在する場合,これを正弦波電圧源で励磁したときの1周期当りの平均渦電流損は,同様の計算でつぎのように求められている[8]。

$$W_e = \frac{8\,d^2 q}{\rho}\left(\frac{B_m f}{\pi}\right)^2 \sum_{k:odd}^{\infty} \frac{1}{k^3}\left[\coth kq + \frac{2\,I_1(kqB_m/B_s)}{kq(B_m/B_s)\sinh kq}\right] \; [\mathrm{W/m^3}] \tag{2.67}$$

ここで,$q=2\pi L/d$,$I_1(\cdot\cdot)$は1次の変形ベッセル関数である。

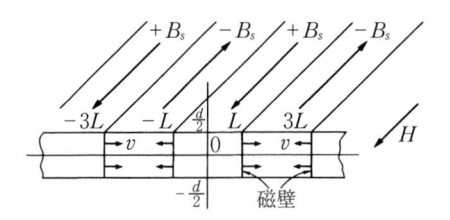

図2.21 無限幅磁性板で多数の磁壁が運動する場合のモデル

上式の[ ]内はある磁壁の移動により生じた渦電流が隣接する周辺の磁区にも流れ込むために生じた項である。ここで$2L \to 0 (q \to 0)$とすると磁壁数が無限大になったことになり,このとき上式は磁壁のない一様磁化の場合の式(2.59)と一致する。すなわち式(2.56)は渦電流損の下限値を与えることになるといえる。

もし磁壁の間隔が板厚程度以上($2L \geq d$, $q \geq \pi$)ならば式(2.67)の[ ]内はほぼ1とおくことができる。この物理的意味は各磁壁の両側$\pm L$の範囲以内しか,それぞれの磁壁の運動で生じた渦電流が流れないことを意味する。いま磁壁間隔が上の条件を満たすとし,磁性体が有限幅bで,その中にn枚の磁壁が存在する場合には,$2L=b/n$となるので,これらの関係を式(2.67)に

代入して整理すると，つぎの関係を得る[9]。

$$W_e = \frac{8.4\, db B_m^2 f^2}{n\pi\rho} \quad [\text{W}/\text{m}^3] \tag{2.68}$$

この式は式 (2.66) を単に $1/n$ にしただけである。これは隣接磁区に渦電流が流入しないとしたので，図 2.20 に示したような磁性体が絶縁されて無限に並べられたのと等価である。式 (2.68) から逆算すると，この場合の磁壁の制動係数 β は以下のようになる[10]。

$$\beta = \frac{8.4\, B_s d}{\pi^3 \rho} \tag{2.69}$$

なお，**磁壁数**が多いほど渦電流損が少ないということは以下のように説明できる。交番電源によりある磁束量を所定の時間（半周期）内に変化させるとき，磁壁数が多ければ 1 枚当りの磁壁の移動距離が少なくて済む。その距離を所定時間で移動するので，移動速度は小さい。損失は移動速度の 2 乗に比例するので，磁壁数が多いほど損失は少なくなるわけである。方向性けい素鋼の鉄損特性はこのような指導理念に従って改善されてきた。

2.6.2 磁壁数の推定

図 2.22 および**図 2.23** は数十 Hz 〜数十 kHz の周波数領域において，正弦波電圧源で励磁した場合の各種結晶質および非晶質の金属磁心において測定した渦電流損 $W_e (= W_i - W_h,\ W_i$：鉄損，W_h：ヒステリシス損）および磁壁数推定のために新しく導入したパラメータ s を，周波数 f および最大磁束密度 B_m に対してそれぞれプロットしたものである。ここで，パラメータ s はつぎのように定義する[10]。

$$s = \frac{(dB/dt)_{\max}}{H_e} \quad [\Omega/\text{m}] \tag{2.70}$$

ただし，$(dB/dt)_{\max}$ は誘導された正弦波電圧振幅を磁心の単位面積当りに換算したもの，H_e は式 (2.58) の H_e と同様のものであるが，ここでは特に交流 B-H 曲線の保磁力と直流 B-H 曲線の保磁力との差と定義する。これは動的磁化に必要な磁界の強さの指標になるものであり，金属磁心ではおもに渦電流に

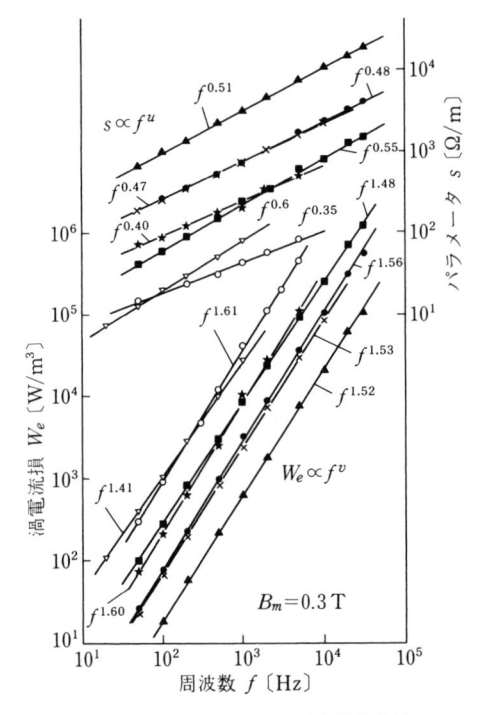

図 2.22 W_e および s の周波数依存性

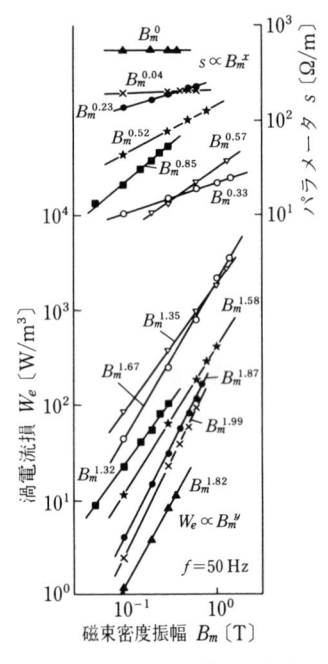

図 2.23 W_e および s の磁束密度依存性

相当する磁界を表す。

図 2.22 および図 2.23 の結果をつぎの実験式で表す。

周波数に対して $\quad s \propto f^u, \quad W_e \propto f^v \quad$ (2.71)

最大磁束密度に対して $\quad s \propto B_m^x, \quad W_e \propto B_m^y \quad$ (2.72)

いま個々の磁心の周波数特性に注目すると, s の勾配 u が大きければ W_e の勾配 v は小さく, u が小さければ v は大きい。同様の傾向が図 2.23 の x と y の間にも見られ, 一方が大きければ他方は小さく, その逆も成り立っている。図 2.22 で u, v の値は $u \doteqdot 0.5, v \doteqdot 1.5$, 図 2.23 で x, y の値は $x \doteqdot 0 \sim 0.8$, $y \doteqdot 2 \sim 1.2$ の範囲に分布している。しかし, 個々の磁心については, どの周波数や磁束密度の範囲でもおよそ

$$u+v \doteqdot 2, \quad x+y \doteqdot 2 \quad (2.73)$$

の関係が成り立っている[11]。

図には示していないが数十 kHz 以上の高周波領域では,$u \fallingdotseq 0$, $v \fallingdotseq 2$ および $x \fallingdotseq 0 \sim -0.2$, $y \fallingdotseq 2 \sim 2.2$ という値が得られている[12]。このうち,$x<0$, $y>2$ は,フェライト磁心において特徴的に認められる結果である。また 10 Hz 以下の低周波領域では,s と W_e の周波数依存性は再び $u \fallingdotseq 0$, $v \fallingdotseq 2$ となることが,文献 (9) の結果から容易に推定できる。低周波および高周波で u がそれぞれ零になるのは,s の値には下限値および上限値が存在することを意味している。これはつぎに述べるように,s は磁化反転に寄与する磁壁数に比例するので,低周波の極限である準静的磁化であっても必ず最小限の磁壁が存在し,したがって零ではないある下限値を持つわけである。一方,磁壁の芽となる結晶粒界や非磁性夾雑物の数は有限なので,磁壁数は高周波でも無限に増えることはなく s には上限値があると考えられる。

式 (2.71) ～ (2.73) の関係を考慮して s と W_e の積をとるとつぎの実験式を得る。

$$s \times W_e \propto f^{u+v} \cdot B_m^{x+y} \approx f^2 \cdot B_m^2 \tag{2.74}$$

すなわち,渦電流損 W_e が $(fB_m)^2$ に比例するのではなく,$(s \times W_e)$ が $(fB_m)^2$ に比例しているのである[11]。

図 2.21 はけい素鋼板などで観察される磁区構造を短冊状磁壁モデルで模擬したもので,この場合における s は以下のように求められている[10]。ただし板幅は有限値 b としている。

$$s = \frac{\pi^3 n \rho}{4.2 \, db} \; [\Omega/\mathrm{m}] \tag{2.75}$$

ここで n は短冊状磁壁数であり,s は d,ρ も含めて,渦電流損を支配するすべての因子を含んでいる。s が周波数や磁束密度で変化することは,磁化反転に寄与する磁壁数 n が変化しているものと理解される。定義により $s = (dB/dt)_{\max}/H_e$ なので,s を実測すると磁化反転に関与している磁壁数を推定することができる。

式 (2.75) から推定した磁壁数や式 (2.68) を基に計算した渦電流損は,けい

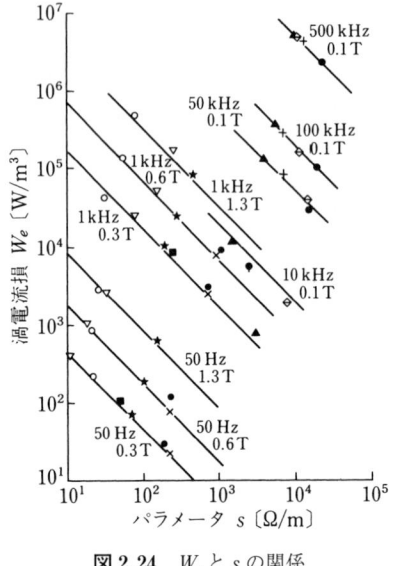

素鋼において数百 Hz～数 kHz の周波数で観測した磁壁数や実測した渦電流損とかなりよく一致することが報告されている[13]。式 (2.75) と式 (2.68) の積をとると

$$W_E \times s = 2(\pi f B_m)^2 \quad (2.76)$$

となり，式 (2.74) の実験的関係と一致し，材質に無関係に磁化条件のみで決まることを示す。この関係を各種磁性材料について実測し，プロットしたものが図 2.24 で，測定点は式 (2.76) 右辺の磁化条件で決まる直線の周囲に分布している[10],[12]。なお 10 kHz 以上ではフェライトも含まれているが，フェライトでは渦電流損の代わりにヒステリシス損を超過した分（動的損失）に充てている。いずれの試料もほぼ式 (2.76) を満たしており，s は材料に無関係に磁心の動的特性を記述する共通の因子であるといえよう。

図 2.24 W_e と s の関係

演 習 問 題

（1）立方晶材料の異方性定数のうち，K_2 を求める場合には，(111) 面を円板面に平行に有する単結晶円板の磁気トルクを測定することで求められることを式 (2.28) にならって示せ。

（2）立方晶材料単結晶の磁歪を計測した。準備した単結晶は円板状で，(100) 面を板面に平行に有している。伸縮測定方向は板面内の [110] 軸方向とし，磁化を飽和させるに十分な大きさの磁界を [110] 軸方向を 0° として板面内で回転させて印加しながら計測した。計測される伸縮と磁界印加方向との関係はどのようになるべきかを λ_{100}，λ_{111} を用いて示せ。

（3）図 2.17 に示す 180°磁壁において，極小点近傍の磁気エネルギーは 2 次関数 $U(x) = \frac{1}{2} k x^2 S$，$(k>0$，$S$：磁壁の面積) で表される。磁壁移動の初磁化率

が $\chi_i = \dfrac{4SJ_s^2\cos^2\phi}{k}$ で与えられることを示せ。

（4）磁化容易軸を面内に持つ抵抗率 ρ，飽和磁化 J_s，厚さ d の強磁性体薄板において，その面に平行に 180°磁壁が速さ V で表の面から裏の面に移動したときの渦電流の大きさと，渦電流損を表の面からの磁壁位置 x の関数として求めよ。

（5）$q \to 0$ としたとき，式 (2.67) は一様磁化の場合の式 (2.56) に等しくなることを証明せよ。

3 高透磁率磁性材料

3.1 高透磁率特性

高透磁率磁性材料(high permeability material)は小さな外部印加磁界によって大きな磁束密度が誘導される高透磁率特性を特徴とする材料であり,ソフト(軟質)磁性材料とも呼ばれる。高透磁率磁性材料に共通して要求される高透磁率特性とは以下の2点を指している。

(1) 透磁率 μ が大きく,保磁力 H_c が小さいこと。
(2) 飽和磁束密度 B_s が大きいこと。

そのほかに,材料の適用上以下の性質が重視される。

(3) 交流で使用する場合,**電力損失**(power loss)が小さいこと。
(4) 線形応用に際しては,残留磁束密度 B_r が小さく,逆に,非線形応用に際しては,**角形比**(squareness ratio)B_r/B_s が1に近いこと。

これらの高透磁率特性とそれに付随する性質は以下のようにして付与される。

(1) μ,特に μ_i を大きくし H_c を小さくするには,磁壁移動や磁化回転による磁化過程を円滑に進行させる必要がある。そのため,一般に,熱処理により材質の各種の欠陥や残留ひずみを除去し,材質的に均質で安定な材料とする。

応力 σ が残留したり外部から印加されたりすると,2.3.3項に示した磁歪の逆効果により一種の異方性エネルギー E_σ が生じる。磁気異方性定数 K を持つ材料においては,その磁壁エネルギーは $K^{\frac{1}{2}}$ に比例する。応力の場所的変化によって K が場所的に変化すると,磁壁は移動するにつれてエネルギーを増

3.1 高透磁率特性

減することになり,印加磁界がこのエネルギーを供給するため透磁率は低くなる。一方,磁化回転による磁化率 χ は 2.5.3 項で計算したとおり,自発磁化を J_s,一軸磁気異方性を K_u とすると,J_s^2/K_u に比例する。以上を総合すると,磁歪定数 $\lambda=0$,磁気異方性定数 $K=0$ を同時に実現している材料が高初透磁率,低保磁力の性質を示すことがわかる[1]。事実,センダストやスーパーマロイは $K\fallingdotseq 0$,$\lambda\fallingdotseq 0$ であり,最高の透磁率を持っている。同じ条件を実現したフェライトやアモルファス薄帯も高透磁率になることは本章で述べる。

(2) J_s は単位体積当りの有効ボーア磁子数で決まる。飽和磁束密度 B_s は J_s に依存するから,飽和磁気モーメントを 3d 遷移金属合金の 1 原子当りの平均電子数で整理した,**スレータ・ポーリング曲線**[2] (Slater-Pauling curve) からわかるように,材料組成で決まり,鉄コバルト合金が最大である。鉄は B_s が大きく資源も豊富なため,純鉄およびその合金が高透磁率材料の主体をなしている。

(3) 電力損失すなわち**磁気損** (magnetic loss) はヒステリシス損と渦電流損が主体であり,両者に属さない損失を**残留損** (residual loss) という。ヒステリシス損の減少には H_c とヒステリシス曲線の囲む面積が小さい材質を選ぶ。一方,渦電流損の減少には,抵抗率 ρ を上げるという材質的対応と同時に,厚さ d を薄くし表面絶縁を施した板を用いる形状的対応がなされている。それは,十分に幅広の板内に一様磁化変化を仮定して得られた式 (2.56) に基づいている。実際はこの磁区構造を無視した古典モデルと異なり,2.6.1 項で見たように磁化の変化は移動している磁壁部分のみで生じるため,渦電流損もその部分に集中して大きくなることが現在では知られている。しかし,実用材料については磁壁の動きを予測できず,その損失を計算できないため,式 (2.56) か,限定した周波数帯域で f^2 に比例する損失成分を渦電流損とすることが多い。高周波では表皮効果が顕著になるため,薄帯,絶縁物をバインダとした金属圧粉体,フェライトのような絶縁物の焼結体などを用いて,渦電流損の増加を抑える。

残留損は,電力周波では,上の計算に含まれない渦電流損と磁区構造変化や

磁気余効に基づく損失を合わせたものを指し，**異常損失**（anomalous loss）ともいう。一方，高周波側では，そのほかに表皮効果，各種の共鳴現象や緩和現象に基づく損失を合わせたものが加わり，周波数が高くなると主要な損失になる。

（4） ヒステリシス曲線の形状は磁気異方性を制御することによって変えられる。結晶質の場合，結晶方位をそろえることによって磁化容易方向と磁化方向を一致させると角形比の高いヒステリシス曲線を得ることができる。同様なことは磁界中や応力印加中に熱処理することによっても達成できる場合もある。

3.2 金属合金系材料

3.2.1 鉄系磁性材料

鉄が強磁性を示すことは磁石の発見と表裏の関係で紀元前から知られていた。19世紀には電気産業が興り，電気機器の鉄心材料に屋根ぶき用鉄板が使用されたが，けい素鋼が発明され，鉄心材料はけい素鋼板に代わった。鉄は$B_s = 2.16$ Tと高く，安価で大量に得られ，高磁束密度が必要な磁極材，磁気シールド材に使用される。一方，鉄を合金化した鋼は大形回転機の強度部材に使用される。

（1） **純鉄系材料** 鉄中の不純物（C，S，N，O元素の化合物）や結晶粒界は，磁壁移動の障害となり磁気特性を劣化させる。したがって，高飽和磁束密度で高透磁率の**純鉄**（pure iron）を得るには，高温水素中焼鈍により不純物の除去や結晶粒成長を行うが，910℃に$\alpha\gamma$変態[†]があり，徐冷やα相での再加熱処理が必要である。単結晶純鉄で$\mu_{max} = 1 \times 10^6$が得られた例があるが，商用純鉄（電磁軟鉄）では$\mu_i = 2 \sim 5 \times 10^2$，$\mu_{max} = 3 \sim 15 \times 10^3$である。高磁束密度を利用して加速器，つり上げ磁石などの磁極やMRIなどの磁気シールドに用いられる。電気抵抗率が$8 \sim 10 \times 10^{-8}$ Ω·mと小さいため，渦電流損が大きくなる交流用途には適さない。板厚6 mm以上の工業用純鉄は電磁厚板とも呼ばれる。

[†] 金属や合金は温度と組成によって熱平衡状態での組織が異なる。鉄の場合，α相は体心立方（b.c.c.）格子，γ相は面心立方（f.c.c.）格子であり，常温ではα相である。このα相は910℃以上の温度でγ相に変わる。

(2) **磁極用鋼，回転軸用鋼**　大形高速回転機鉄心には磁気特性と同時に機械的強度が要求される。鉄心が変形，破壊しないためには遠心力以上の降伏点が必要で，高張力の炭素鋼や Ni 基合金鋼が打抜き積層用磁極用鋼板や鋳鍛造軸材に使用される。

3.2.2 電磁鋼板

1900 年，Hadfield らが鉄にけい素を添加すれば H_c が減少することを見いだし，1903 年には独，米で**けい素鋼板**（silicon steel sheet）が工業化された。**図 3.1**[(3)] に示すように，鉄にけい素を添加していくと，けい素含有量の増加とともに K_1, λ_{100} が減少し，ρ は増加する。したがって，けい素鋼板の磁気特性は高透磁率，低保磁力となり，交流磁界で渦電流損が小さくなる。6.5 % Si で λ_s がほぼ 0 となるが，3 % Si を超えると機械的には延性がなくなり脆化が著しいため，3 % Si を超えるものを高けい素鋼といい，特殊な加工法によって製作する。

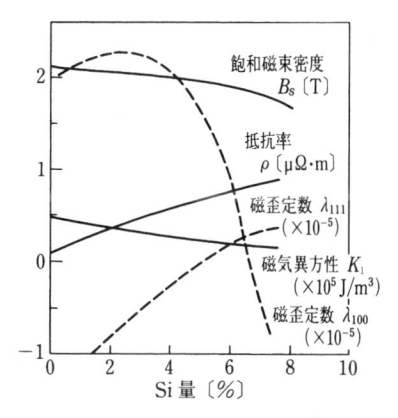

図 3.1 Si 量と磁気物性値[(3)]
（飽和磁束密度 B_s 〔T〕，抵抗率 ρ 〔μΩ·m〕，磁歪定数 λ_{111} （×10^{-5}），磁気異方性 K_1 （×10^5 J/m³），磁歪定数 λ_{100} （×10^{-5}））

電磁気応用機器に用いられるけい素鋼板は，0 % Si も含めて一般に**電磁鋼板**（electrical steel sheet）と総称される。電磁鋼板の磁気特性は JIS C 2550 のエプスタイン法と JIS C 2556 の単板磁気試験法によって測定され，特定の磁界における磁束密度と 1 kg 当りの電力損失，すなわち鉄損が求められる。

(1) **無方向性電磁鋼板**　初期のけい素鋼板は，磁化容易軸がランダムな多結晶（無方向性）からなる熱間圧延けい素鋼板であった。1950 年代後半から熱間圧延板に代わり，熱延鋼帯を冷間で圧延し，連続熱処理後表面に絶縁皮膜を塗布しコイル状に巻き取る，冷延無方向性電磁鋼帯が開発されてきた。

回転機鉄心のように磁束が鉄心の多方向に流れる場合，磁気異方性の小さい材料が望ましい。結晶配列がランダムに近い 0〜3 % Si の冷間圧延鋼板は**無方向性電磁鋼帯（鋼板）**（non-oriented magnetic steel strip（sheet））と称さ

れ，表面性状，寸法精度，積層占積率に優れているため，連続打抜き工程を経て積層鉄心に成形される回転機用材料に適する。Si 量の多い低鉄損材は電力用大形回転機をはじめ高効率の回転機用に，Si 量の低い高磁束密度材は家電機器などの小形回転機用に，広く鉄心用材料として使用されている。そのほか，小形トランスや安定器の鉄心，磁気シールド材にも使用される。

無方向性としては磁化容易軸［100］が鋼板面内でランダムに分布する（100）［0 kl］の面内ランダムキューブ組織が理想であるが，工業的生産方法は見つかっていない。Sb，Sn などの合金添加，圧延率や熱処理の条件を変え（100）集合組織を増加させると，高磁束密度で低鉄損が得られ，機器の高効率化に対応した高効率無方向性電磁鋼板に適用されている[4]。

無方向性電磁鋼板の磁気特性は JIS に従い，板厚 0.35 〜 0.65 mm で，f＝50 Hz，B_m＝1.5 T における単位重量当りの鉄損 $W_{15/50}$，H_m＝5 000 A/m における磁束密度 B_{50} が求められ，圧延方向（L 方向）と垂直方向（C 方向）の平均値

表3.1 代表的な電磁鋼板の種類と特性例

種 類	板厚〔mm〕	JIS 記号	抵抗率 10^{-8}〔Ω·m〕	密 度 10^3〔kg/m³〕	鉄損〔W/kg〕 $W_{15/50}$	$W_{17/50}$	磁束密度〔T〕 B_{50}	B_8
無方向性	0.35	35 A 210	59	7.60	2.00	—	1.66	—
		35 A 440	39	7.70	3.41	—	1.70	—
	0.50	50 A 230	59	7.60	2.50	—	1.67	—
		50 A 1300	14	7.85	8.10	—	1.75	—
方向性	0.23	23 R 085	50	7.65	—	0.78	—	1.92
		23 P 090	50	7.65	—	0.87	—	1.92
		23 G 110	50	7.65	—	1.06	—	1.85
	0.27	27 R 090	48	7.65	—	0.84	—	1.92
		27 P 100	48	7.65	—	0.96	—	1.91
		27 G 120	48	7.65	—	1.15	—	1.85
	0.30	30 P 105	48	7.65	—	1.01	—	1.91
		30 G 130	48	7.65	—	1.25	—	1.84
	0.35	35 P 115	46	7.65	—	1.12	—	1.92
		35 G 145	48	7.65	—	1.39	—	1.84

鉄損〔W/kg〕，$W_{15/50}$，$W_{17/50}$：50 Hz 磁束正弦波でそれぞれ B＝1.5 T と 1.7 T における鉄損値を示す。
磁束密度〔T〕，B_{50}，B_8：それぞれ最大磁界 5 000 A/m と 800 A/m における磁束密度を示す記号。

で表す。表3.1に代表的な無方向性電磁鋼板の磁気特性を，図3.2[5]に直流磁化特性をFeCo合金とともに示す。低鉄損材はSi量を3％まで高めるため，透磁率は増加するが磁束密度は低下する。なお，電気自動車の駆動モータなどの400Hz以上の周波数帯で低鉄損化を図った，0.15～0.2mmの薄手無方向性電磁鋼板や，高速回転用途に高い機械強度を持つ高張力無方向性電磁鋼板も開発されている[4]。

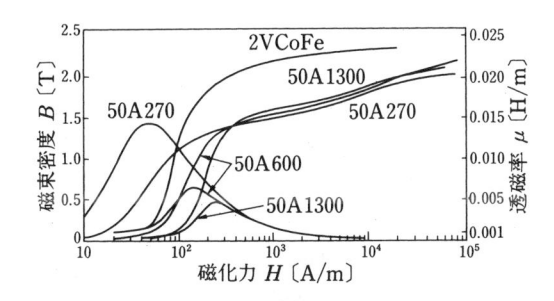

図3.2 無方向性電磁鋼板の B-H 曲線と μ-H 曲線（比較2％VFeCo：0.35mm厚，850℃焼鈍）

一般に，無方向性電磁鋼板は積層鉄心として使用されるので，表面に絶縁皮膜を塗布して層間渦電流を絶縁し鉄損劣化を防ぐ。したがって，層間抵抗が高いことが基本であるが，鉄心に加工するため打抜き性や溶接性などの特性が要求される。皮膜の種類には無機質，有機質および無機有機質混合があり，有機質を含む皮膜は連続打抜き性に非常に優れている。

（2）　方向性電磁鋼板　1926年本多・茅が鉄の磁気異方性を発見し，[100]が磁化容易軸になることが知られた。1933年，Goss（米）が冷間圧延と焼鈍の組合せで磁化容易軸を圧延方向にそろえた（110）[001]方位（ゴス方位）の集合組織を持つ3％Si方向性電磁鋼板の製造法を発明した。この方法は，熱延板に50～70％の冷間圧延を中間焼鈍を挟み2回行い，高温水素中焼鈍でゴス方位の結晶粒（2次再結晶粒）を得る2段冷間圧延法で，米国で工業化された。ゴス方位は圧延方向に磁化容易方向である[100]が一致し，圧延面が（110）である方位であり，磁束が一方向に流れる変圧器鉄心に最適である。**方向性電磁鋼帯（鋼板）**（grain-oriented magnetic steel sheet）は図3.3に示すように粒径が数mm以上の多結晶組織で各結晶粒は（110）[001]方位が

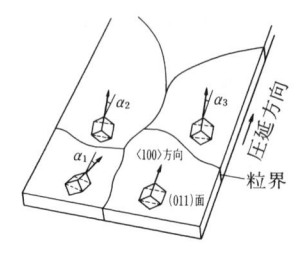

図3.3 方向性電磁鋼板 (110)[001] 組織

圧延方向から約7°以内のずれ角で分布している（JIS G グレード相当；普通材）。1965年，1段冷間圧延法で，ずれ角を3°以内になるように向上させた高配向性の方向性電磁鋼帯が日本で発明され，1968年に工業化された（JIS P グレード相当；高磁束密度材）。高磁束密度材（ハイビー材）は，表面絶縁皮膜が鋼板に張力を付与して磁区を細分化し，高磁束密度においても低鉄損で利用できる。高磁束密度でさらなる低鉄損を得るため，磁区細分化技術の開発が進められ，1982年に磁区細分化電磁鋼板が工業化された（JIS R グレード相当；磁区制御材）。

電力用トランスでは省エネルギーの観点から鉄損を価格で評価する考えがあるほど，低鉄損の方向性電磁鋼板が求められている。交流励磁の鉄損は，$W_o = W_h + W_e + W_{AN}$ に分離され（W_h：ヒステリシス損，W_e：渦電流損，W_{AN}：異常損），それぞれの鉄損低減は，W_h はゴス方位の集積を高める，W_e は板厚の薄手化と高抵抗率化で，W_{AN} は磁区の細分化により磁壁移動速度を小さくする，方法で行う。磁区制御材は磁区細分化（**図 3.4**[(5)] 参照）をレーザ照射などによる歪み導入による方法と，静磁エネルギー増大をねらって溝を形成する方法などで達成した低鉄損材である。なお，電力は通常 P と表されるが，慣例的に鉄損は W と表されるため，ここでは W で表す。

(a) 処理前　　(b) 磁区細分化後

図3.4 方向性電磁鋼板-磁区細分化材の磁気構造[(5)]

方向性電磁鋼板の磁気特性は JIS に従い，表3.1 に併記したように，圧延方向（L方向）の $f = 50$ Hz，$B_m = 1.7$ T における単位重量当りの鉄損 $W_{17/50}$ と $H_m = 800$ A/m における磁束密度 B_8 で表す。**図3.5**[(5)] には直流磁化特性の例を L 方向からの角度特性で示す。L 方向の磁化特性は非常に優れているが，C 方向（[110] 方向）はじめ L 方向からずれると無方向性電磁鋼板より劣ることがわかる。

図3.5 方向性電磁鋼板の B-H 曲線, μ-H 曲線, B-H 角度特性[5]

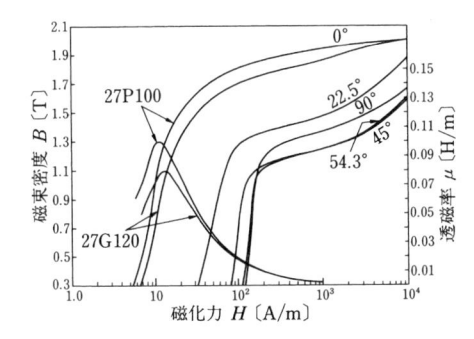

図中の角度は27 P100 試料の測定方向である磁化方向が圧延方向となす角度である。

方向性電磁鋼板はおもに電力用トランス,リアクトルの静止器やタービン発電機の鉄心,高透磁率を利用する磁気シールド材に使用される。静止器では,鉄損の他,騒音が問題となり低磁歪の材料が要求される。

（3） **高周波用電磁鋼板**　渦電流損を小さくするため,けい素量を高め高抵抗化する高けい素鋼板と板厚を小さくする極薄電磁鋼板（極薄けい素鋼板）がある。前述の6.5％Si高けい素鋼板は脆化を回避するため,温間圧延やSiCl$_4$ガスによる高温浸けい処理を適用し製造される。高Si量でB_sが低くなるため,400 Hz以上の用途に使用される[6]。

極薄電磁鋼板は,電磁鋼板の表面皮膜を除去し,さらに圧延し0.025〜0.15 mm厚にし,再び表面皮膜を塗布した3％けい素鋼板であり,400 Hz〜20 kHzの周波数帯で用いられる。出発材により方向性と無方向性があり,電源トランス鉄心などに使用される[7]。

3.2.3　パーマロイ/FeNi合金

パーマロイ（permalloy）はf. c. c.のNiFe合金磁性材料を総称し,高透磁率,低保磁力のほか,加工性が良く耐食性を有する磁性材料として磁気ヘッドや磁気シールド,磁心を用いる部品などに広く使用されている。パーマロイはNi量,純度,熱処理によって磁気特性が大きく変わり,合金元素や熱処理を組み合わせて高透磁率や角形性などの特徴ある材料が実用化されている。

FeNi2元合金の磁性研究は19世紀末に始められ,1910年代にはElmenが熱処理により透磁率が向上する"パーマロイ処理"を見いだし,高透磁率の

78 % Ni パーマロイが発明され電話用リレーに実用化された。その後，水素中熱処理法，Cr や Mo の合金添加法が開発され，30 〜 90 % Ni の高透磁率パーマロイ合金磁性材料の体系が確立した．

FeNi 合金は，30 % Ni 近傍に $\alpha\gamma$ 変態があり，常温で f. c. c. が安定に存在する 40 〜 90 % Ni が高透磁率磁性材料となる．図 3.6[8],[9] に Ni 量 30 〜 100 % の FeNi 合金の B_s, K_1, λ_{100}, λ_{111}, T_c を示す．78 % Ni 近傍で 600 ℃以上から急冷（25 ℃/秒）すると $K_{1RQ}=0$ となり高透磁率を示すが，徐冷すると K_{1SC} は Ni_3Fe 規則相生成のため負に大きくなり，50 〜 90 % NiFe の磁気特性は劣化する．しかし，Mo, Cr, Cu などを合金化することにより，規則相生成が抑制され急冷の必要がなくなるとともに，電気抵抗が大きくなり，透磁率が高く交流損失の小さい優れた磁気特性を示す．図 3.7[9] に 78 % NiFe 合金の Mo, Cr 添加量と徐冷時の比初透磁率 μ_i, 抵抗率 ρ との関係を示す．最適合金添加量は合金の価電子数で整理できる[10]．通常，製造の容易さから 80 % NiFe 近傍の高透磁率パーマロイは合金添加を行う．

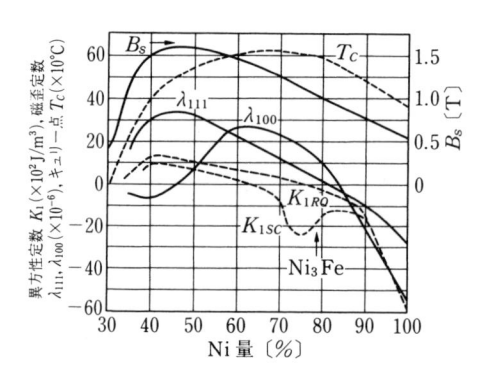

図 3.6 FeNi 合金の異方性定数 K_1（RQ: 急冷，SC: 徐冷）と磁歪定数 λ_{111}, λ_{100}[8],[9]

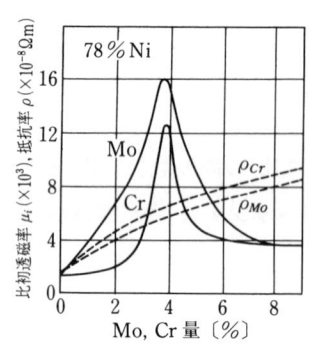

図 3.7 78 % NiFe に Mo または Cr を添加した合金を徐冷（炉冷）した場合の比初透磁率 μ_i と抵抗率 ρ と合金量の関係[9]

30 % NiFe 近傍ではキュリー温度が低くなり，J_s, χ が温度により急変する．この特性を利用して，磁気回路で磁性材料の温度特性の変化を補償する**整磁合金**（magnetic compensating alloy）として計測器に使用される．

35〜40％NiFeはB_sが高く熱処理により磁界に対する透磁率変化を小さくでき，高抵抗率（$75×10^{-8}\,\Omega\cdot m$）で周波数特性が安定しており，通信用変成器に使用される。36％NiFeは低熱膨張の**インバー合金**（Invar）である。

40〜50％NiFeは比較的磁束密度，透磁率が高く，磁気シールドや変成器鉄心材料に使用される。

45〜55％NiFeは磁束密度が高く，$K_1>0$，$\lambda>0$から圧延再結晶条件を選び，集合組織を制御して磁気異方性のある材料が得られる。90％以上の圧延率で高温水素焼鈍を行うと(100)[001]のキューブ組織になり，磁界中熱処理で高透磁率の高角形性材料が得られ，磁気増幅器や直流変成器に使用される。このキューブ組織にさらに，圧延率50％の冷間圧延を施すと結晶の滑りによる異方性が現れ，圧延方向に垂直に磁化容易軸を持ち，圧延方向に磁化すると磁界の強さで透磁率が変らない恒透磁率材料**イソパーム**（Isoperm）となる。

70〜85％NiFeは，Mo，Cr，Cuなどを合金化しNi_3Fe規則相の生成を抑え高透磁率を実現している。5％Mo 79％NiFeは超高透磁率材**スーパーマロイ**（Supermalloy）であり，Nb，Wなどを加えると高透磁率で耐磨耗性の良い磁気ヘッド用パーマロイとなる。代表的なパーマロイの磁化特性例を**図3.8**[11]に示す。そのほか，Coを添加した25％Co 45％NiFe合金は，T_C以下の400℃近傍で焼鈍すると磁壁が固着し，低磁化域で一定μ_i（240 A/m まで約300）が得られる**パーミンバ合金**（Perminver）である。

パーマロイは直流から数百kHzの高周波の用途まで板厚（2.0〜0.025 mm）を選び使用されるが，応力により透磁率が劣化し，特に高透磁率材で著しいため磁気測定や使用に際して注意が必要である。

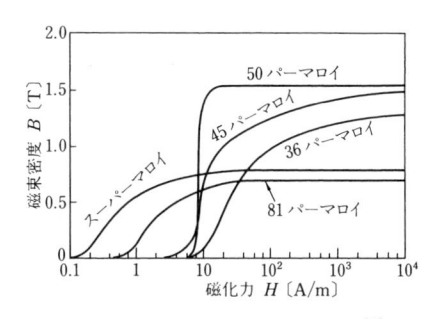

図3.8 FeNi磁性材料の磁化特性[11]

パーマロイの磁気特性および測定法はJIS C 2531に規定されており，リング試料，巻き鉄心試料で直流の透磁率，交流の複素透磁率が測定される。

3.2.4 FeCo 合金/パーメンダ

スレータ・ポーリング曲線からも明らかなように，FeCo 合金は 35 〜 50 % Co で飽和磁束密度 B_s が 2.4 T 以上になる。図 3.9[9] に Co 量と μ_i，B_s，λ の関係を示す。50 % CoFe は**パーメンダ**（パーメンジュール，Permendur）で規則相を生成し脆化するが，2 % V 添加や Cr 添加により加工性が改善され実用化された。高 B_s のほか，λ_s が大きいため磁歪材料として，また T_C が高く高温環境用にも使用される。2 % V 49 % CoFe は高透磁率で $B_s = 2.35$ T を示し，航空宇宙用機器鉄心や磁極，電話機振動材などに使用される。透磁率は低いが 23 〜 27 % Co は加工性が良く，励磁磁束密度が高く高温環境の航空宇宙用部品や磁極材に使用される。35 % CoFe は熱延板で磁極材に用いられる。

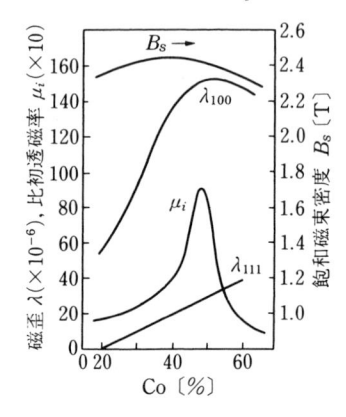

図 3.9 FeCo 合金の比初透磁率 μ_i，飽和磁束密度 B_s，磁歪定数 λ_{100}，λ_{111}

3.2.5 FeAl 合金

アルミニウムを鉄と合金にすると λ_s が増加し 13 % Al 合金は磁歪材料の**アルフェル**（Alfer）として知られている。急冷により Fe_3Al（13.9 % Al）の規則相生成を抑えた 16 % Al 合金は高透磁率特性を示す。12 〜 16 % Al 合金は磁気ヘッド用，超音波トランスデューサに使用される。

3.2.6 センダスト/FeAlSi 合金

$K_1 = 0$，$\lambda_s = 0$ を満足する 9.5 % Si，5.5 % AlFe 合金が仙台で発明され，**センダスト**（Sendust）と呼ばれる。磁気特性，機械特性を改善するため，Ti，Nb などを添加する場合もある。$\mu_i = 4 \times 10^4$，$\mu_m = 1 \times 10^5$ の高透磁率を示す。硬くてもろいが耐磨耗性に優れ磁気ヘッドに，また鋳造品を粉末にし，圧粉磁心に成形して通信用などの磁心に使用される。

3.2.7 用途別分類

金属高透磁率材料の利用は，磁化特性の線形性を利用する分野と非線形性を

3.3 フェライト材料

表 3.2 金属合金系高透磁率材料の用途と利用特性

利用分野	高透磁率	低保磁力	低鉄損	高磁束密度	角形比	強度	代表的な使用材料
電磁石磁極			△	○			電磁軟鉄（純鉄），パーメンジュール
加速器磁極			△	○			純鉄（電磁軟鉄），電磁鋼板
回転機磁極						○	磁極鋼
磁気シールド（強磁界）	△			○			電磁軟鉄（純鉄），電磁鋼板
（弱磁界）	○						パーマロイ，電磁/方向性けい素
回転機（回転子）				○			電磁軟鉄，電磁鋼板
（固定子）			○	○			電磁鋼板
	○		○	○			方向性電磁鋼板
変圧器	○		○	○			方向性電磁鋼板
安定器			○	○			電磁鋼板
変成器	○	○	○	○			方向性電磁鋼板，電磁綱
	○	○	○				パーマロイ
磁気ヘッド	○	○				○	パーマロイ，センダスト
磁気増幅器			○		○		パーマロイ
				○	△		方向性電磁鋼板

○ 主要因，△ 副要因

利用する分野に分けられる。**表 3.2** に用途別の利用特性と使用材料の例を示す。

3.3 フェライト材料

一般に Fe^{3+} を含む酸化物を**フェライト**（ferrite）と呼んでいる。

人類は古代から鉄の酸化物である天然磁石（Fe_3O_4）を知っていたといわれており[12]，フェライトは人類の知った最も古い磁性材料であろう。1930年代になって加藤，武井によりフェライトの実用化研究が進められ，スピネル構造を持った OP 磁石やフェライトコアが生産された[13]。その後の基礎研究は欧米において精力的に行われ，1948年には Néel によりフェリ磁性理論が発表され，1950年代には Philips 社から**マグネトプランバイト形結晶構造**（magnetoplumbite structure）を持つ **Ba フェライト**（Ba-ferrite）が発表された。同年代に磁性**ガーネット**（garnet）も発見された。

3. 高透磁率磁性材料

高透磁率フェライトは，飽和磁化やキュリー温度は低いものの電気抵抗率が高いため，金属磁性材料に比べて渦電流損失が極端に少ない。したがって，おもに高周波領域で利用され，現代のエレクトロニクス技術に欠かせない材料となっている。

フェライト材料の磁気特性の測定法に関しては，JIS C 2560-2 があり，測定装置や測定法の詳細が規定されている。

3.3.1 フェライトの製造法

フェライトの製造法は，金属酸化物や炭酸塩から出発する乾式法と金属塩の水溶液から出発する湿式法がある。工業的には乾式法が多く用いられているので，ここでは乾式方法による多結晶フェライトの製造法を例に説明する。

原材料は，Mn-Zn フェライトの場合には Fe_2O_3，MnO，$MnCO_3$，ZnO など，Ba フェライトの場合には Fe_2O_3 や $BaCO_3$ などである。これらの原材料を仮焼きしてフェライトを生成する。つぎにこれを粉砕・微粒化し，成形後，再び焼結して多結晶焼結フェライトを得る。多結晶フェライトの磁気特性は微量添加物や焼結雰囲気に影響されるため，これらを制御することが重要である[14]。

3.3.2 スピネル形フェライト

スピネル（spinel）**形フェライト**は代表的な高透磁率フェライトで，その組成式は $M^{2+}Fe_2^{3+}O_4^{2-}$（M^{2+} は2価の金属イオン）と表される。その単位胞は**図3.10**（a）に示すように8個の $M^{2+}Fe_2^{3+}O_4^{2-}$ から形成される立方晶である。O^{2-} の配置だけを見ると面心立方格子を形成しており，その隙間に M^{2+} と Fe^{3+} が位置している。M^{2+} と Fe^{3+} が入る位置には図（b）のように4個の酸素に囲まれた位置（A位置または8a位置）と図（c）の6個の酸素に囲まれた位置（B位置または16d位置）がある。単位胞内には8箇所の8a位置と16箇所の16d位置がある。M^{2+} が8a位置に Fe^{3+} が16d位置に入った場合を**正スピネル**（normal spinel），Fe^{3+} の半分が8a位置に，残りの Fe^{3+} と M^{2+} が16d位置に入った場合を**逆スピネル**（inverse spinel）と呼ぶ。

（1）**フェリ磁性**　スピネル中の磁性イオンは酸素を介して超交換相互作用を行う。このうち8a位置と16d位置の相互作用が最も強く，両者の磁気

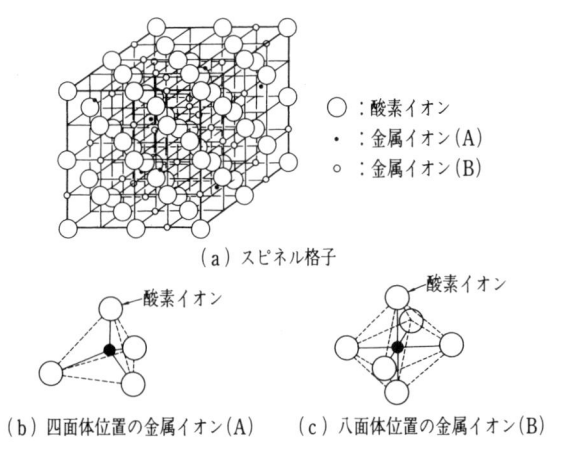

図 3.10 スピネル形フェライトでの金属イオンの配置

(a) スピネル格子
(b) 四面体位置の金属イオン(A)
(c) 八面体位置の金属イオン(B)

モーメントは反強磁性的に結合し，フェリ磁性が達成される。したがって逆スピネルでは，**図 3.11** に模式的に示すように，Fe^{3+} の磁気モーメントはたがいに打ち消し合い，M^{2+} の磁気モーメントだけが正味の磁化に寄与する。

図 3.12 に，M^{2+} として Mn^{2+}，Fe^{2+}，Co^{2+}，Ni^{2+}，Cu^{2+} が入った場合の 1 分子式当りの磁気モーメントとキュリー温度[15] を整理して示す。図中には，試料が完全な逆スピネルであり，M^{2+} の磁気モーメントにはスピンのみが寄与しているとして計算した理論値も示してある。$MnFe_2O_4$ は正スピネルに近いが，Mn^{2+}，Fe^{3+} はその磁気モーメントが $5\mu_B$ であるため，理論値と実験値が比較

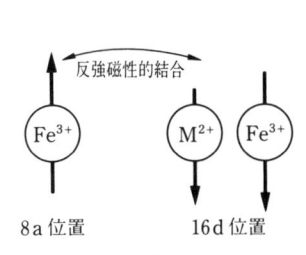

図 3.11 逆スピネルにおける磁気モーメントの配置

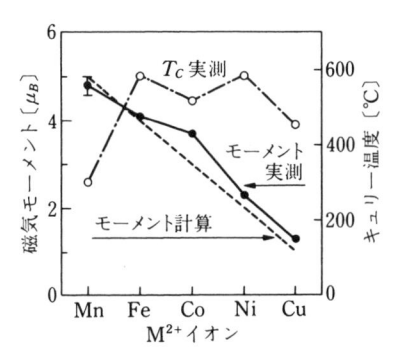

図 3.12 スピネル形フェライトの磁気特性

的一致している。磁気モーメントの実験値と理論値の差は $CoFe_2O_4$ で最も大きいが，これはコバルトの軌道角運動量が残っているためだと考えられている。キュリー温度は $FeFe_2O_4$ や $NiFe_2O_4$ で高く，$MnFe_2O_4$ で低い。

表3.3にはその他の電気・磁気特性[16]〜[18]を示す。$CoFe_2O_4$ の結晶異方性定数 K_1，飽和磁気歪定数 λ_s が大きいのもコバルトの軌道角運動量が残っているためである。$FeFe_2O_4$ の電気抵抗率が極端に低いが，これは Fe^{2+} と Fe^{3+} の間で電子の移動が起こるためと考えられている[19]。

表3.3 スピネルフェライトの電気・磁気特性の例

材料	異方性定数 $K_1 (\times 10^4 \text{J/m}^3)$	飽和磁歪 $\lambda_s (\times 10^{-6})$	電気抵抗率 ρ [$\Omega \cdot$m]
$MnFe_2O_4$ *	−0.4	−5	2.2×10^{-2}
Fe_3O_4	−1.1	35	4.0×10^{-5}
$CoFe_2O_4$	26	−110	—
$NiFe_2O_4$ **	−0.7	−26	—
$CuFe_2O_4$ **	−0.63	−10	—

* 逆スピネルの程度により異なる。
** 冷却速度により異なる。

M^{2+} として2種類以上の金属を入れたフェライトを混合フェライトと呼ぶ。混合フェライトの中で工業的に興味深いのは亜鉛を含む混合フェライトである。逆スピネルフェライトに亜鉛を加えると，Zn^{2+} は8a位置に入り，式(3.1)の混合フェライトができる。

$$(\cdot)Zn_X^{2+}(\uparrow)Fe_{1-X}^{3+}(\downarrow)M_{1-X}^{2+}(\downarrow)Fe_X^{3+}(\downarrow)Fe^{3+}O_4^{2-} \quad (3.1)$$

ここで，X は M^{2+} を Zn^{2+} で置き換えた割合である。また式中で，元素記号の前の括弧中の矢印は磁気モーメントの向きを示している。

Fe^{3+} が $5\mu_B$，M^{2+} が $\alpha\mu_B$ の磁気モーメントを有しているとして計算すると，1分子式当り式(3.2)の磁気モーメントを持つことになる。

$$\alpha + (10 - \alpha)X \quad [\mu_B] \quad (3.2)$$

すなわち，亜鉛の量を増すに従って磁気モーメントが増加する。実際には，亜鉛量が過剰になると式(3.2)の関係が崩れてしまい磁気モーメントには極大が存在する。図3.12に示した材料では $X=0.4 \sim 0.6$ で極大となる[20]。亜鉛を

加えるとキュリー温度は単調に減少するので，室温での磁化はより X の小さい領域で極大となる。実用的に重要な $(Mn, Zn)Fe_2O_4$ や $(Ni, Zn)Fe_2O_4$ では，それぞれ，$X = 0.15 \sim 0.2$ ($J_s \fallingdotseq 0.57$ T) および $0.35 \sim 0.4$ ($J_s \fallingdotseq 0.54$ T) 付近で最も大きな飽和磁化が得られる[21]〜[23]。

（2）Mn-Zn フェライト　鉄，マンガンおよび亜鉛を主成分とするフェライトを **Mn-Zn フェライト**（MnZn ferrite）と呼ぶ。この系は高い透磁率が得られることを特徴としており，40 000 を越える高い比透磁率 μ_s が報告されている[24],[25]。一方，Mn-Zn フェライトの単結晶試料についても結晶磁気異方性定数 K_1 と飽和磁歪 λ_s も詳細に調べられている[26],[27]。図 3.13 に示すように，高い μ_s の得られる組成範囲と $\lambda_s \fallingdotseq 0$ および $K_1 \fallingdotseq 0$ が成立する組成はほぼ一致している。

高透磁率を有する Mn-Zn フェライトでは高い電気抵抗が得られず，単結晶での電気抵抗率は 10^{-3} Ω·m 程度と小さい[28]。このため，焼結体の Mn-Zn フェライトでは粒界に高抵抗率の相を析出させ，等価的な電気抵抗を高めている。

表 3.4 に焼結 Mn-Zn フェライトの特性例を示す。飽和磁化 $0.35 \sim 0.55$ T，キュリー温度 $130 \sim 300$ ℃，比初透磁率 μ_i が $1\,000 \sim 10\,000$ 程度の材料が供給されている。

磁心を大振幅で励磁する際には磁心損失も重要である。その際には磁心の温

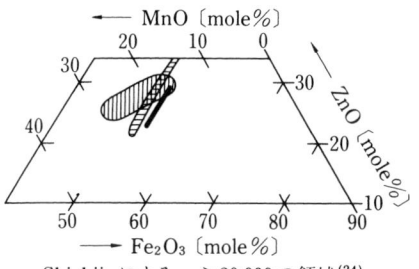

図 3.13　Mn-Zn フェライトの透磁率と物性定数の関係

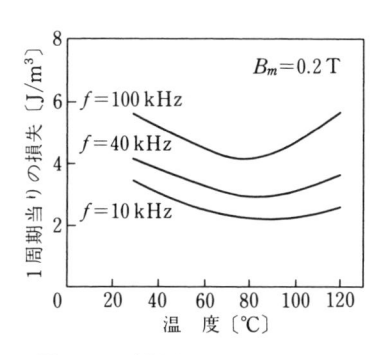

図 3.14　電力用 Mn-Zn フェライトにおける損失の温度依存性の例

表3.4 Mn-Znフェライトの特性例

μ_i (10 kHz)	μ_i (100 kHz)	μ_i (1 MHz)	$\tan\delta/\mu_i$ (100 kHz)	B_s 〔T〕	T_C 〔℃〕	ρ 〔Ω·m〕
7 500	7 500	160	20×10^{-6}	0.42	140	0.2
3 500	3 500	2 500	10×10^{-6}	0.49	210	0.15
2 500	2 500	3 000	3×10^{-6}	0.51	250	10

度が上昇するので，図3.14に示すように，磁気損失は80～100℃で最小になるように設計されているので，磁心の使用中この程度の温度になるよう配慮しなくてはならない．Mn-Znフェライトの磁気損は近年著しく改善され，100 kHz，200 mTでの磁気損（80～100℃）が200～300 kW/m³の材料も開発されている[29]．

Mn-Znフェライトは，各種高周波トランス，チョークコイル用コア，フィルタ用コア，スイッチング電源用コア，偏向ヨークなどに利用されている．1 MHz以下の周波数範囲で使用される場合が多いが，1 MHz以上での使用を目指した材料も開発されている[29]．

（3）**Ni-Znフェライト** 鉄，ニッケルおよび亜鉛を主成分とするフェライトを**Ni-Znフェライト**（NiZn ferrite）と呼ぶ．Ni-Znフェライトの電気抵抗率は10^2～10^5 Ω·m程度と，Mn-Znフェライトのそれに比べて大きいので，Mn-Znフェライトより高周波領域で使用されている．

$(NiO)_{0.15}(ZnO)_{0.35}(Fe_2O_3)_{0.5}$の組成付近で高い透磁率が得られるが[30]，この組成はλ_sが零となる組成とおおよそ一致している[31]．表3.5にはNi-Znフェライトの特性例を示す．飽和磁化0.25～0.4 T，キュリー温度100～300℃，比初透磁率数十～数百程度の材料が多く供給されている．

表3.5 Ni-Znフェライトの特性例

μ_i (100 kHz)	μ_i (1 MHz)	μ_i (10 MHz)	$\tan\delta/\mu_i$ ($\times10^{-6}$)	B_s 〔T〕	ρ 〔Ω·m〕
350	350	—	700 (1 MHz)	0.35	10^5
70	70	70	130 (10 MHz)	0.36	10^5
25	25	25	180 (10 MHz)	0.29	10^5

フェライトの使用周波数の限界を決める重要な要因としてスピンの**自然共鳴**（natural resonance）がある。自然共鳴による限界は **Snoek の限界**（Snoek's limit）[32]と呼ばれ，式 (3.3) で与えられる。

$$f_r = \frac{\gamma J_s}{3\pi\mu_0(\mu_s-1)} \tag{3.3}$$

ここで，f_r, μ_s, γ はそれぞれ共鳴周波数，比透磁率，ジャイロ磁気定数である。

スピネル形フェライトでは Snoek の限界を超えて高透磁率特性を得ることはできないと考えられており，使用周波数の限界を上げるには μ_s の値を小さく抑える必要がある。Ni-Zn フェライトの高透磁率材料としての使用可能周波数は 100 MHz 程度である。

3.3.3 その他のフェライト

（1）**マイクロ波用フェライト**　マイクロ波領域でのフェライトの用途は，サーキュレータなどの非相反素子，リミッタなどの非直線素子，フィルタ，遅延素子などであり，おおよそ 10 MHz ～ 100 GHz 帯で用いられている。これらの用途には，スピネル形フェライト，ガーネット形フェライト，**六方晶形フェライト**（hexagonal ferrite）が用いられる。

スピネル形フェライトとしては，電気抵抗率の高い Ni-Zn フェライトや Mn-Mg フェライト，Li-Fe フェライトなどが用いられている。

ガーネット形フェライトは $3\,M_2^{3+}O_3^{2-} \cdot 5\,Fe_2O_3$ の一般式で表される立方晶の材料である。M^{3+} を Y^{3+} とした**イットリウム - 鉄 - ガーネット**（YIG），Y^{3+} の一部を Gd^{3+} や Al^{3+} で置換した YGdIGa，YAlIGa はマイクロ波帯での共鳴半値幅が狭く，スピネル形フェライトより高い周波数で用いられる。

代表的な六方晶形フェライトは，マグネトプラムバイト形結晶構造[21]を持つ $BaO\text{-}6Fe_2O_3$（M 形化合物と呼ぶ）である。M 形化合物は Ba フェライトとも呼ばれ，代表的なフェライト磁石材料である。M 形化合物，スピネル形フェライト（S 形化合物）および $BaO\text{-}2Fe_2O_3$ を合わせた多くの化合物も知られており，**表 3.6** にはその例を示す。六方晶形フェライトは，強い磁気異方性のため自然共鳴の周波数帯がミリ波帯に存在し，この周波数帯で利用される。

表 3.6 六方晶形フェライトの例

化合物名	組成	備考	化合物名	組成	備考
S 形	$MO\text{-}Fe_2O_3$	スピネル	X 形	$2BaO\text{-}2MO\text{-}14Fe_2O_3$	$S:M=1:1$
M 形	$BaO\text{-}6Fe_2O_3$	Ba フェライト	Y 形	$2BaO\text{-}2MO\text{-}6Fe_2O_3$	$S:BaO\text{-}2Fe_2O_3=2:1$
U 形	$4BaO\text{-}2MO\text{-}18Fe_2O_3$	$M:Y=2:1$	Z 形	$3BaO\text{-}2MO\text{-}12Fe_2O_3$	$M:Y=1:1$
W 形	$BaO\text{-}2MO\text{-}8Fe_2O_3$	$S:M=2:1$			

以上の利用法と異なる利用法として，電波吸収体としての利用がある。これは磁性体内での損失を積極的に利用して電磁波を吸収するもので，無反射終端，テレビやレーダのゴースト除去などに用いられる。

（2） 感温磁性材料　磁性体の磁気特性は，図 3.15 にその例を示すように，キュリー温度付近で急激に変化する。この特性を利用した磁性材料は感温磁性材料と呼ばれ，温度の計測・制御素子であるサーマルリードスイッチなどに用いられる。感温磁性材料には，金属系材料とフェライトがある。金属材料としては 3.2 節で述べた Ni-Fe 合金やアモルファス磁性体などが，フェライト材料としては，スピネル形フェライトが利用されている[33]。

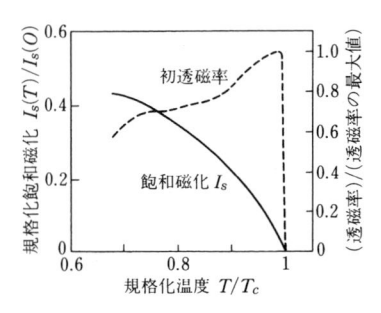

図 3.15 Mn-Zn フェライトにおける磁気特性の温度依存性の例

3.4 ナノ結晶およびアモルファス材料

磁性材料の磁気特性は，その結晶粒径と関係が深い。図 3.16 には，結晶粒径と達成される磁気特性の関係を模式的に示している。単結晶や結晶粒径の大きな材料は，磁壁異動を妨げる介在物が少ないので，一般的に低保磁力・高透磁率を示す。3.1 節で説明された方向性電磁鋼板は典型的な例である。結晶を微細化すると，一般に，保磁力が増加し透磁率が下がる。硬磁性材料は微細結晶から構成されてい

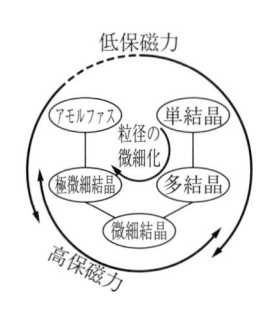

図 3.16 結晶粒径と磁気特性の関係（概念図）

る。さらに結晶粒径を微細化し，その粒径が交換長（$\sqrt{A/K_u}$，A：交換スティフネス定数，K_u：磁気異方性定数）程度になると，無配向の材料では再び保磁力が低下する。Hertzerによれば，結晶粒径Dの無配向材料の等価異方性定数$\langle K_u \rangle$は

$$\langle K_u \rangle = \frac{K_u^4}{A^3} D^6 \tag{3.4}$$

と与えられ，等価異方性定数はD^6に比例する[34]。このことより，結晶粒径が微細化すると急激に軟磁性が改善されることが了解される。結晶粒径を10 nm程度まで微細化した遷移金属系軟磁性材料は**ナノ結晶磁性材料**（nanocrystalline magnetic material）として知られている。

さらに結晶粒径を小さくすれば，結晶構造が失われる。この材料を**アモルファス（非晶質）磁性材料**（amorphous magnetic material）という。原子の周期的配列による結晶磁気異方性が存在しないので，低保磁力・高透磁率を示す。別の考え方をすれば，式(3.4)でDを0にした場合とも考えることができる。この節では，アモルファス磁性材料とナノ結晶磁性材料について説明する。

3.4.1 アモルファス・ナノ結晶磁性材料の作製法

代表的なアモルファス磁性材料としては，遷移金属-半金属系と遷移金属-金属系の材料がある。これらの材料ではアモルファス状態は準安定状態であるので，その作製にはなんらかの工夫が必要である。一般的には，溶融状態から急冷してアモルファス状態を得る液体急冷法が用いられる。この方法により，アモルファス薄帯，ワイヤー，粉末などが作製されているが，市販のアモルファス薄帯の作製には，**図3.17**に示す片ロール法が用いられている。この方法では，るつぼの下部のノズルから，高速で回転する金属ロール上に溶

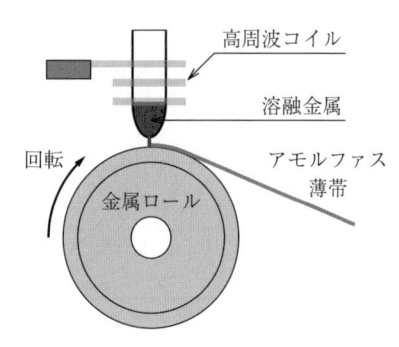

図3.17 片ロールアモルファス作製装置

融金属を噴射することによって急冷し，アモルファス薄帯を得ている．典型的なアモルファス薄帯の厚さは 20 〜 30 μm 程度で，電磁鋼板に比べて薄いので渦電流損失を抑制する観点からは有利である．一方，板状としては扱うには薄すぎて扱いにくいことや，コアとしたときに占積率が上がらない欠点がある．特殊なスリットを使用して 100 μm 以上の厚さのアモルファス薄帯を作製する方法も報告されている．

市販のナノ結晶磁性材料は，アモルファス合金を結晶化することにより得られている．10 nm 程度の結晶粒を達成するためには，合金の組成を制御して結晶の成長を抑制する必要がある．

3.4.2 アモルファス磁性材料の磁気特性

80 at.%程度の 3 d 遷移金属と 20 at.%程度の半金属（B，C，Si など）から構成される遷移金属-半金属系のアモルファス磁性材料が高透磁率材料として使用されている．図 3.18 には Fe-Si-B 系アモルファス合金の飽和磁化の組成依存性を示している．半金属の存在は，材料の飽和磁化を下げるが，アモルファス構造を安定化するために必要である．半金属としては，B，Si の他に，C や P も用いられる．多量の半金属を含み原子配列も乱れているアモルファス合金は高い電気抵抗率（典型的な値は 130 μΩ·cm 程度）を示し，渦電流損失の低減には有利である．

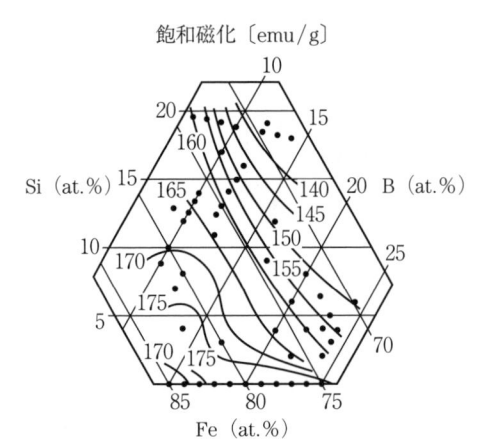

図 3.18 Fe-Si-B アモルファス合金における飽和磁化の組成依存性

3.4 ナノ結晶およびアモルファス材料

アモルファス合金は結晶磁気異方性を持たないので，低保磁力・高透磁率である。一方で，その軟磁性は結晶磁気方性以外の磁気ひずみや誘導磁気方性に大きく影響される。Fe 基の合金は正の大きな飽和磁気ひずみを有す。一方，Co 基のアモルファス合金は負の飽和磁気ひずみを有す。したがって，両者の合金を作製すると，Co/(Fe+Co)=0.92〜0.96 程度の組成で，磁気ひずみを有さないアモルファス合金が得られる[35]〜[37]。図 3.19（a）に（Fe, Ni, Co）$_{88}$Si$_8$B$_{14}$ アモルファス合金の飽和磁歪を示している[38]。図（b）に示された保磁力の組成依存性[39]と比較すると，飽和磁歪が 0 となる組成で低保磁力が得られていることが了解される。

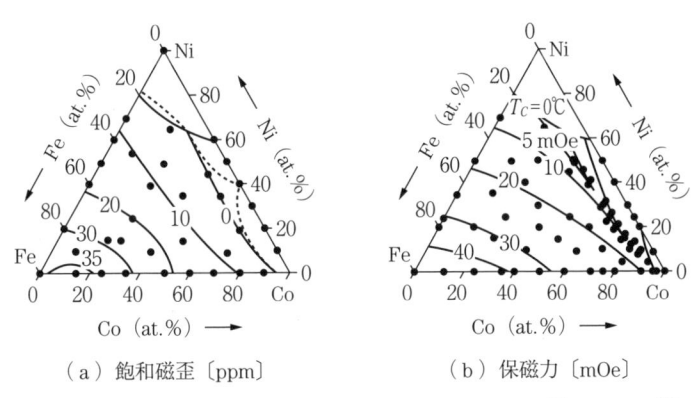

(a) 飽和磁歪〔ppm〕

(b) 保磁力〔mOe〕

図 3.19 (Fe$_x$Ni$_y$Co$_z$)$_{88}$Si$_8$B$_{14}$ アモルファス合金の飽和磁歪[38]と保磁力[39]

アモルファス合金は結晶磁気異方性を有さないので，誘導磁気方性により磁気特性を制御することができる。その例を，Metglas 2605SA1 について図 3.20[40] に示している。磁界中熱処理をすることにより，ヒステリシス曲線

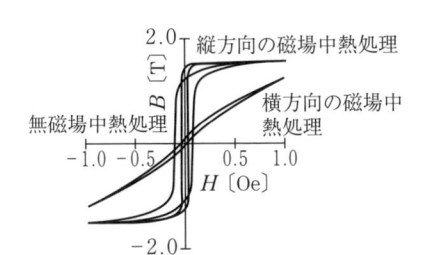

図 3.20 磁界中熱処理による Metglas 2605SA1 のヒステリシスループの変化[40]

の角形性が改善される．商用周波数領域では磁気損失も低減する．

アモルファス薄帯はその薄さと高い電気抵抗率から渦電流損失の抑制に適しているが，磁区構造の制御を行えば，さらに渦電流損失を低減することができる．熱処理条件や添加物を制御することにより，低周波で優れた特性と高周波で優れた特性を作り分けることが可能であると報告されている[41]~[43]．

Fe基，Co基，Fe-Ni基のアモルファス薄帯が市販されている．**表3.7**には市販のアモルファス薄帯の磁気特性の例を示している．Metglas 2605SA1は配電トランスの鉄心用に開発された材料である．電磁鋼板に比べて磁気損失が低く，トランスの鉄損を低減できる．一方，電磁鋼板に比べて飽和磁束密度が低いため，鉄心断面積が大きくなる．Metglas 2605S3Aでは，**図3.21**に示すように，熱処理条件により低周波で優れた磁気特性と高周波で優れた磁気特性を示す薄帯を作り分けることができる[44]．Co基のMetgas 2714 A[45]は磁気ひずみ

表3.7　市販のアモルファス薄帯の磁気特性

商品名	合金系	B_s [T]	T_C [℃]	λ_s [ppm]	磁気特性の特徴	参考文献
Metgals 2605SA1	Fe-B-Si	1.56	399	27	直流最大透磁率：6×10^5 磁気損失：0.29 w/kg (60 Hz, 1.35 T)	文献(40)
Metgals 2605S3A	Fe-Cr-B-Si	1.41	358	20	1 kH以上の周波数で低損失	文献(44)
Metglas 2714A	Co-Fe-B-Si	0.57	225	<0.5	直流最大透磁率：1×10^6 超低損失	文献(45)
Metglas 2826MB	Fe-Ni-Mo-B	0.88	353	12	直流最大透磁率：8×10^5 低磁歪，中飽和磁化	文献(46)

B_s：飽和磁束密度，T_C：キュリー温度，λ_s：飽和磁気ひずみ

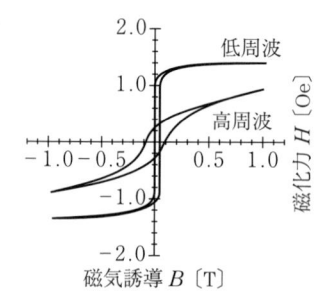

図3.21　熱処理条件による磁気特性の制御（Metglas 2605S3A）[44]

が小さく, きわめて高透磁率である。Fe-Ni 基の Metglas 2628MB[46] は, Fe 基と Co 基の中間的特性を示す。

3.4.3 ナノ結晶磁性材料の磁気特性

図 3.22 に計算機シミュレーションで求めた等方性磁性材料のヒステリシス曲線を示す[47]。図中で印加磁界と磁化の値は, それぞれ, 結晶の異方性磁界と飽和磁化で規格化されている。また, $K_uV/(J_eS)$ は磁性体に蓄えられる異方性エネルギーと交換エネルギーの比で, 結晶粒径に反比例している。図より, 結晶粒径が小さくなる

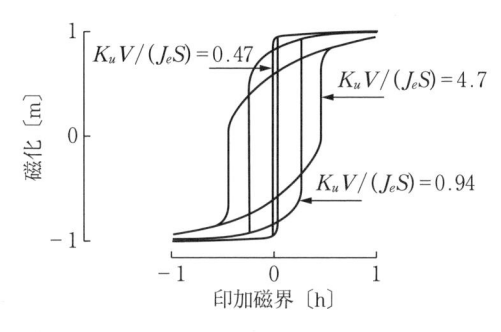

図 3.22 計算機シミュレーションで求めた結晶粒径とヒステリシス曲線の関係

と急激に保磁力が減少することが了解される。ナノ結晶材料で達成される低保磁力には二つの要因がある。まず一つ目は, 式 (3.4) で示される等価異方性の低下である。磁気異方性が低下するので当然, 低保磁力・高透磁率となる。もう一つの原因は磁壁幅と結晶粒径の関係である。結晶粒界が 10 nm となると, 結晶粒径に比べて磁壁の幅が十分に広いので, 磁壁内に多くの結晶粒が存在し, 結晶粒界が磁壁のピニングサイトとならず低保磁力が実現される。

最初のナノ結晶材料は Fe-Si-B-Nb-Cu アモルファス合金を熱処理により結晶化することで得られた[48]。この材料の特徴は Fe 基の材料であるにもかかわらず, 低飽和磁気ひずみであることである。例えば, $Fe_{73.5}Cu_1Nb_3Si_{13.5}B_9$ および $Fe_{73.5}Cu_1Nb_3Si_{15.5}B_7$ の飽和磁気ひずみは, 2.1 ppm[49] および ~ 0[50] である。Fe-Si-B-Nb-Cu 系ナノ結晶材料は多量に Si を固溶した Fe-Si 微細結晶(負の飽和磁気ひずみ)と Fe 基のアモルファス部分(正の飽和磁気ひずみ)から構成されており, 全体として小さな飽和磁気ひずみとなる。また, キュリー温度が高いことも優れた特徴である。この材料は, FINEMET の商品名で市販されている。その特性例を**表 3.8** に示している。

表3.8 ナノ結晶材料の磁気特性

材料	B_s 〔T〕	B_r/B_s 〔%〕	H_c 〔A/m〕	λ_s 〔ppm〕	P_{CW} 〔W/kg〕	P_{CV} 〔kW/m³〕	参考文献
FINEMET FT-1H	1.35	90	0.8	+2.3		950	文献(50)
FINEMET FT-1L	1.35	7	1.6	+2.3		310	文献(50)
FINEMET FT-3H	1.23	90	0.6	～0		600	文献(50)
FINEMET FT-3L	1.23	5	0.6	～0		250	文献(50)
$Fe_{80.5}Cu_{1.5}Si_4B_{14}$	1.8		7	+12	0.46		文献(51)
$Fe_{85}Si_2B_8P_4Cu_1$	1.85		6.1	+2.3	0.28		文献(52)

B_s：飽和磁束密度，T_C：キュリー温度，λ_s：飽和磁気ひずみ
P_{CV}：磁気損失（50 Hz，1.6 T），P_{CW}：磁気損失（100 kHz，0.2 T）

ナノ結晶材料においても，その結晶磁気異方性は小さいので，熱処理条件などを変化させることによりその磁気特性を大きく変えることができる。**図3.23** には熱処理条件を変化させて FINEMET FT-1 の磁気特性を変化させた場合の例を示している[51]。図 (a) は高い角形比のヒステリシス曲線を有し，比較的低周波で優れた磁気特性を示す。図 (c) は角形比を抑制して高周波での磁気特性を改善している。表3.8には，FT-3 についても磁気特性の制御の例を示している。

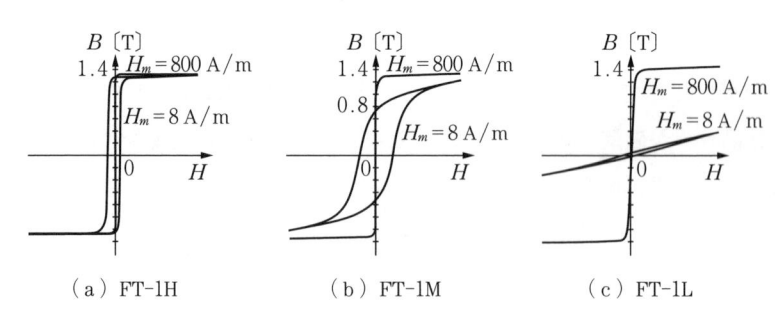

(a) FT-1H　　(b) FT-1M　　(c) FT-1L

図3.23 ナノ結晶材料における熱処理条件制御による磁気特性制御の例[51]

Fe-Si-B-Nb-Cu系ナノ結晶材料では，応力下で結晶化させることにより応力と垂直な方向に大きな磁気異方性を誘導することができる[52]。これを利用すれば，**図3.24** に示すように，熱処理中に印加する応力を変化させることにより透磁率を高範囲に制御することができる。

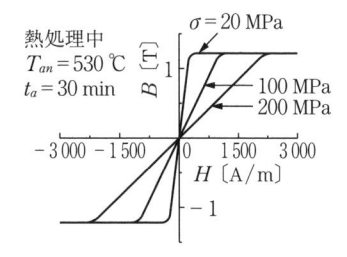

図 3.24 印加応力中で結晶化した $Fe_{73.5}Cu_1Nb_3Si_{13.5}B_9$ ナノ結晶合金の磁気特性

電力用のトランス等への応用を考慮して，高飽和磁束密度のナノ結晶材料の検討も行われている。表3.8には，1.8Tを超える飽和磁束密度を有するナノ結晶材料の例を示している。

演 習 問 題

（1） 抵抗率 ρ，比重 g である帯状の磁性体がある。材質は一様で長さ（y方向）はほぼ無限であり，その方向に磁化される。幅（x方向）は l，厚さ（z方向）は d であり，$l \gg d$ が成立する。

いま，帯内が一様に磁束密度 $B = B_m \sin \omega t$（$\omega = 2\pi f$）に磁化されたときの渦電流損 W_e（古典的渦電流損）は式（3.5）であることを示せ。

$$W_e = \frac{(\pi d f B_m)^2}{6\rho g} \quad [W/kg] \quad (3.5)$$

また，高配向性けい素鋼板23P90につき $f = 50\,Hz$，$B_m = 1.7\,T$ として W_e を計算せよ。

（2） 逆スピネル形フェライト $MnFe_2O_4$ に $ZnFe_2O_4$ を $(1-x):x$ の割合で混合した複合フェライトは1分子式当り何 μ_B の磁気モーメントを持つか。

（3） ナノ結晶材料が優れた高透磁率性を示す理由を説明せよ。

4 永久磁石材料と特殊磁性材料

4.1 磁石材料の進歩

永久磁石（permanent magnet）は 20 世紀の初期から工業材料として使われ，現在その用途は音響機器，回転機器，通信機器，各種計器，医療機器と非常に広範囲にわたっている．図 4.1 は永久磁石の特性（最大磁気エネルギー積）向上の歴史を示す．

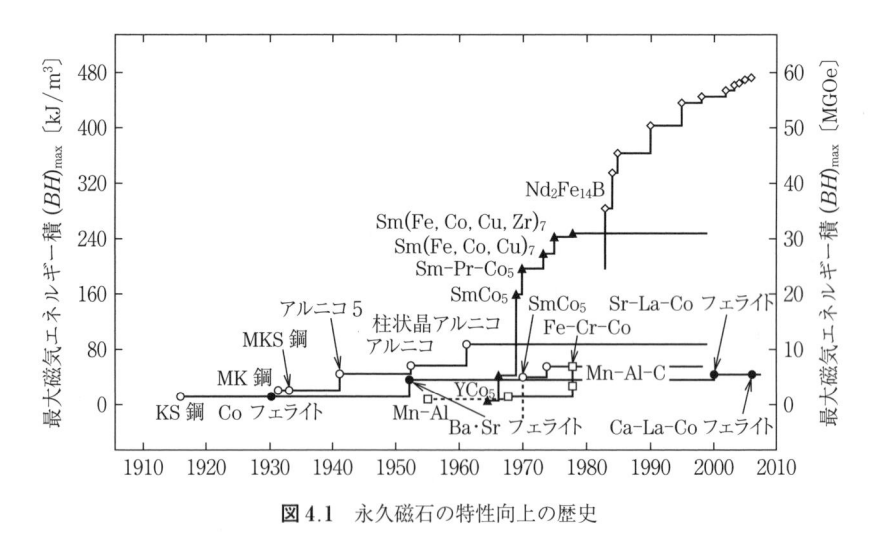

図 4.1 永久磁石の特性向上の歴史

人類にとって最初の永久磁石は，天然のマグネタイト（Fe_3O_4）であった．これは 13 世紀初頭にヨーロッパで航海用の磁気コンパスに使用された記録がある．人工的に作られた磁石としては，1917 年に本多らによる **KS 鋼**（Fe-Co-

Cr-W-C）が初めてのものである。磁気特性としては $(BH)_{max} = 8\,kJ/m^3$, H_c $= 20\,kA/m$ 程度であったが，マルテンサイト変態を利用した磁石としては当時では世界最高のものであった。この種の鋼を焼入れした磁石鋼は，その後も種々開発されたが，保磁力が低い，外部磁界による擾乱を受けやすい，焼入れ鋼の内部組織の不安定性が磁気的な劣化を起こすなどで，一時期はまったく使用されなかった。しかし，磁石鋼は圧延，鍛造，切削加工が容易で，比較的安価であるので，1960～1970年代にかけてその低い保磁力と，高い残留磁化ならびに加工性に着目して，半硬質磁性材料として，ラッチングリレーやヒステリシスモータに利用された。

1931年，三島[1]により，Fe-Ni-Al系合金が発見され，**MK鋼**と命名され今日のアルニコ磁石の原形をなした。磁気特性は当時としては，保磁力はKS鋼の2倍を示し，$(BH)_{max} = 16\,kJ/m^3$ が得られている。その後この保磁力機構，合金の形成，熱処理などに関する研究が進み，Fe-Co-Ni-Alの4元素を基本組成として，高性能なアルニコ磁石として，1960年ごろまでは，磁石の王座を占めていた。現在も磁石特性の温度特性が良いことから，各種計器に利用されている。

酸化物磁石では，工業的に最初に生産された磁石は加藤，武井[2]による**OP磁石**（Coフェライト（Fe_3O_4），1933年）である。金属材料では得られない保磁力 $H_{cJ} \fallingdotseq 80\,kA/m$ で当時としては画期的なものであった。その後，磁性酸化物の研究が進み，1952年にWentら[3]によってBaフェライト（$BaO \cdot 6\,Fe_2O_3$）が発表され，今日のフェライト磁石の基礎となり，1963年Cochardtら[4]によるSrフェライト（$SrO \cdot 6\,Fe_2O_3$）の高性能化が報告され，現在，磁石総生産量の約70％（重量）が，この種のフェライト磁石である。

1960年代には，宇宙開発に伴う電子機器の小形化の傾向に拍車がかかり，高性能磁石の開発が盛んに行われた。一方では希土類金属の精製が進み，希土類元素の磁性を4f電子が担うため，希土類金属と3d遷移金属からなる3d-4fの金属間化合物が登場した。1966年Hofferら[5]はYCo_5合金が大きな結晶磁気異方性を持つことを見いだした。この発見を契機として希土類磁石の開発が

始まった。その後，$SmCo_5$[6]，Sm_2Co_{17}[7] 系合金が優れた磁石特性を有することが発表され，Sm_2Co_{17} 系では，$(BH)_{max}=240\,kJ/m^3$ のものが実用化され，今日に至っている。

1983年，日米両国で同時に Nd-Fe-B 系磁石が発見された。佐川ら[8] は焼結磁石で，Croat ら[9] は等方性ボンド磁石素材として，急冷薄帯で高性能な特性を発表した。これら磁石は Co を含有しないということで，コストの面でも Sm-Co 系より安価であり，現在焼結磁石では，$(BH)_{max}=400\,kJ/m^3$ 以上のものが実用化されており，Sm-Co 系に取って替わっている。

図 4.1 には掲載していないが，1990年，Coey ら[10] により発表された $Sm_2Fe_{17}N_X(X=3)$ 化合物は，Nd-Fe-B 化合物に比較して，飽和磁化は若干低いが，異方性磁界が倍近くあり，高性能な磁石材料となることを示唆した。しかし，窒化化合物であるゆえ，650℃以上では分解してしまうため，焼結磁石としては製造が不可能で，ボンド磁石の素材として実用化されている。

また，$TbCu_7$ 形結晶相の $SmFe_7$ 系窒化化合物[11] は急冷薄帯を用いた窒化化合物で，等方性ボンド磁石として工業化されている。以上が磁石材料発展の概略である。

4.2 磁石材料の特性と評価ならびに測定法

永久磁石材料にとって，飽和磁化 J_s，磁気異方性定数 K_A（または磁気異方性磁界 H_A）およびキュリー温度 T_C は磁石特性を決定する基本的に重要な物理量であり，いずれも高い値を有することが望ましい。また，磁石は種々の環境の下で長期間にわたって使用される場合が多いので，代表的な熱安定性の指標である残留磁束密度 B_r の温度係数 $\alpha(B_r)$ および H_{cJ} の温度係数 $\alpha(H_{cJ})$ を評価することが望ましい。さらに，永久磁石はそれを用いた磁気回路から得られる磁束を利用することが主であるため，動作点における磁束の長期経時変化を実用温度で評価することも大切である。減磁曲線の温度依存性，T_C，K_A，H_A，磁束の長期経時変化および熱ゆらぎ磁気余効の測定方法に関しては紙面の関係上省略するが，文献（12）を参照されたい。

なお，磁束密度で表現する **B-H 減磁曲線**および磁気分極で表現する **J-H 減磁曲線**から求められる磁石特性には，残留磁束密度 B_r〔T〕，残留磁気分極 J_r〔T〕，**保磁力** H_{cB}〔A/m〕，**固有保磁力** H_{cJ}〔A/m〕，最大エネルギー積 $(BH)_{\max}$〔J/m^3〕およびリコイル透磁率 μ_{rec} などがある。ここで，保磁力は減磁曲線における磁界強度であり，B-H 減磁曲線で磁束密度が零に対応するものが H_{cB}，J-H 減磁曲線で磁気分極が零に対応するものが H_{cJ} である。また，$(BH)_{\max}$ は B-H 減磁曲線上の磁束密度とそれに対応する磁界の強さとの積の最大値を示し，永久磁石の強さを表す指標として用いられ，その値の大きいことが望まれる。

永久磁石の履歴および減磁曲線測定法を磁化方法に関して大別すると，電磁石形磁化器だけを用いる方法および超伝導コイルまたはパルス磁化器であらかじめ着磁後に電磁石形磁化器を用いて減磁曲線を測定する方法がある[13]。前者は H_{cJ} が約 400 kA/m 以下のアルニコ，鉄クロムコバルトおよびフェライト磁石などに，後者はフェライト磁石および H_{cJ} が約 600 kA/m 以上の主として希土類磁石に適用されている。その他に，H_{cJ} が特に高い希土類磁石に適した静的測定法として，超伝導コイルを用いた試料引抜き法[14]および振動試料型磁力計法[15]などが用いられている。さらに動的な測定法として，パルス磁界を用いた履歴曲線測定法[16],[17]に関して，工業的測定法の確立を目指し，磁気分極および磁界校正法の重要性[17],[18]，渦電流と熱ゆらぎ磁気余効の H_k および H_{cJ} 測定値に及ぼす影響[12],[19]~[23]，反磁界の影響および正確な補正法，静的方法との測定値の比較[12],[22]~[24]などの技術課題が検討されている。ここで，H_k (knee field) は J-H 減磁曲線上の J 値が $B_r(=J_r)$ の 90 % に相当する減磁界である。

4.2.1 減磁曲線の測定原理および測定装置の校正方法

一般に，体積全体について均質と仮定される永久磁石材料の室温における減磁曲線およびリコイル線の測定法は，IEC 60404-5 規格[25]または JIS C2501 永久磁石試験法（以下 JIS 法と略す）[26]に基づくことが標準である。試料および電磁石などの磁化器の具備条件，リコイル線およびポールコイルによる減磁曲

線の簡易測定法などに関しては，文献（12），（26）を参照されたい．本節ではJコイルの種類，無試料におけるJ軸の磁界補償特性および校正方法を，次節で室温におけるJ-HおよびB-H減磁曲線の測定手順を示す．BまたはJを求めるためには，これらの検出コイルの出力を自記磁束計の積分器を用いて積分する方法が一般的である．積分法にはアナログおよびデジタル方式がある．広く用いられている前者には，Bell研究所のP. P. Cioffi[27]が相互誘導器を用いて1950年に開発したM積分方式およびPhilips社のF. G. Brockmanら[28]がMiller回路を用いて最初に実用化に成功したCR積分方式がある．自記磁束計は積分器のドリフト（熱起電力および接触電位に起因する零点移動）が少なく，再現性に優れ，B，Jおよび磁界（H）の設定と換算が正確で，操作が容易でなければならない．現在は，パーソナルコンピュータを用いた自動測定およびデータ解析ができ，測定直前の20～30秒間にドリフトを自動調整する方式が普及している．

　B検出コイルとしては，試料の長さ方向の中央部に直径が細い，例えば0.1 mm以下の絶縁皮膜銅線を密着巻きしたものを使用する．わが国においては，フェライトおよび希土類磁石の減磁曲線の測定には，磁界補償されたJコイルを使用することが多い．Jコイルには同心形と双心形の2種類[12]があり，いずれも磁束検出および磁界補償コイルから構成されている．無試料のとき，$A_1 N_1 = A_2 N_2$が満足されるように各磁界におけるJコイルの磁界補償調整が不可欠である．ここで，A_1およびA_2は磁束検出および磁界補償コイルの断面積総和，N_1およびN_2はこれらの巻数であり，両コイルは直列に逆接続して使用される．ゆえに，同心形Jコイルの有効巻数N_eは$|N_1 \sim N_2|$となり，双心形では$N_1 = N_2$である．試料径が同じ場合，双心形に比べて同心形のほうが電磁石の磁極片間の磁界均一性が優れた範囲内にJコイルの設置が可能であるため，試料径が特に小さい場合を除き，一般には同心形Jコイルが普及している．一方，Jコイル出力の積分値およびHセンサ出力を用いるのではなく，試料直近に巻かれたBコイルおよびたがいの巻数を同一にした同心二重Hコイルの両者の積分値からB-HおよびJ-H履歴または減磁曲線を求める方式も採用され

ている[29],[30]。

　JIS法でも採用されているように，J積分器およびJコイルを含めたJ軸の校正には純ニッケル（JIS法の表記では，飽和磁化M_s＝485.6 kA/m，飽和磁気分極J_s＝$\mu_0 M_s$＝610 mT，ここでμ_0は真空の透磁率で$4\pi \times 10^{-7}$ H/m）[26]を用いることが一般的であるが，純鉄を用いる場合もある。無試料におけるJ軸の磁界補償調整は，磁極間隔を試料長（L）と同一にし，Jコイルを磁界の中央に位置させて行う。その後，J軸の校正をする。電磁石の磁極片の比透磁率μ_sが大きく，かつLが十分に長い場合は，試料の長さ方向の中央部は一様に磁化されるので，Jコイル内の磁束は無試料時と同様に平行で一様に分布していると考えられる。しかしながら，電磁石の磁極片が磁気飽和に近づくに従い，Jコイル内の磁束分布が損なわれるため，高磁界においてはJの見掛けの逓減が生じることが知られている。これは，同じ電磁石およびJコイルを用いた場合，高磁界になるほど，またLが短いほど顕著に現れる。ChenとHigginsらは，Jの見掛けの逓減は鏡像効果ではなく，磁極片内の磁化の不均一性によるもので，Jのみならず有効磁界も逓減すると報告している[29],[30]。磁極片にM_s値が高いFe-Co合金を用いる，継鉄の断面積を広くする，磁極片直径を大きくするなどを考慮した高性能大形電磁石を用いて磁気飽和の改善を図り，さらに磁束検出コイルと磁界補償コイルの外径差を小さくしたJコイルを磁界の均一性が優れた中央部に配置することにより，Jの見掛けの逓減を少なくすることができる。試料直径（D）が10 mmでLを20 mm以上とした場合，被測定試料のM_s値に近く，同寸法で低H_{cJ}材料のJ-H曲線の高磁界におけるJ値の逓減に対する補正係数を用いれば，電磁石磁極片の磁気飽和が生じる高磁界においても，J検出値の見掛けの逓減は，完全ではないが，実用的に許容できる程度まで補正が可能である。

　自記磁束計の校正法としては，標準相互誘導器［相互誘導係数M〔H〕］の一次側に電流I〔A〕を流したとき，二次側に誘起する磁束ϕ＝$M \times I$〔Wb〕からBまたはJ積分器を校正する方法が比較的簡単で精度が高い。磁界センサにはホール素子型磁力計（通称ガウスメータ）またはH検出コイルの出力を

積分する方法などが用いられ，その校正は核磁気共鳴（NMR）型磁力計を用いることが望ましい。NMR 型磁力計の校正および単掃引正弦波電圧発生器による磁束標準の確立には，物理定数であるプロトンの磁気回転比，国家標準からトレースされた原子時計による周波数標準およびジョセフソン効果電圧標準を用いて行われている。それによって，ホール素子型磁力計，フラックスゲート型磁力計，標準磁界発生器，各種磁束計および H 検出コイルの校正が可能である[31],[32]。

4.2.2　JIS 法に準拠した自記磁束計による履歴および減磁曲線の測定手順

J コイルを自記磁束計の積分器入力端子に接続し，測定する感度の約 10 倍以上でドリフトを調整した後，J 出力を零点に移動させる。J コイルに試料を挿入して電磁石の磁極片間にはさみ，H センサを試料近傍の磁界均一性が優れた場所に置いた後，磁化電流を可変させて飽和状態まで磁化する。次に，磁化電流を零まで減少させた後に，逆方向に流して H_{cJ} を超すレベルまで増加させれば減磁曲線が得られ，磁化電流を 1 周期変化させれば J–H 履歴曲線が得られる。このようにして測定した $D=10$ mm，$L=20$ mm の $Sr_{0.8}La_{0.2}Fe_{11.8}Co_{0.2}O_{19}$ 焼結磁石の 24 ℃ における初磁化および J–H 履歴曲線を図 4.2 に示す。測定には，Co 含有率 50 ％ の鉄合金（先端直径 100 mm）を小形電磁石の磁極片に用い，$N_e=55$ で内側 J コイルの内径が 15 mm，外側 J コイルの外径が 25 mm の同心形 J コイルを使用した。被測定試料と同寸法の純ニッケルを用いて J 軸の校正および被測定試料の高磁界における J 検出値を補正した。フェライト磁石

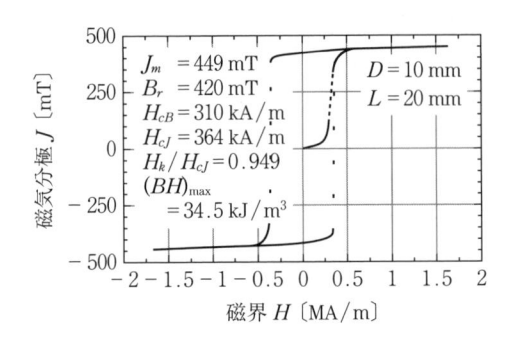

図 4.2　$Sr_{0.8}La_{0.2}Fe_{11.8}Co_{0.2}O_{19}$ フェライト焼結磁石の 24 ℃ における初磁化および J–H 履歴曲線

$J_m = 449$ mT
$B_r = 420$ mT
$H_{cB} = 310$ kA/m
$H_{cJ} = 364$ kA/m
$H_k/H_{cJ} = 0.949$
$(BH)_{max} = 34.5$ kJ/m^3
$D = 10$ mm
$L = 20$ mm

の J_s 値は低いので，J の見掛けの逓減は小さく，1.2 MA/m 以内の補正は不要であり，1.64 MA/m における J の補正係数は 1.010 であった．得られた磁気特性は，最大磁気分極 J_m = 449 mT，B_r = 420 mT，H_{cB} = 310 kA/m，H_{cJ} = 364 kA/m，角形比 H_k/H_{cJ} = 0.949 および $(BH)_{max}$ = 34.5 kJ/m^3 であった．同様にして，D = 10 mm，L = 21 mm の Nd-Fe-B 系焼結磁石の 24 ℃ における J-H 曲線を**図 4.3** に示す．あらかじめ 8 MA/m のパルス磁化器（半値幅 11.8 ms）で着磁後に測定した．この図には，無試料における J 軸の磁界補償調整結果（Air と記載）も示した．測定には，Co 含有率 50 % の鉄合金を用いた磁極片（先端直径 80 mm）を備えた高性能大形電磁石を用い，N_e = 88 で内側 J コイルの内径が 11.5 mm，外側 J コイルの外径が 19.7 mm の同心形 J コイルを使用した．J 軸の校正には試料と同寸法の純鉄を用いた．また，試料と同寸法のアルニコ 5 磁石を用いて J 値の見掛けの逓減を測定したところ，1.2 MA/m 以内の補正は不要であり，2.54 MA/m における J 値の補正係数は 1.053 であった．得られた磁気特性は，J_{max} = 1.18 T（補正後），B_r = 1.17 T，H_{cB} = 0.91 MA/m，H_{cJ} = 2.13 MA/m，H_k/H_{cJ} = 0.940 および $(BH)_{max}$ = 263 kJ/m^3 であった．

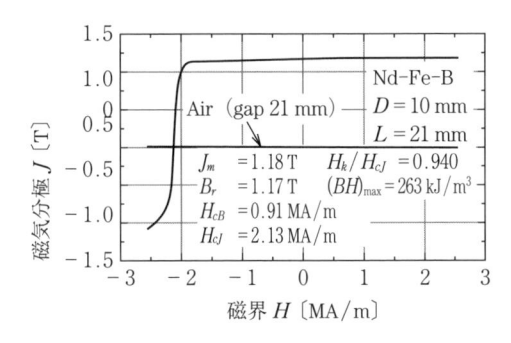

図 4.3 Nd-Fe-B 系焼結磁石の 24 ℃ における J-H 曲線（補正後）

4.3 種々の磁石材料の製造法と磁気特性

電気電子材料の一つである永久磁石材料（硬質磁性材料ともいう）には種々のものがあるが，ここでは，現在用いられているアルニコ磁石，Fe-Cr-Co 磁石，フェライト磁石，Sm-Co 系磁石，Nd-Fe-B 系磁石および Sm-Fe-N 系磁

石について概説する。

4.3.1 アルニコ磁石, Fe-Cr-Co 系磁石, 半硬質磁性材料

アルニコ磁石は，1931年，三島[1]によってFe-Ni-Al系合金が高い保磁力を示すことが発見され，MK磁石と命名されたのが発端である。その後Co添加が磁石特性向上に有効であることが発表され，"Alnico"というようにFe-Co-Ni-Al 4元系を基本に，Cu, Ti, Nb などの添加により特性が向上し，特性によってアルニコ1～8がある。これら磁石の製造法はおもに鋳造法である。合金を900℃から急冷すると，強磁性相α_1 (Fe, Co) と非磁性相α_2 (Ni, Al) が周期的に析出した構造〔**スピノーダル分解**（spinodal decomposition）と呼ばれる合金変態過程による〕が出現し，その後，600℃で熱処理すると強磁性相は単磁区微粒子磁石となり，この保磁力はこれら析出した細長い強磁性微粒子（40 nm×100 nm）の形状異方性によることが知られている。異方性アルニコ磁石は，これら合金を溶体化処理後900℃から800℃まで0.1～1.0℃/sで，磁界中で冷却し製造され，処理磁界方向に長く伸びたα_1相析出微粒子が全体にわたって規則正しく整列した状態が形成された組織になる。これら磁石の特徴は，残留磁束密度の温度係数がきわめて小さく$\alpha(B_r) = -0.02\%/℃$で，現在でも精密計測機器に使用されており，実用磁石から消えることはないと思われる。

アルニコ磁石と同様な保磁力機構による磁石として，1971年に金子ら[33]によって発見されたFe-Cr-Co系合金磁石も，スピノーダル分解形磁石で，例えば，Fe-30 % Cr-23 % Co合金では，670℃以下でFe-Coの多いα_1相（強磁性）とCrの多いα_2相（非磁性）に分離する。したがって，保磁力の発生機構はアルニコ磁石と同様Fe-Coの多いα_1相微粒子（40 nm×200 nm）の形状異方性によるものである。この合金は溶体化状態では靱性に富み，圧延，線引き加工ができることが特徴である。**表4.1**にアルニコ磁石とFe-Cr-Co系磁石のJISの規格をまとめたものを示す。

上記のアルニコ系磁石とFe-Cr-Co系磁石はその組成により，半硬質磁性材料（semi-hard magnetic material：保磁力が数 kA/m から 24 kA/m 程度のも

表 4.1 アルニコ磁石ならびに Fe-Cr-Co 系磁石の磁気特性

種類		磁気特性			参考値(最小値)
		$(BH)_{max}$ 〔kJ/m^3〕	J_r 〔T〕	H_{cB} 〔kA/m〕	$H_{cJ\,(min)}$ 〔kA/m〕
アルニコ	等方性	9.5 〜 23.0	0.5 〜 0.8	37 〜 92	38 〜 67
	異方性	25.0 〜 88.0	0.65 〜 1.40	46 〜 175	46 〜 145
Fe-Cr-Co	等方性	8.0 〜 20.0	0.65 〜 1.05	26 〜 48	26
	異方性	28.0 〜 60.0	1.05 〜 1.45	42 〜 56	42

の）の特性を示す。アルニコ系磁石では B_r=0.9 〜 1.05 T, H_{cB}=5.6 〜 17.6 kA/m のものが，一時期ヒステリシスモータのロータに使用された。一方，Fe-Cr-Co 系磁石は加工性に富み，薄板にもできるので，B_r=1.2 〜 1.3 T, H_{cB}=3.0 〜 12.0 kA/m の特性を持つ材料が自己保持形リレー，ブザーなどに現在も広く利用されている。

4.3.2 フェライト磁石

フェリ磁性を示すフェライト磁石（ferrite magnet）は酸化第2鉄（Fe_2O_3）を主成分とする複合酸化物である。これら磁石の歴史は1933年に加藤，武井ら[2]による OP 磁石（$CoO \cdot Fe_2O_3 + Fe_3O_4$）に始まる。今日，世界各国で量産されているフェライト磁石は，1959年 Went ら[3]により，詳細な研究がなされた六方晶系の**マグネトプランバイト形構造**（magnetoplumbite type structure）の Ba フェライト（$BaO \cdot 6Fe_2O_3$）であり，1963年に Cochardt ら[4]が発表した Sr フェライト（$SrO \cdot 6Fe_2O_3$）である。これらフェライト磁石の基礎的な諸特性を**表 4.2**に示す。

これら磁石の製造法は，一般に Ba, Sr の炭酸塩（$BaCO_3$, $SrCO_3$）と酸化鉄（α-Fe_2O_3）と微量（1 〜 3%）の添加物（SiO_2, CaO, Bi_2O_3, H_3BO_3, Al_2O_3 など）を混合し，空気中で反応焼成した後，これを微粉砕（この時点で添加物を入れることもある）の後，プレス成形（異方性磁石は磁界中で）し，この圧紛体を空気中で焼結することにより作製される。希土類系磁石に比べ，$(BH)_{max}$ の値は低いが，コストパフォーマンス（重量当りの単価×比重／最大エネル

表 4.2　BaM と SrM フェライトの諸特性

諸特性＼組成	磁気モーメント $[\mu_B/\mathrm{mol}]$	飽和磁化 $\sigma_s[\times 10^{-6}\,\mathrm{Wb\cdot m/kg}]$	異方性定数 $K_A[\times 10^5\,\mathrm{J/m^3}]$	異方性磁界 $H_a[\mathrm{kA/m}]$	キュリー温度 $T_C[\mathrm{℃}]$
$\mathrm{BaO\cdot 6\,Fe_2O_3}$	20.0	90.5	3.2	1 353	450
$\mathrm{SrO\cdot 6\,Fe_2O_3}$	20.6	93.4	3.5	1 592	460

諸特性＼組成	格子定数 $a[\times 10^{-10}\,\mathrm{m}]$	$c[\times 10^{-10}\,\mathrm{m}]$	c/a	Ba, Sr のイオン半径 $[\times 10^{-10}\,\mathrm{m}]$	分子量 $[\mathrm{kg/mol}]$	密度
$\mathrm{BaO\cdot 6\,Fe_2O_3}$	5.876	23.17	3.94	1.43	1.111 56	5.33
$\mathrm{SrO\cdot 6\,Fe_2O_3}$	5.864	23.03	3.93	1.27	1.061 83	5.14

ギー積）が優れているため，現在も磁石材料の中ではいちばん多く生産されている．現在これら磁石は**表 4.3** に示すように等方性磁石は Ba フェライト系が，異方性磁石は Sr フェライト系が主流である．

表 4.3　フェライト焼結磁石の磁気特性

種類			磁気特性			参考値（最小値）
			$(BH)_{\max}$ $[\mathrm{kJ/m^3}]$	J_r $[\mathrm{T}]$	H_{cB} $[\mathrm{kA/m}]$	$H_{cJ(\min)}$ $[\mathrm{kA/m}]$
Ba 系フェライト	乾式	等方性	6.0〜10.5	0.20〜0.24	125〜170	250
		異方性	20.5〜30.0	0.35〜0.41	135〜210	140〜170
	湿式	異方性	27.0〜33.5	0.38〜0.43	145〜205	150
Sr 系フェライト	乾式	異方性	23.5〜38.2	0.36〜0.46	222〜318	223〜342
	湿式	異方性	22.2〜44.7	0.35〜0.48	175〜360	190〜445

近年最も注目され工業化されているフェライトは Sr-La-Co 系フェライト[34],[35] をはじめ高保磁力を示す Ca-La-Co フェライト[36] である．Ca-La フェライト[37] は M 形フェライトとして知られていた．小林ら[36] は Ca-La フェライトを Sr-La-Co フェライトと同様な実験を行い，La と Co の等量置換は組織観察で Co リッチ相（$\mathrm{CoFe_2O_4}$）が存在し，H_{cJ} 分布や，配高度に悪影響を与えることを見出し，$\mathrm{Fe^{3+}}$ と $\mathrm{Co^{2+}}$ の電気的中性を満たす組成を考えずに La 量に対して，Co 量の低い組成の実験を組成式 $\mathrm{Ca_{1-x}La_xCo_yFe_{n-y}O_{19}}$ で種々行い，$x=$

4.3 種々の磁石材料の製造法と磁気特性　91

0.5, $y=0.3$, $n=10.4$ のとき, $J_r=0.453$ T, $H_{cJ}=435$ kA/m, 保磁力の温度係数は 0.11 %/℃ と大変低いことを報告している。Ca-La-Co フェライトの保磁力の高い原因は同一 Co 量置換の Sr-La-Co フェライトより異方性磁界が高いことに起因している。表 4.3 から知られるように $(BH)_{max}=40$ kJ/m^3 以上の磁石が実際に製造されている。

一方,同じ六方晶系の **W 形フェライト**[38]($BaO \cdot 2FeO \cdot 8Fe_2O_3$, $SrO \cdot 2FeO \cdot 8Fe_2O_3$)は M 形フェライトに比べ飽和磁化が 10 % 程度高く,異方性磁界がほぼ同等であることから,つぎのフェライト磁石材料として期待されているが,その作製には複雑な雰囲気制御が必要とされていたために工業化には至っていない。しかし,種々の研究[39],[40]の積み重ねで,最近少し光が見えてきたような気がする。$Sr_{0.9}Ca_{0.1}Zn_2$-W 形フェライト[39]を空気中で,比較的低温で反応焼成することにより,W 形フェライトとしていままでにない保磁力 $H_{cJ}=290.5$ kA/m を持つ粉末が作製されており,ボンド磁石への応用が期待される。また雰囲気制御は行うが比較的簡単な方法で,$SrO \cdot 2FeO \cdot 8Fe_2O_3$ に還元剤(カーボン)を添加し,反応焼成,本焼成ともに窒素雰囲気中で行うことで,$B_r=0.48$ T,$H_{cJ}=200$ kA/m,$(BH)_{max}=42$ kJ/m^3 の世界一の特性を持つ W 形フェライト磁石[41]が得られたと報告されている。これら磁石は本焼成時の圧粉体の乾燥温度が W 相の生成に密接な関係があり,その作製方法は現在のところ難しいと考えられる。

4.3.3 希土類磁石

(1) **Sm-Co 系磁石**　1966 年に Hoffer ら[5]は六方晶系 YCo_5 単結晶が大きな結晶磁気異方性を有することを発見したことに端を発し,希土類-コバルト系永久磁石はその後の種々の研究開発により,$SmCo_5$ 系[6],[42] と Sm_2Co_{17} 系[7],[43]~[45] 化合物が実用化されている。

これら磁石の製造法は**図 4.4** に示されるように溶解―粉砕―磁界中プレス―焼結―熱処理(時効)のプロセスで作られる。$SmCo_5$ は一般に Sm:Co は 1:5 でなく,1:4.6 付近の Sm リッチで固相焼結により製造される。このプロセスでは Sm-Co 系の状態図から $SmCo_5$ は包晶反応により生成し,冷却過程で

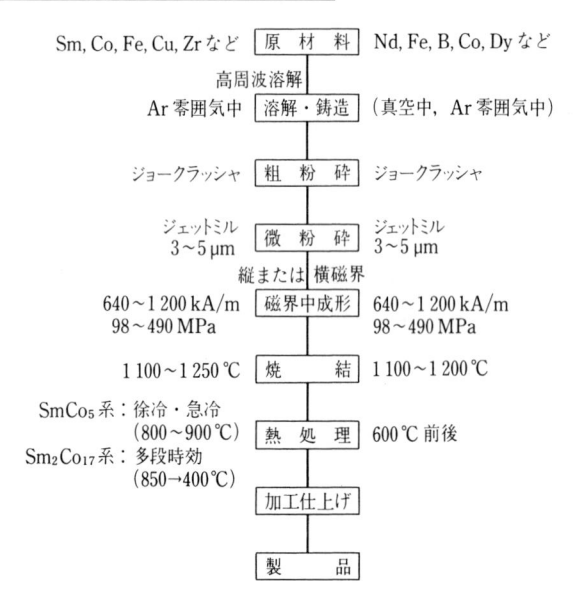

```
原材料: Sm, Co, Fe, Cu, Zr など          |  Nd, Fe, B, Co, Dy など
         高周波溶解                       |  (真空中, Ar 雰囲気中)
         Ar 雰囲気中    溶解・鋳造         |
         
         ジョークラッシャ    粗粉砕        |  ジョークラッシャ
         
         ジェットミル      微粉砕          |  ジェットミル
         3～5 μm                          |  3～5 μm
         
         縦または横磁界
         640～1 200 kA/m   磁界中成形      |  640～1 200 kA/m
         98～490 MPa                      |  98～490 MPa
         
         1 100～1 250 ℃    焼結           |  1 100～1 200 ℃
         
         SmCo₅系：徐冷・急冷
              (800～900 ℃)   熱処理       |  600 ℃前後
         Sm₂Co₁₇系：多段時効
              (850→400 ℃)
         
                         加工仕上げ
                         
                           製品
```

図 4.4 Sm-Co 系磁石ならびに Nd-Fe-B 系磁石の製造工程

Sm_2Co_{17} が一部 $SmCo_5$ 相中に形成される。また，最後の熱処理で $SmCo_5$ は $Sm_2Co_{17} + Sm_2Co_7$ の共析変態が起こり，Sm_2Co_7 のような逆磁区生成の核となる析出を防ぐために急冷が必要である。

Sm_2Co_{17} 化合物の研究は，$SmCo_5$ や $CeCo_5$ の Co の一部を Cu で置換した鋳造磁石[43],[44] を熱処理することにより，高保磁力が得られることに端を発する。それゆえ Sm_2Co_{17} 化合物は Co を Cu で置換することが基本で，$SmCo_5$ に比較して，結晶磁気異方性は低いが，Sm 量が少なく，キュリー温度も高く，$SmCo_5$ ではできなかった Fe の置換も可能であることが見つけられ，高性能な磁石へと発展した。$Sm_2(Co, Cu, Fe)_{17}$ 系の保磁力発生機構は，状態図からは Cu 置換により高温領域では固溶体を形成し，低温領域では Fe-Co リッチ相 $\{Sm_2(Co, Fe)_{17}\}$ と Cu リッチ相への 2 相に分離し，この組織により磁壁のピン止めが起こる。これらは**ピンニング型**（pinning type）**磁石**と呼ばれ，$SmCo_5$ の**ニュークリエーション型**（nucleation type）**磁石**と異なっている。

これら二つの磁石は磁石の初磁化曲線が**図4.5**のように異なる。ニュークリエーション型磁石は，逆磁区の生成は困難であるが，磁壁移動が容易であり，図のように初磁化曲線は急激に立ち上がり，小さな磁界で飽和するのに対し，磁界を減少させて第2象限に入ったときは，大きな磁界を印加しないと磁化反転の磁区の核が生成されない。この逆磁区発生の磁界が保磁力となる。一方，ピンニング型磁石は図のように初磁化曲線は磁界が増加してもほとんど立ち上がらず，保磁力付近の磁界で急激に上昇する。いわゆる磁壁がピンニングされている。このピンニングに打ち勝って磁壁が開放される磁界が保磁力を決定する。

(a) ニュークリエーション型　　(b) ピンニング型

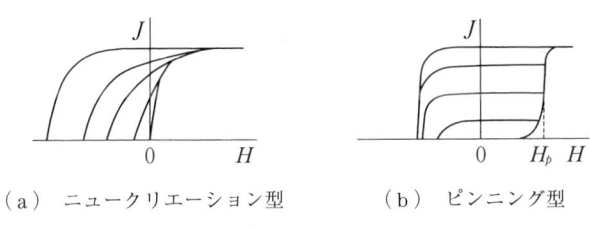

図4.5 ニュークリエーション型とピンニング型の初磁化曲線ならびに減磁曲線の模式図

Sm_2Co_{17}系化合物磁石の高性能化については，Cuの一部をZrで置換したこと[45]である。Zr置換はFeの固溶量を増し，高保磁力を維持したまま，残留磁束密度を上昇させることである。この$Sm_2(Co, Cu, Fe, Zr)_{17}$系磁石は，Zrの置換とともに多段時効処理が特徴である。多段時効処理は高温領域での時効は2相分離組織の大きさを決定し，低温領域に下げることにより2相間の濃度差を大きくすることである。この方法で作製されたSm-Co-Fe-Cu-Zr系磁石は，$(BH)_{max}=240 kJ/m^3$以上が得られ現在も実用に供されている。この系の組織は2：17相が1：5相の境界相により取り囲まれたセル状組織を示し，1：5相がピンニングサイトとなる。セルの大きさは時効温度と時間によって異なるが50〜100 nm，境界相の厚さは6〜20 nmである。

表4.4に現用のSm-Co系焼結磁石の磁気特性を示す。表中縦磁界，横磁界は圧粉体成形時の磁界方向を示しており，縦磁界は磁界方向と成形方向が平行，横磁界は直角である。Sm_2Co_{17}系磁石は，Sm量，Co量が$SmCo_5$系磁石

表 4.4 Sm-Co 系焼結磁石の磁気特性

種類			磁気特性			参考値(最小値)
			$(BH)_{max}$ 〔kJ/m^3〕	J_r 〔T〕	H_{cB} 〔kA/m〕	$H_{cJ\,(min)}$ 〔kA/m〕
SmCo$_5$ 系	縦磁界	異方性	127～159	0.80～0.90	597～720	1 190
	横磁界		143～175	0.85～0.95	630～760	1 190
Sm$_2$Co$_{17}$ 系	縦磁界	異方性	159～223	0.92～1.12	477～796	597～1 432
	横磁界		191～263	1.02～1.20	517～875	557～1 432

より少なくて済み，磁気特性も 240 kJ/m^3 のものが量産されており，熱的安定性に優れ，耐食性も良いので，後に述べる Nd-Fe-B 系磁石に比べ優位なところもある。

(2) **Nd-Fe-B 系磁石**　1983 年に日米両国で，同時に Nd-Fe-B 系磁石が発見されたのは周知の事実である。佐川ら[8]は焼結磁石で，Croat ら[9]は等方性ボンド磁石用素材として急冷薄帯で高性能な特性を発表した。これらは Nd$_2$Fe$_{14}$B の金属間化合物が主相で**図 4.6** に示す正方晶の結晶[46]である。現在，ボイスコイルモータ，ステッピングモータなどに多く利用されている。

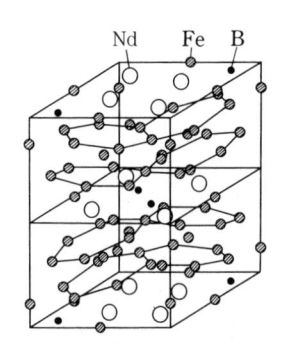

図 4.6 Nd$_2$Fe$_{14}$B 化合物の結晶構造

一方，これら磁石は種々の製造法が可能で，つぎのような種々の製造プロセスの中で，高性能化の研究が行われている。(a) 粉末焼結法，(b) 急冷薄帯法，(c) HDDR 法，(d) ホットプレス+ダイアップセット法，これらのうち (a)，(b)，(c) について述べる。

(a) **粉末焼結法**　この系の磁石の製造法は図 4.4 に示すように Sm-Co 系焼結磁石とほとんど同じである。Nd-Fe-B 系焼結磁石は Nd$_2$Fe$_{14}$B 相，Nd$_{1.1}$Fe$_4$B$_4$（B リッチ相），および Nd リッチ相から構成される。これら磁石の高性能化に関しては，粉末のシャープな粒度分布，粉末の酸化をなくすことは

もちろんのことであるが，組成制御により$Nd_2Fe_{14}B$主相を増加させることを目標に，保磁力が減少しない程度にBリッチ相ならびにNdリッチ相を制御し，主相の存在比をできるだけ多くすることにより高性能化が図られている。もちろん，焼結過程に起こる液相量が重要な役割を果たしている。

これらのもとに実験室的には2005年にNEOMAX社（現・日立金属株式会社）により$(BH)_{max}=474 \text{ kJ/m}^3$のもの[47],[48]が開発されている。また，開発当初よりキュリー温度がSm-Co系磁石に比べ低く，そのぶん保磁力の温度係数（$-0.6\%/℃$）が大きく，材料によっては保磁力の低下により減磁を起こす。この温度係数を飛躍的に改善する添加物は見つかっておらず，室温における保磁力を高めるためと，温度係数改善の方法として，Dy，Tb，Co，Ga，Al，Mo，Vなどの添加物が用いられている。この磁石はFe成分が多いため，表面処理（ニッケルめっきなど）が必要である。**表4.5**は実用化されているNd-Fe-B系焼結磁石の磁気特性を示す。なお，焼結磁石の磁化機構はニュークリエーション型である。

表4.5 Nd-Fe-B系焼結磁石の磁気特性

		磁 気 特 性			参考値 （最小値）
		$(BH)_{max}$ 〔kJ/m^3〕	J_r 〔T〕	H_{cB} 〔kA/m〕	$H_{cJ(min)}$ 〔kA/m〕
縦磁界	異方性	206～356	1.06～1.36	795～1 018	≧875，≧2 387
横磁界		230～437	1.10～1.51	835～1 153	≧875，≧2 387

（b） 急冷薄帯法 この方法で作製された薄帯を粉砕して得られたNd-Fe-B系合金粉末は，現在等方性ボンド磁石として広く使われている。急冷薄帯法では磁気異方性のついた薄帯ができないため，等方性磁石にしかなりえない。しかし，この等方性急冷薄帯での高性能化の試みとしてはZr，Si，Al，Vなど[49]～[51]を添加して，数十nmの微結晶で構成される薄帯を作製することにより，微結晶間に交換相互作用が働き残留磁束密度が等方性磁石においてStoner-Wohlfarth理論を上回る値が得られており，薄帯そのものの磁石の特性

は160 kJ/m^3 以上のものが得られる。

これら急冷薄帯の磁化機構はピンニング型である。また，近年ボンド磁石素材として硬質磁性材料中に軟質磁性材料を導入したナノコンポジット材料（おもに急冷薄帯）を構成すると，両者間に交換結合がある場合，単一の硬質磁性材料であるかのように振る舞う**交換スプリング磁石**[52]（exchange spring magnet）が注目されている。まだ保磁力は小さいが，硬質相として$Nd_2Fe_{14}B$相と軟質相としてFe_3B，Fe などの組合せで，種々研究開発[52]～[54]が行われており，工業化されている。

（c）HDDR 法　図 4.7 に Nd-Fe-B 系合金の **HDDR 法**（hydrogenation-decomposition-desorption-recombination method）のプロセス[55]を示す。図からわかるように，Nd-Fe-B 系合金を溶解，溶体化処理を経て粗粉砕後，水素中で熱処理し，NdH_2，Fe_2B，α-Fe に分解させた後，水素を真空中で放出させ，$Nd_2Fe_{14}B$化合物に再結晶させるものである。この方法は Nd-Fe-B 合金に Ga, Co, Zr, Si, Al などを添加することにより，HDDR 処理後の粉末が微細粒子の集合体となり，異方性化が起こるというたいへんユニークな方法である。

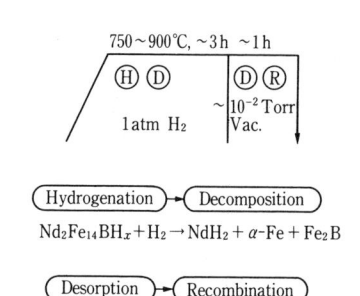

図 4.7　Nd-Fe-B 系合金の HDDR 法のプロセス

本蔵らは[56] Nd-Fe-B 系合金を用いて，この処理を行い水素圧力により，異方性が発現したり，等方性組織に変化することを見出した。820℃で水素圧力 0.3 atm で処理を行い，反応初期には不均化反応を起こし，界面がラメラ組織になり，$Nd_2Fe_{14}B$相が Fe と NdH_2 に分解し，B は Fe に過飽和に固溶し，Fe

(B) から方位が整列した Fe_2B が析出する。この Fe_2B が方位記憶の担い手になること提唱している。この方法で得られた Nd-Fe-Co-B-Zr-Ga 系粉末の磁気特性は $320\,kJ/m^3$ が得られ,これら粉末を用いた異方性圧縮ボンド磁石は $200\,kJ/m^3$ の優れた性能を示し,電動工具車載用 DC ブラシレスモータ,車載用モータに応用されている。

（3） **Sm-Fe-N 系磁石**　1990 年 Coey ら[10] は Sm_2Fe_{17} 化合物を NH_3 ガス中で熱処理することによって,Th_2Zn_{17} 形結晶の格子間に窒素が侵入形で入ることを報告した。この中の Sm_2Fe_{17} 合金の窒化化合物は,Nd-Fe-B 化合物に比較して,飽和磁化は若干低いが,キュリー温度が高く,異方性磁界も倍近くあり,高性能な磁石材料となることを示唆した。しかし,窒化化合物であるため 650 ℃ 以上では分解してしまうので,焼結磁石の製造は不可能であるが,ボンド磁石の素材として実用化されている。

これら Sm_2Fe_{17} 窒化化合物[57] の作製法としてはつぎのとおりである。一般にはこの合金を溶解し,溶体化処理を経て,粉砕後常圧あるいは高圧で高純度な NH_3, NH_3+H_2, H_2+N_2, N_2 ガス中などで,400 ～ 575 ℃ の温度範囲で窒化する。

窒化する合金粉末作製法で注目されているのが RD 法 (Reduction and Diffusion Method)[58] である。RD 法による Sm-Fe 合金粉末は,原料は安価な酸化 Sm を用いるため合金粉末作製としてはコストダウンにつながるものと思われる。RD 法による Sm_2Fe_{17} 窒化物磁石粉末特性で $(BH)_{max}=323\,kJ/m^3$ の優れた特性を持つ粉末を得られており,これら粉末を用いて射出成形で作製されたボンド磁石は現在実用化されている。

一方,$TbCu_7$ 形結晶である $SmFe_7$ 系窒化物磁石の研究は 1991 年 Katter ら[11] が $Sm_{10.6}Fe_{89.4}$ 組成の急冷薄帯を窒化することによって始まり,その後種々の研究[59]～[61] がある。これら $SmFe_7$ 系窒化物磁石の作製方法は,まずインゴットを 40 m/s 以上の周速度で急冷薄帯を作製し,その後 600 ～ 750 ℃ の温度で熱処理した後,1 気圧の N_2 ガス中で長時間窒化処理をして窒化物磁石を作製する。これら窒化物磁石は $TbCu_7$ 形の高温安定相の合金を窒化することでな

るべく急冷速度を早くしたもので特性がよいことが知られており，現在周速度40 m/sec作製されSm-Zr-Fe-Co窒化物粉末[62]がボンド磁石用素材として実用化されている．実用化されているSm-Fe-N系ボンド磁石の特性は次節に示す．

4.3.4 ボンド磁石

ボンド磁石[59]（bonded magnet）は永久磁石粉末を非磁性のプラスチックや金属中に分散させた複合材料である．磁石特性は非磁性バインダによって希釈されるため低いが，焼結磁石には不可欠な加工を必要としない．したがって，寸法精度の高い永久磁石を加工なしで生産できるという特徴がある．フィラーとして用いられる磁粉はフェライト，希土類金属間化合物の2種類がある．

フェライトボンド磁石の磁粉は$BaO \cdot 6Fe_2O_3$系と$SrO \cdot 6Fe_2O_3$系の2種類があり，磁石特性がある特定の方向に高い異方性とすべての方向で等しい等方性の2種類がある．バインダとしては金属が使用されることは少なく，ゴム，ナイロン，エンプラなどを用いる．表4.6にフェライトボンド磁石の種類と磁気特性を示す．応用にあたっては必要とされる磁気特性，耐熱性，耐溶媒性，機械的性質などの要求から樹脂や製造方法を選択しボンド磁石が製造される．

希土類ボンド磁石も形態的にはフェライトと同様であるが，磁粉材質の種類が多い．$SmCo_5$，Sm_2Co_{17}，Nd-Fe-B，Sm-Fe-Nの4種類がある．溶解インゴットを粉砕して作製される$SmCo_5$[63]およびSm_2Co_{17}[64]は異方性である．また，$SmCo_5$はSm酸化物をCa還元し，Co粗粉に拡散させるRD法（還元・拡散法）[65]によって粗粉を作製し，粉砕によって保磁力を発現させることもある．Nd-Fe-B系は超急冷[9]によって作製される等方性とHDDR[55],[66]という水素吸蔵を用いた再結晶方法によって作製される異方性がある．また，Sm-Fe-Nは粉砕法[67]およびRD法[68]による異方性と超急冷法[69]による等方性とがある．RD法はSm酸化物をCa還元し，3 μm程度に調整されたFe粉に拡散後，窒化する方法で，粉砕を必要とせず球形に近い磁粉が得られる．粉砕法もSm_2Fe_{17}粗粉をRD法で作製し，窒化後さらに，3 μmに粉砕するプロセスが主流である．ハード磁性相とソフト磁性相が共存し，両相の交換相互作用を

4.3 種々の磁石材料の製造法と磁気特性

表 4.6 フェライトボンド磁石の種類と磁気特性

製法	樹脂/バインダ	配向	B_r [T]	磁気特性 H_{cB} [kA/m]	H_{cJ} [kA/m]	$(BH)_{max}$ [kJ/m³]	密度 [Mg/m³]
射出成形	ナイロン6, 12, 6-6 PPS, PBT, EVA	磁界/異 —/等	0.234～0.301 0.095～0.10	168～191 64～72	188～223 151～163	10.7～17.5 1.6～2.2	3.40～3.74 2.8
押出し	PVC, CPE, NBR, NR	磁界/異 —/等	0.20～0.255 0.14～0.175	143～183 100～119	— —	7.2～11.9 3.6～5.6	3.7 3.65
圧延	PVC, CPE, NBR, NR	機械/異	0.24	167	215	11	3.7
圧縮	エポキシ, フェノール	磁界/異	—	—	—	10～14	—

PPS : Polyphenylene sulphide, PBT : Polybuthylene terephthalate, EVA : Ethylene vinyl acetate, PVC : Polyvinyl chloride, CPE : Chlorinated polyethylene, NBR : Nitrile butadiene rubber, NR : Natural rubber

表 4.7 希土類ボンド磁石の種類と磁気特性

磁粉	製法	樹脂	配向	B_r [T]	磁気特性 H_{cB} [kA/m]	H_{cJ} [kA/m]	$(BH)_{max}$ [kJ/m³]	密度[Mg/m³]
SmCo$_5$	射出/異	ナイロン	磁界	0.61～0.67	366～438	≧517	68～76	5.5～5.8
Sm$_2$Co$_{17}$	圧縮/異 圧縮/等 射出/異	エポキシ エポキシ ナイロン	磁界 — 磁界	0.82～0.89 0.38～0.44 0.59～0.73	478～637 239～279 350～494	517～955 796～1 035 438～955	119～143 28～40 54～96	6.6～7.2 6.6～7.2 5.3～6.1
Nd-Fe-B (超急冷)	圧縮/異 ナイロン	エポキシ ナイロン	— —	0.57～0.76 0.35～0.62	374～470 247～398	557～1 417 478～1 353	60～96 24～60	5.6～6.6 4.0～5.6
Nd-Fe-B (HDDR)	圧縮/異	エポキシ	磁界	0.80～0.87	557～597	915～1 154	111～135	5.6～6.2
Sm-Fe-N (粉砕)	射出/異	ナイロン	磁界	0.60～0.81	430～533	660～820	68～115	4.0～4.9
Sm-Fe-N (還元・拡散法)	射出/異	ナイロン	磁界	0.54～0.90	380～612	740～1 082	53～146	4.4～4.8
Sm-Fe-N (超急冷)	圧縮/等	エポキシ	—	0.750～0.830 0.84～0.90	430～520 581～613	550～800 1 050～1 082	129～146	5.8～6.4 5.8～6.4
Nd-Fe-B (交換スプリング)	圧縮/等	エポキシ	—	0.61～0.70 0.65	336～408 420	470～1 020 700	62～67 70	6.0 6.0

利用した交換スプリング磁石も開発されている.具体的にはハード相として$Nd_2Fe_{14}B$,ソフト相としてFe_3Bやα-Feを用いた結晶粒径数10 nmの材料[70]である.

希土類系ボンド磁石の中で生産量の最も多いのは等方性Nd-Fe-Bである.フェライトと比較すると用いられるバインダの種類は比較的少なく,圧縮でエポキシ,射出でナイロンが用いられる.表4.7に希土類ボンド磁石の種類と磁気特性を示す.ボンド磁石として得られる磁気特性は異方性のほうが高いが,等方性は製造しやすく着磁の自由度が高いため使い勝手が良い.得られる磁気特性は用いる磁粉,バインダ量,異方性の程度,密度などにより変化するが,フェライトと希土類化合物を磁粉として用いているためにかなり広い範囲の磁気特性をカバーすることが可能である.

ボンド磁石の成形法としては圧縮成形と射出成形が主流である.基本的に製法はバインダと磁粉を混練するコンパウンディングと成形工程に分けられる.成形は圧縮,射出,圧延,押出しの4種類があり,用途やその用途に必要な磁気特性によって選択される.射出成形ではロータシャフトとの一体成形が可能で,メカトロニクス部品として低コスト化の手段ともなる.

4.4 磁石材料の応用

永久磁石材料の応用は家電製品をはじめ,衛星通信装置,各種計器,医療機器と多岐にわたっている.これら磁石材料の応用に関しては,日本電子材料工業会(現・電子情報技術産業協会)が製品区分を設定[71]している.それは①音響機器,②回転機器,③通信・計測・制御機器,④応用機器,⑤その他である.④の応用機器には電子レンジ,複写機,医療用,吸着用雑貨などが含まれる.ここでは,紙面の関係で,いままで述べてきた磁石材料について,項目別でなくおもな応用について列挙する(表4.8参照).この表からわかるように,Sm-Co磁石とNd-Fe-B磁石の応用については,一部を除いてほぼ同様で,価格と性能の点で,Sm-Co磁石からNd-Fe-B磁石に移行してきている.

4.4 磁石材料の応用

表 4.8 種々の磁石材料の応用

磁石の種類		応 用 製 品
アルニコ系磁石		可動コイル形電気計器，内磁形スピーカ
アルニコ系ボンド磁石		テレビ・ディスプレイの電子ビーム調整装置
Fe-Cr-Co 系磁石		エンコーダ，ブザー，自己保持形リレー，ヒステリスクラッチ，自動編み機のソレノイドバー，磁針
フェライト焼結磁石		スピーカ，ヘッドホン，ブザー，OA 機器用モータ（ファンモータ，スピンドルモータなど） AC・DC サーボモータ，音響機器用モータ（キャプスタンモータ，リール駆動用モータなど） 家電用モータ（冷蔵庫，洗濯機など），電装機器用モータ（ファンモータ，ワイパモータなど） 電動カーテン用リニアモータ，磁石発電機，制御機器用センサ（FG センサ，電気かま温度センサ） 自動車用センサ（ハンドル位置センサ，燃料計センサ），電子レンジ用（マグネトロン） 吸着用一般，健康器具（サンダル，肩こり用），カウマグ（牛の胃の中に入れる）
フェライトボンド磁石	ゴム系	吸着用（文具，道路標識，製図机など），複写機・ファクシミリ用マグロール，電気冷蔵庫ガスケット VTR 用モータ（キャプスタンモータ，回転ヘッドモータ），FDD スピンドルモータ
	プラスチック系	テレビ・ディスプレイの電子ビーム調整装置（CPM），複写機・ファクシミリ用マグロール，ビデオカメラの FG センサ VTR 用モータ（キャプスタンモータ，回転ヘッドモータ），PM 形ステッピングモータ，FDD 用スピンドルモータ
Sm-Co 系焼結磁石		イヤホーン，ヘッドホーン，ポケットベル用ページャモータ，PM 形ステッピングモータ，AC・DC サーボモータ クライストロン，進行波管，マグネトロン，ガスメータ，水道メータ，プリンタヘッド用（ライン，シリアル），CD 用光ピックアップ，自動車用センサ（回転計センサ，点火磁気用センサなど），歯科吸着用
Sm-Co 系ボンド磁石		FDD・HDD・ODD 用のスピンドルモータ，PM 形ステッピングモータ，家電用 DC ブラシレスモータ
Nd-Fe-B 系焼結磁石		FDD・HDD 用ボイスコイルモータ（VCM），ポケットベル用ページャモータ，PM 形ステッピングモータ，AC・DC サーボモータ，磁気共鳴診断装置（MRI），イヤホン，ヘッドホン CD 用光ピックアップ，粒子加速装置，大形同期モータ
Nd-Fe-B 系ボンド磁石		FDD・HDD・ODD のスピンドルモータ，PM 形ステッピングモータ，家電用 DC ブラシレスモータ

4.5 特殊磁性材料

4.5.1 磁 歪 材 料

磁歪現象(magnetostriction phenomenon)[72]とは強磁性体に磁界を印加し磁化した場合,強磁性体の寸法が変化することをさす。磁歪そのものは10^{-6}〜10^{-5}のオーダであるが,磁気エネルギーを弾性エネルギーに変換できる。磁歪材料の特性値としては**電気機械結合係数**(electromechanical coupling factor)kが用いられる。kは磁歪材料を静的に駆動させるための電気エネルギーのうちどれだけが機械エネルギーに変換されるかを示す特性値である。

$$k^2 = \frac{w_m}{w_e} = \frac{(1/2)(\Delta\lambda)^2 \cdot E}{(1/2)\Delta B \cdot \Delta H} = \frac{(\Delta\lambda/\Delta H)^2 \cdot E}{(\Delta B/\Delta H)} \tag{4.1}$$

ここで,機械エネルギーをw_m,材料のヤング率をE,磁歪をλとし,電気エネルギーをw_e,磁歪材料に印加される磁界増加分(ΔH)に対する磁束の変化量をΔBとしている。

式(4.1)から電気機械結合係数kは磁歪定数($\Delta\lambda/\Delta H$),磁化率($\Delta B/\Delta H$)およびヤング率(E)に依存することがわかる。kの周波数依存性は磁化率の周波数依存性に起因する。金属合金系材料については高周波領域で渦電流などにより磁化率の低下する現象が見られる。

材料的には金属合金系,フェライト系,金属間化合物系(超磁歪材料)およびアモルファス系がある。希土類元素(R)とFeで構成されるRFe_2は$1\,000\times10^{-6}$以上の巨大な磁歪を示し,**超磁歪材料**と呼ばれる[73]。$TbFe_2$は$+1\,750\times10^{-6}$の磁歪定数を示す。電気機械結合係数kの大きな超磁歪材料はターフェノールDと呼ばれる$(Tb_{0.26}Dy_{0.74})Fe_2$[74]である。さらなる特性改良の例としては結晶方向の配向化[75]やアモルファス化[76]がある。最近では,強磁性形状記憶合金の磁気誘起バリアント再配列を利用して磁歪材料として使用する試みが活発化している。最も先行している材料はNi_2MnGa[77]で,すでにアクチュエータへの応用も検討されている。これら磁歪材料の特性を**表4.9**に,その代表的な応用例(超音波振動子[78],センサ[79],マイクロアクチュエータ[80],振

4.5 特殊磁性材料

表 4.9 各種磁歪材料の特性

材　料		磁歪定数 $\lambda_s \, [\times 10^{-6}]$	電気機械結合係数 k
金属・合金	Ni	−35	0.3
	Ni-4.5 % Co	−33	0.51
	Ni-50 % Fe	+28	0.32
	Fe-13 % Al	+40	0.22 〜 0.33
フェライト	Ni フェライト	−27	0.18 〜 0.21
	NiCo フェライト	−27	0.19 〜 0.24
	NiCuCo フェライト	−28	0.21 〜 0.32
アモルファス	$Fe_{78}Si_{10}B_{12}$	+35	0.74
	$Fe_{88}B_2$	+49	
超磁歪	$TbFe_2$	+1 750	
	$SmFe_2$	−1 560	
	$Tb_{0.74}Dy_{0.26}Fe_2$	+110	0.6
磁気誘起歪	Ni_2MnGa	40 000	〜 0.7

表 4.10 磁歪材料の応用例

素子	材料	応用分野	特徴ほか
① 超音波振動子	フェライト	魚群探知機 超音波洗浄器 超音波加工機	圧電セラミックスと競合
	Ni 系合金		周波数領域は 30 kHz まで
② センサ	Fe 系アモルファス	応力センサ	高感度，高温度安定性
③ マイクロアクチュエータ	薄膜 TbFe 薄膜 SmFe	マイクロマシン	コードレスでエネルギー供給
④ 振動子	(Tb, Dy)Fe_2	ソナー	超磁歪

動子[81]) を**表 4.10** に示す。

4.5.2 非磁性材料

非磁性材料 (non-magnetic material) とは強磁性を示さない材料の俗称であるが，一般には ① 反磁性，② 常磁性および ③ アンチフェロ磁性物質をさす。これら非磁性物質の比磁化率 (χ_r) は一般に 10^{-3} 〜 10^{-7} で，反磁性では負，常磁性およびアンチフェロ磁性では正の符号を持つ。ここでは磁性材料とともに使用されるが，本質的に強磁性体ではなく，ある種の機能を発揮するものを非磁性材料とする。

基本的には高 Mn 鋼やオーステナイト系 SUS が用いられる。また，セラミックスが利用されることもある。高 Mn 鋼は Hadfield 鋼[82]とも呼ばれ，非磁性構造用鋼[83]として使用されている。

磁気浮上を用いたリニアモータカーでは車両に搭載された超電導コイルと地上に設置された常電導推進コイルの相互作用で推進力を得る。地上側常電導コイルを固定するガイドウェイの補強には高 Mn 鋼を用いる[84]。また，モータ用シャフト材料にもロータ回転時の磁束の影響を受けないように非磁性材料が使われる。ブラウン管，撮像管などの電子銃のグリッド材は加工性に優れ，ガス放出の少ない非磁性ステンレスが使用される[85]。

フェライトや希土類焼結磁石の磁場プレス用金型に非磁性超硬が用いられる。磁気回路を構成せず磁束を流さない部分に使用する。材料的には結合金属を Ni-Cr 等の Ni 系としたもので，Ni 中への W の固溶量を一定以上とすることによって非磁性化される。

金属系非磁性材料の比透磁率と応用例を**表 4.11** に示す。

表 4.11 金属系非磁性材料の比透磁率（μ_s）と応用例

材料	組成系（wt.%）	比透磁率	応用例
SUS	14 Ni-16 Cr	1.005	モータシャフト
SUS	42 Ni-19.5 Cr	1.021	グリッド材
SUS	80 Ni-20 Cr	1.003	グリッド材（μ_s と熱膨張が最も小さい）
高 Mn 鋼	11～14 Mn	1.02	磁気浮上鉄道ガイドウェイ，核融合炉
非磁性超硬	12 Ni	(1.000 2)	磁場プレス用金型材

演 習 問 題

（1） 永久磁石材料に要求される性質を挙げ，高性能な永久磁石は機器の小形化に寄与する理由を磁気特性から説明せよ。
（2） 永久磁石の測定方法について簡単に述べよ。
（3） ボンド磁石の利点と欠点を述べよ。
（4） 磁歪について原理，材料，応用について例を挙げて説明せよ。

5 薄膜磁性材料

5.1 磁化過程

5.1.1 静的磁化過程

(1) 薄　　膜　　薄膜磁性材料では，その形状に依存した特徴的な磁区構造および静的磁化過程を示す。すなわち，残留磁化状態で理想的には単磁区構造を安定にとり得るという特徴を有している。

この原因の一つは，薄膜面に対して垂直方向の反磁界係数が極端に大きいため，磁化が膜面から立ち上がれず面内に横たわっていることである。また，無秩序方位を有する多結晶金属磁性薄膜においては，その結晶磁気異方性が平均化されて巨視的には消失する一方，面内に適度な一軸性の磁気異方性が誘導されて存在することによる。面内に横たわる磁化は，一軸性の誘導磁気異方性によって面内の磁化容易軸方向にそろえられる。しかも，ある程度大きな磁性薄膜では面内の反磁界係数が非常に小さいため，膜全体が磁化容易軸の方向に飽和しても静磁エネルギーの増加はきわめて小さく，多磁区構造になったために生ずる磁壁エネルギーとの兼ね合いを考慮すると，むしろ単磁区構造のほうがエネルギー的に有利となり，安定に存在しうることになる。

一方で，蒸着やスパッタで作成された現実の磁性薄膜では，一般にその周端部に欠陥が生じやすい。また，小さいながら反磁界効果があるために外部への磁束漏れが少なくなるよう，**図5.1**(a)に示すような小さな反転磁区が存在するのが普通である。このような残留磁化状態の薄膜の磁化容易軸方向に磁界 H を印加すると，周端部の小さな反転磁区が成長して，図(b)のような多磁

5. 薄膜磁性材料

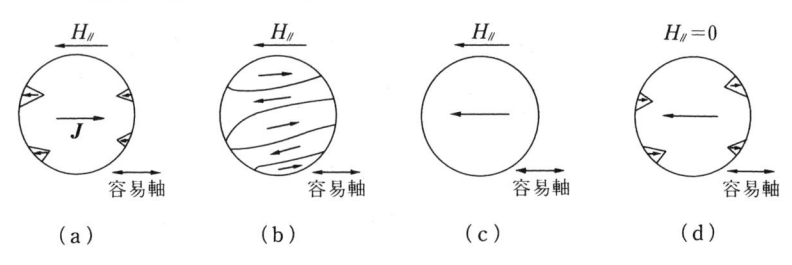

| (a) | (b) | (c) | (d) $H_{/\!/}=0$ |

図 5.1 現実の磁性薄膜における静的磁化過程の概念図

区構造を形成する。さらにその磁界 H を増加させていくと最終的には図（c）のような単磁区構造となる。この状態から印加磁界を取り去ると，図（d）に示すような小さな反転磁区を伴った，ほぼ単磁区状態の残留磁化状態となる。

　磁性薄膜内の磁壁は，ほとんどの場合その厚さ方向が薄膜面内にあるように形成される。したがって，磁壁内の磁気モーメントは，薄膜面内の 1 方向を回転軸として回転するか，薄膜面の法線方向を回転軸として回転するかの二つの方法がある。前者の方法で形成される磁壁は**ブロッホ磁壁**と呼ばれ，比較的厚い薄膜に見られる形の磁壁である。後者の方法で形成される磁壁は**ネール磁壁**と呼ばれ，20 nm 程度の比較的薄い薄膜に見られる形の磁壁である。それぞれの磁壁が見られる膜厚の中間の膜厚で見られる**枕木状磁壁**は，ネール磁壁とブロッホ磁壁の混在した磁壁と見ることができる。ネール磁壁や枕木状磁壁は，薄膜面内の反磁界係数が非常に小さいことを反映して現れるため，バルク状試料では見られない薄膜特有の磁壁構造であり，これらの磁壁が現れるのも薄膜磁性材料の特徴である。

　磁性体内部の結晶粒界，格子欠陥，ひずみ，不純物，空隙など磁気的な不均一性は磁壁エネルギー E_w の磁壁の位置による局所的な変化を引き起こし，それはスムーズな磁壁移動を妨げる。これにより磁壁の動きやすさが変化し，その値は磁壁抗磁力 H_w で表される。薄膜では，上記の磁壁移動の障害となるサイトがバルク材料よりも高密度で存在するために，H_w が高くなっている。通常，バルク軟質磁性材料は保磁力 H_c を数 mOe まで下げることができるが，薄膜では数百 mOe である。

このように薄膜の磁化容易軸方向での磁化曲線の形は，ほとんど H_w によって決まってしまうことになるが，この H_w は磁気異方性定数をはじめ，数種の物理量と複雑に関係しているうえに，先に述べた薄膜の構造欠陥などにも密接な関係を有しているため，簡単に論ずることはできない。膜厚 D の不均一性の効果として H_w が $D^{-3/4}$ に比例することを導いたネールの理論[1]は有名であるが，これですべてを説明することはできず，個々の例についていかなる形の不均一性が支配的であるかを論ずる以外に方法はない。

一方，外部磁界を磁化困難軸方向に印加した場合には，磁化の回転によって磁化過程が進行し，H_w 以下の微弱な外部磁界でも高い透磁率が得られる。また，外部磁界の大きさを適切に選べば，磁化を容易軸方向から困難軸方向までの任意の方向に回転させ，平衡させることができる。このような磁化過程は一様磁化回転と呼ばれ，単磁区構造を維持したまま磁区全体の磁化方向が1方向に回転してゆく現象であると見なすことができる。したがって，この現象も単磁区構造を安定に保つことができる，薄膜磁性材料に特有の現象であるといえる。

単磁区内の磁化を大きさが一定の磁化ベクトル $\boldsymbol{J}$ で代表させ，$\boldsymbol{J}$ が外部磁界の大きさや方向に依存して，膜面内で回転するというモデルで理論的に扱うことができる。外部磁界 $\boldsymbol{H}$ を膜面内で磁化容易軸と角度 α だけ傾いた方向に加え，$\boldsymbol{J}$ が ϕ だけ容易軸から回転したとして，$\boldsymbol{H}$ の容易軸および困難軸方向成分をそれぞれ H_x，H_y とすると，磁気的内部エネルギー密度の増加 $E(\phi)$ はつぎのように表される。

$$E(\phi) = K_u \sin^2\phi - \boldsymbol{J}\cdot\boldsymbol{H} = K_u \sin^2\phi - J_s \cdot H_x \cos\phi - J_s H_y \sin\phi \tag{5.1}$$

ここに，K_u は一軸磁気異方性定数である。第1項は $\boldsymbol{J}$ が容易軸方向から回転したために増加した磁気異方性エネルギーを表し，第2項は $\boldsymbol{J}$ が $\boldsymbol{H}$ の方向へ近づいたために減少したゼーマンエネルギーを表す。

$E(\phi)$ が ϕ の変化に対して極小になる場合に，安定な平衡状態が実現するので
 (1) $\partial E/\partial\phi = 0$, (2) $\partial^2 E/\partial\phi^2 > 0$

が同時に成り立つときの ϕ が安定な平衡状態における回転角を与える。一定の H_y に対して連続的に $|H_x|$ を増加させてゆくと，ϕ が条件（1），（2）を満

たしつつ連続的に大きくなってゆき，ある $|H_x|$ の値で突然，条件（2）を満たさなくなるような場合がある。この場合には，非可逆的に別の平衡状態への磁化スイッチが起こる。条件（2）が満たされなくなる臨界状態は $\partial^2 E/\partial \phi^2 = 0$ によって表現でき，この式と条件（1）の連立方程式を解くと臨界状態を与える磁界 (H_x, H_y) の満たすべき関係式を導くことができる。この関係式は

$$H_x^{2/3} + H_y^{2/3} = H_k^{2/3} \tag{5.2}$$

$$H_k = \frac{2K_u}{J_s} \tag{5.3}$$

で与えられる。この関係を H_x-H_y 平面にプロットするとアステロイド曲線が得られる。この曲線は磁化スイッチが起こる磁界の臨界値を与えるので，静的臨界スイッチング曲線と呼ばれている。また，H_k は異方性磁界と呼ばれ磁化回転のしやすさを表し，困難軸方向の磁化曲線の飽和点から読み取ることができる。

この H_k を用いて低周波の透磁率は，J_s/H_k と表すことができる。これは困難軸方向の磁化曲線の傾斜そのものであり，磁界中熱処理などにより誘導磁気異方性を制御することで，必要な透磁率を制御することができることを表している。またこのことは，薄膜に生じる反磁界の影響，すなわち形状磁気異方性によっても透磁率が影響を受けることを意味している[2]。

最近は微細加工技術が進歩し，サブミクロン寸法の加工が可能であるため，薄膜の膜面内でも反磁界の影響が無視できなくなることがある。反磁界が無視できない場合，薄膜試料の実効的な透磁率 μ_{eff} は本来の透磁率 μ_i と差が生じる。外部磁界 h_{ex} があり，その方向の磁化が ΔJ だけ増加したとすると，反磁界係数を N_d としてそれに応じた反磁界 $H_d = N_d \cdot \Delta J/\mu_0$ が生じるので

$$\Delta J = (\mu_i - \mu_0)(h_{ex} - H_d) = (\mu_i - \mu_0)\left(h_{ex} - \frac{N_d \cdot \Delta J}{\mu_0}\right) \tag{5.4}$$

より

$$\mu_{eff} = \frac{\Delta J}{h_{ex}} = \left(\frac{1}{\mu_i - \mu_0} + \frac{N_d}{\mu_0}\right)^{-1} \tag{5.5}$$

となる[3]。反磁界が大きく式（5.5）の N_d の項が支配的な場合には，μ_i がいか

に大きくても試料の透磁率 μ_{eff} は，その寸法と形状によって決まる N_d によって決定されることを示しており，原材料の選定ばかりでなく，最終的な素子の寸法や形状を考慮することが不可欠である。計算機シミュレーションを用いて，種々の膜厚・直径に対してどのような磁区構造を形成するかを検討した結果が報告されている[4]。

（2）微粒子[5]　磁気的に孤立した球状微粒子を考えると，その反磁界係数は全方向に対して

$$N_{dx} = N_{dy} = N_{dz} = \frac{1}{3} \tag{5.6}$$

と一定の値をとり，形状磁気異方性が消失したことになる。微粒子材料の寸法が数十 nm 以下の場合には，微粒子内部に磁壁のない単磁区構造をとるので，他の磁気異方性が低ければ自由な磁化回転が起こり，高い透磁率が期待できることになる。しかし，このような微粒子寸法では超常磁性の影響で高い透磁率を得るのは困難である[6]。

微粒子寸法が 100 nm～数 100 μm の場合は，粒子外部への磁束漏れをできるだけ少なくするような磁区構造（閉磁路構造）をとり，式 (5.5) に代入して求められるように比透磁率 μ_{eff}/μ_0 は微粒子素材の透磁率に関係なく 3.0 にしかならない。この強い反磁界の影響は，微粒子材料の充填率を上げて粒子間の静磁気的結合を増加させることで抑制させることができる。微粒子の元の透磁率 μ_i と集合体の透磁率 μ_e（微粒子試料の測定値）の関係については，有効媒質理論に基づいた Bruggeman の関係式がある[7]。

$$p\frac{\mu_i - \mu_e}{\mu_i + 2\mu_e} + (1-p)\frac{\mu_m - \mu_e}{\mu_m + 2\mu_e} = 0 \tag{5.7}$$

ここで p は充填率，μ_e, μ_m はそれぞれ微粒子試料，微粒子を包んでいる母材の透磁率である。また，μ_i は反磁界や静磁気的結合がない状態の微粒子本来の透磁率であり，微粒子の磁気異方性，表面層や内部の欠陥，ひずみなどによって決まる値である。充填率が 0.2 以下では微粒子間の静磁気的結合が弱くなり $\mu_{eff}/\mu_0 = 3.0$ を持つ微粒子とその充填率で決まってしまうが，それ以上で

は微粒子間の静磁気的結合が強くなり，微粒子素材のμ_iの高さが反映される。球状の粒子の最大充填率は0.76（fcc配列を仮定）であるので，球状微粒子材料のμ_eはμ_iよりも低いままである。

以上のように，微粒子集合体の初透磁率は，個々の微粒子が感じる反磁界によって決まり，その反磁界係数は孤立微粒子の反磁界から微粒子間の静磁気的相互作用を引いた有効反磁界係数N_{deff}になる。

5.1.2 動的磁化過程

（1）薄 膜 薄膜試料の磁化ベクトルが非常に速い回転速度で回転する場合，磁化ベクトルを形成している磁気モーメントのジャイロ性を反映して磁化ベクトルは回転運動に対する一種の慣性を示すことが知られている[8]。また，この回転運動は磁束密度の時間的変化を伴うので，電磁誘導によって磁束密度の時間変化に比例する起電力を生ずることになり，電気抵抗の小さい試料では渦電流による損失が生じる。この渦電流損は，磁化の回転運動に対して制動効果を引き起こす。このような，磁化回転に対する慣性効果や制動効果が無視できないような磁化回転が動的磁化過程である。面内磁化膜の場合の動的磁化過程を以下に解説する。

磁性薄膜に立上りの非常に速いパルス磁界を印加すると，単磁区状態のまま一様磁化回転によって磁化が反転する。渦電流による制動効果があまり大きくない試料の動的磁化においては，渦電流による制動効果を他のもろもろの制動効果と一緒にまとめて，制動定数αという一つの定数で表すことが多い。この場合の動的磁化過程において，磁化ベクトルJが時間とともに方向を変える運動は，ランダウ・リフシッツ・ギルバート（Landau-Lifshitz-Gilbert，略してLLG）の運動方程式

$$\frac{dJ}{dt} = -\gamma(J \times H) + \frac{\alpha}{J_s}\left(J \times \frac{dJ}{dt}\right) \tag{5.8}$$

によって記述される。ここでγはジャイロ磁気定数である。この式の右辺第1項は，磁化の歳差運動を示しており，右辺第2項は，歳差運動が損失による制動力を受けることで新たな歳差運動が加わり，Hと平行な方向に向かうこと

を表している。

　面内磁化膜の場合，単磁区状の残留磁化状態にある薄膜に立上りの速いパルス磁界を加えると，磁化は膜面内にとどまらずに，そのジャイロ性により膜面から立ち上がる。そのとき生ずる膜面法線方向の反磁界を軸に磁化が歳差運動を始め，この運動によって磁化反転が起こる。しかし，この反磁界は非常に大きいため，この磁化反転はきわめて高速の磁化反転によって進行する。この運動は前述のLLG方程式によって記述される。角度変数 θ, ϕ および単位ベクトル f, g を図5.2に示されるように定義すると，式(5.8)は

$$\frac{d\boldsymbol{J}}{dt} = -\frac{\gamma}{1+\alpha^2}\boldsymbol{T} - \frac{\alpha\gamma}{1+\alpha^2}\left(\frac{\boldsymbol{J}}{J_s}\times\boldsymbol{T}\right) \tag{5.9}$$

$$\boldsymbol{T} = \frac{1}{\cos\theta}\frac{\partial U}{\partial \phi}\boldsymbol{f} + \frac{\partial U}{\partial \theta}\boldsymbol{g} \tag{5.10}$$

$$U = K_u\sin^2\phi - H_xJ_s\cos\theta\cos\phi - H_yJ_s\cos\theta\sin\phi + \frac{J_s^2}{2\mu_0}\sin^2\theta \tag{5.11}$$

で与えられる。面内磁化膜の高速磁化反転のほとんどの場合，$\theta \approx 0$（薄膜の特殊性による）であるなどの近似を用いてこれらの連立方程式を解くと

$$\frac{d^2\phi}{dt^2} + \alpha\gamma\frac{J_s}{\mu_0}\frac{d\phi}{dt} + \frac{\gamma^2}{\mu_0}\frac{dU}{d\phi} = 0 \tag{5.12}$$

が得られる[9]。ここで通常 α は大きくてもせいぜい0.1程度であるので α^2 は1に比べて十分に小さいとして無視した。

　式(5.12)は，パルス磁界印加時の高速磁化反転などの場合には，非線形性が強く数値解しか得られないが，強磁性共鳴のような現象を記述する場合は，この式は簡単になり，解析的な解を求めることができる。微小交流磁界 h を印加しない静的状態では磁化ベクトル $\boldsymbol{J}$ は膜面内にあり $\theta = 0$ であるので，この場合の磁気エネルギーの総和 U_0 は

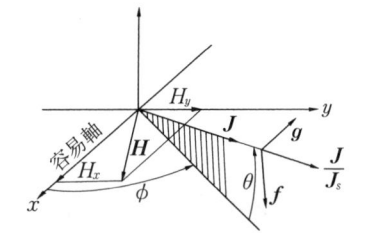

図5.2　単磁区理論による動的磁化過程において，磁化ベクトルの方位を表す角度変数および単位ベクトルの定義

$$U_0 = K_u \sin^2 \phi - H_x J_s \cos \phi - H_y J_s \sin \phi \tag{5.13}$$

で与えられる。磁化ベクトル J は U_0 が最小となるような方向で安定するので，平衡方位 ϕ_0 は，$(\partial U_0 / \partial \phi)_{\phi=\phi_0} = 0$ を満たす。この平衡方位 ϕ_0 からの微小変位 $\Delta\phi$ について式 (5.12) を解くことで，以下のような透磁率 $\mu_i = \Delta(J\cos\phi)/h$ の周波数特性を表す式が導出できる[10]。

$$\mu_i = \frac{\gamma^2}{\mu_0} \cdot J_s^2 \sin^2(\phi_0 - \beta) \frac{(\omega_0^2 - \omega^2) - j4\pi\lambda\omega}{(\omega_0^2 - \omega^2)^2 + (4\pi\lambda\omega)^2} \tag{5.14}$$

ここで，微小交流磁界 h の励磁方向は x 軸（困難軸）から β の角度を成す方向としており，λ は，$\lambda = \alpha\gamma J_s / 4\pi\mu_0$ で与えられる制動定数である。

また，ω_0 は自然共鳴角周波数であり，直流バイアス磁界を印加せず（$H = 0$），微小交流磁界が困難軸方向（$\beta = 0$）である場合には，$\phi_0 = 0$ で

$$\omega_0^2 = \frac{\gamma^2}{\mu_0}\left(\frac{\partial^2 U_0}{\partial \phi^2}\right)_{\phi=\phi_0} = \frac{\gamma^2}{\mu_0} 2K_u = \frac{\gamma^2}{\mu_0} H_k J_s \tag{5.15}$$

であるから，共鳴周波数は異方性の強さと磁化の大きさによって決まることがわかる。すなわち，高異方性，高磁化の磁性薄膜が優れた高周波磁気特性を有するのである。

ここで，薄膜の共鳴周波数が磁化の大きさに依存するのは，薄膜面に垂直方向の反磁界エネルギーが ω_0 を決定しているためである。このため，共鳴周波数の値はバルク試料における Snoek の限界を示す $\omega_0 = \gamma H_k$ とは異なり，薄膜ではバルク試料と比較して共鳴周波数を高くできる。

また，薄膜においても金属薄膜のような抵抗率の低い場合には，渦電流による損失を考慮しなければならない。試料の困難軸方向に微小交流励磁を行った際の，渦電流損失を考慮した透磁率 μ_e は，電磁気学（マクスウェルの式）によって以下のように求めることができる[10]。

$$\mu_e = \mu_i \frac{\tanh\dfrac{1+j}{2\delta}t}{\dfrac{1+j}{2\delta}t} \tag{5.16}$$

ここで，t は膜厚，δ は渦電流により磁化変化が $1/e$ に減衰する表面からの

深さ（表皮深さ）であり，$\delta = \sqrt{2\rho/\omega\mu_i}$ と表される。ρ は薄膜の抵抗率である。

（2）微粒子[5]　微粒子については，異方性磁界 $H_k=0$ とすると，反磁界である $N_d J_s/\mu_0$ が支配要因となるので，共鳴周波数 ω_0 は

$$\omega_0 = \gamma \frac{N_d J_s}{\mu_0} \tag{5.17}$$

となる。5.1.1 項で述べたように，孤立した球状微粒子の比透磁率はつねに 3.0 であるが，式 (5.17) からわかるように共鳴周波数は飽和磁化 J_s も関係する。飽和磁化の大きい微粒子が孤立状態にあると非常に高い周波数で磁気共鳴が観測されるはずである。

微粒子が集合体であるときは有効反磁界係数 N_{deff} が N_d に代わり，充填率に依存することになる。実際の微粒子材料においては，N_{deff} が共鳴周波数の支配要因となる。

さらに，反磁界に加えて結晶磁気異方性磁界などが無視できない場合には，以下のような関係になる。

$$\omega_0 = \gamma\left(\frac{N_{deff} M_s}{\mu_0} + H_a\right) \tag{5.18}$$

ここで，H_a は結晶磁気異方性磁界である。また，他の要因として，微粒子特有の表面層，ひずみ，欠陥などに起因する等価的な磁気異方性が加わる。

さらに，金属系微粒子の透磁率が高くなると，薄膜と同様に渦電流の影響が無視できなくなる。透磁率 μ_i を持つ微粒子の渦電流の影響は

$$\mu_{deff} = A(R,\rho,f)\mu_i \tag{5.19}$$

$$A(R,\rho,f) = 2\frac{kR\cos kR - \sin kR}{\sin kR - kR\cos kR - k^2 R^2 \sin kR} \tag{5.20}$$

$$k = \sqrt{\frac{-j\omega\mu_i}{2\rho}} \tag{5.21}$$

となる[7]。ここで，R は微粒子の半径である。微粒子材料では，磁気異方性，飽和磁化に加えて，磁気共鳴による透磁率の周波数依存性に応じて反磁界も変化するので，透磁率の周波数特性を表す線形化した関係式は得られていない。

5.2 薄膜・微粒子作製方法

5.2.1 物理的作製法

物理的な作製手法として気相成長である蒸着法，スパッタ法について述べる。これらは主に薄膜の作製手法としてすでに利用されている。微粒子の作製手段としてこのような物理的な原理に基づくドライプロセスも用いられているが，現在の微粒子作製は液中での化学反応に基づく作製が主流であり，ここでは薄膜作製を中心に述べる。

蒸着法は真空中で薄膜の原料を加熱して蒸発させて，基板上に堆積する手法である。後述するスパッタ法と比較して膜の堆積速度を高くすることが可能であるため，磁気記録用蒸着テープのように量産のための高速成膜に容易に対応できる。一方で，研究分野を中心に現在は超高真空下で堆積速度を一原子層レベルの制御ができるまでに低下させた成膜が主流となっており，その代表例がMBE（Molecular Beam Epitaxy, 分子線エピタキシー）である。

MBEではKセル（Knudsen cell，クヌーセン・セル）が蒸着源として用いられている。オリフィスと呼ばれる微小な開口部から，蒸発原子・分子はたがいに衝突することのない分子線として飛び出す。この指向性が制御された分子流は超高真空下では，平均自由行程が基板までの距離よりも長いために，残留ガスと衝突することなく基板に到達する。最近では，Kセルのふたをとりはずした蒸着源を用いることが多くなっている。

超高真空下では，残留ガスによる吸着の少ない清浄な表面に，蒸発原子・分子が残留ガスとの衝突もなく到達し，一原子層レベルでの精密な薄膜の堆積，界面の形成が行われる。界面の制御が重要なスピントロニクス素子において，注入や伝導に影響を与えるため，MBEなど超高真空下での成膜は重要な薄膜形成手法といえる。ヒーターによる加熱では高融点金属やセラミックの蒸着ができないため，電子ビームを照射して材料を局所的に加熱する電子ビーム蒸着法が用いられる。

スパッタ法は，Arなどの希ガスの放電プラズマから陽イオンを加速させて

薄膜の材料となるターゲットに衝突させ，その表面の原子や分子をたたき出して，ターゲットの対向位置などに配置した基板上に堆積させる薄膜形成手法である。ハードディスクドライブの記録媒体やヘッド（特に再生素子）では広くスパッタ法が用いられている。

量産をはじめとして広く用いられているのは**図5.3**に示すプレーナ形マグネトロンスパッタ法である。ターゲット背面に設置した磁石からの磁束に捕捉された電子により，効率よく希ガスを陽イオン化し，低いガス圧下でもターゲット近傍に高密度のプラズマを生成し，拘束することができる。陰極であるターゲット近傍の電界により加速された希ガスイオンがターゲットに衝突する。

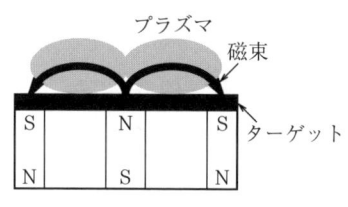

図5.3 プレーナ形マグネトロンスパッタ法

原子や分子がターゲットからたたき出されるスパッタ現象は，希ガスイオンとターゲットを構成する原子や分子との運動量の移動によって行われる。そのため，高融点材料を含め物質を問わず成膜が可能である。また，蒸着が加熱による熱エネルギーの移動によるため蒸発原子・分子のエネルギーが1 eV未満であるのに対し，スパッタ法では数 eV～数 10 eVに達する[11]。そのため，ガス圧，ターゲット-基板間距離を調整して，プロセスガスとの衝突によりスパッタ粒子のエネルギーを変化させると，Thorntonの薄膜の微細構造モデルに則って薄膜組織を制御することができる[12]。

一方，スパッタ法の問題点として，ターゲットでのスパッタの際に希ガスイオンの一部が電荷を失って飛び出す数 10 eV～100 eVを超えるエネルギーを有する中性粒子（反跳粒子）の存在がある[13]。反跳粒子が膜に到達すると，膜の形態や内部応力などに多くの場合悪影響を与えるが，基板の配置を変えることにより反跳粒子の到達を低減することが可能である[14]。

スパッタ法では基板や膜に影響を与えないように，またスパッタ効率の向上のために，高密度のプラズマを磁界によりターゲット近傍に拘束する必要があ

る。プレーナ形マグネトロンスパッタ法では漏れ磁束がターゲット面に平行であるため，高透磁率材料ではターゲットを厚くすることが困難である。一方，磁束がターゲット面に直交するようにターゲットと磁石が配置されている対向ターゲット式スパッタ法では，この問題が解決されているだけでなく，対向するターゲット間に拘束されたプラズマの外に基板が配置されているために基板温度の上昇も抑制されている。

5.2.2 化学的作製法

化学的薄膜作製手法の代表がめっきである。めっきは宝飾や防蝕などの比較的大きな対象物への成膜から，微細配線，電磁波遮蔽などエレクトロニクス分野での精密めっきまで幅広く産業界で応用されている。めっきの特長として，スパッタと比較して高い堆積速度が得られること，選択的・局所的な膜形成が可能であること，微細な孔や溝への埋込性に優れていることなどがあげられる。

この三番目の特長は，ハードディスクドライブの記録ヘッド用磁極の成膜などの精密めっきにおいて特に重要である。垂直磁気記録方式に移行して記録ヘッド用磁極の厚さがサブミクロンになり，以前ほど高い堆積速度が要求されなくなっても，磁極幅が 100 nm 以下にまで減少し，エッチングによる微細加工が困難になってくると，磁極幅を規定する微小な溝に局所的に磁性薄膜を埋め込んで成膜するためにめっきが不可欠となっている。

成膜したい金属のイオンを含むめっき液に電流を流して，陰極でその金属イオンを還元して金属・合金薄膜を形成する電気めっきと還元剤の働きによって金属イオンを還元する無電解めっきとに分類することができる。一方，これまでに述べた金属のめっきとは異なる原理に基づいているが，水溶液中で OH^- 基が表面に出ている基板に，鉄イオンを中心とした 3 d 遷移金属イオンを析出させてスピネル形フェライト薄膜を形成することのできるフェライトめっきも，ウエットプロセスによる磁性薄膜形成手法の一つである。

このようなウエットプロセスでは，微細孔への埋込みに代表されるように回り込み性に優れるために堆積する基板が平板である必要がなく，前述のドライプロセスによる薄膜形成手法と比較して，任意の形状のものに薄膜や微粒子を

堆積することができる。

　磁性微粒子の作製は，液相の化学合成による手法が研究においては主に用いられている。その合成反応の溶媒として水を用いる手法，非水溶媒を用いる手法とに分類することができる。またその中で共沈，還元，酸化，熱分解などの反応が起き，微粒子として析出する。

　水溶液中での微粒子合成の例として，共沈法によるスピネル形フェライト微粒子の合成について述べる。これは塩化第二鉄などの3価の鉄イオンを含む無機化合物と2価の遷移元素などの金属イオン化合物の混合水溶液にアルカリを添加して生成する反応である。この手法によるマグネタイト（Fe_3O_4）微粒子の合成が代表例であるが，一般的に化学量論組成よりも Fe^{3+} の割合が多い。

　逆ミセル法も水溶液反応がベースとなっているが，この手法では還元反応により金属・合金微粒子の生成も可能である。有機溶媒中に分散したナノサイズの水滴である逆ミセルを反応場とする手法であり，金属イオン水溶液の逆ミセルと水素化ホウ素ナトリウム（$NaBH_4$）などの還元剤水溶液の逆ミセルとを混合すると，ナノサイズの粒子が生成する。還元剤水溶液をアルカリや酸化剤に変えるとスピネル形フェライト微粒子が生成する。

　非水溶媒を用いる合成で代表的な手法は，アルコール還元法である。アルコールが溶媒であり，かつ還元剤の役割を果たし，多価アルコールの場合はポリオール法と呼ばれる。原料となる物質の多くはアセチルアセトナートなどの有機金属化合物で，アルコール還元により金属・合金微粒子を得る。鉄ペンタカルボニル（$Fe(CO)_5$）などのゼロ原子価有機金属前駆体の熱分解による手法，熱分解をポリオール法と組み合わせて合金微粒子を作製する手法[15]，析出した金属粒子に酸化反応を組み合わせて酸化鉄微粒子を合成する手法も報告されている[16]。

　非水溶媒と有機金属化合物を用いる手法は，高沸点溶媒を用いると水溶液反応よりも高温での合成が可能である。そのため，結晶性のより高い微粒子を作製することが可能になる。また，粒子形状・寸法の均一性も水溶液反応による合成手法より一般的に優れている。

磁性微粒子では粒子間に働く引力的な磁気的相互作用のためコロイドの分散安定性が低い傾向にある。そのため，界面活性剤やポリマーなどの分散剤の選択が重要である。分散剤は微粒子表面に吸着あるいは結合して他の粒子との凝集を防止するだけでなく，粒子成長中には可逆的に吸着して成長速度を調整する役割も果たしているため，粒子生成にとっても重要である。

微粒子の寸法とその分布は，析出した原子が集積した核の生成と成長の速度で決まる。狭い寸法分布が得られるのは，核生成が起き，そのあとに制御された成長が進み，二つの過程が別々に起こる場合である。そのためには，金属前駆体の投入温度，加熱プロファイル（温度と速度）の最適化，前駆体と安定剤の選択が重要であり，水溶液系の粒子合成反応よりも沸点の高い非水溶媒系の反応のほうが反応温度を高く設定できる点で有利である。

5.2.3 微細加工法

半導体集積回路の高集積化がエレクトロニクスにおける微細加工を牽引してきた。磁気工学においてもハードディスクドライブの薄膜ヘッドは，半導体微細加工技術により開発された。薄膜デバイス，磁性ドットや量子効果を示す磁性ナノ構造の作製といった基礎研究から MRAM の開発まで，微細加工は必要不可欠な技術となっている[17]。

微細加工の基盤となるのが，感光剤の露光と現像により面内にパターン構造を形成する**リソグラフィ**（lithography）である。超高圧水銀灯や紫外レーザを光源とする**フォトリソグラフィ**（photolithography）の概要を**図**5.4 に示す。

マスク（レチクル）は，ガラス基板上にパターン図形を Cr 薄膜で形成した原版である。この図形を転写するフォトレジストは，マスクを透過した光により光化学反応を生じる感光性樹脂である。露光部分が，現像液に可溶解となるポジ型と，不溶解となるネガ型の2種類がある。

パターン加工する手法は，磁性薄膜をレジスト塗布に先立ち堆積して，不要部分をエッチング除去する方法と，現像後に磁性薄膜を堆積して，不要部分をレジストとともに除去（リフトオフ）する方法に大別される。エッチングには，溶液エッチングとイオン照射などによるドライエッチングがある。

5.2 薄膜・微粒子作製方法

(1) 磁性薄膜を堆積後，レジストをマスクにしてエッチング除去する方法

(2) パターン加工されたレジスト上に磁性薄膜を堆積させて，リフトオフを用いる方法

（上部から）

Cr 薄膜など
ガラス基板
← マスク →

① 露光
露光部分が現像液に可溶解（ポジ型レジスト）
ポジ型レジスト
ネガ型レジスト
基板
磁性薄膜

① 露光
露光部分が現像液に不溶解（ネガ型レジスト）
基板

② 現像
③ エッチング
④ レジスト除去

② 現像
③ 磁性薄膜堆積
④ レジスト除去（リフトオフ）

パターン加工された磁性薄膜
基板

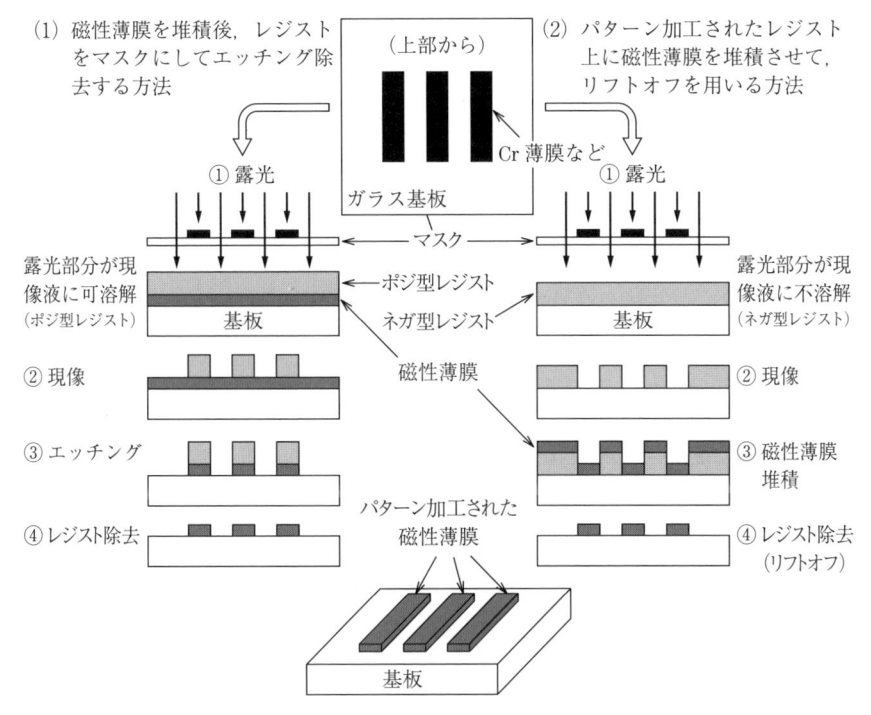

図 5.4 フォトリソグラフィによる磁性薄膜のパターン加工

フォトリソグラフィの解像度は，光源の波長に依存する．10 nm オーダのナノ加工には**電子線リソグラフィ**（electron beam lithography）を利用する．集束させた電子線をレジストに照射して，レジストを露光する．コンピュータ上の原図に従い，電子線を走査させ，マスクを介さないで直接描画する．この技法は，磁気渦構造[18]や単電子トンネル現象[19]を示す磁性ナノ構造の作製などに利用されている．磁気ヘッドの加工に実用されているが，フォトリソグラフィと比較してスループットが低い．

走査プローブ顕微鏡（scanning probe microscope）により試料表面を観察しながら，探針先端・試料間の物理的，化学的作用を利用してナノ構造を作製することが可能である．物理的作用には，探針を試料に押しつけ，凹み加工を施すナノインデンテーション法[20]がある．化学的作用には，探針に電圧を印加し，試料間とに流れる電流により，有機金属ガスを分解させて磁性金属を堆積

する方法[21]や，試料表面の水分を介した陽極酸化反応により酸化物を形成する局所酸化法[22]などがある．

ナノインプリント（nanoimprint）は，金型の凹凸パターンを樹脂等に押しつけ，転写する加工方法である[23],[24]．高スループットが期待され，磁気記録媒体の記録領域の形成やパターン媒体の作製などの報告がある[25]．

5.3 諸特性と応用

5.3.1 高周波応用

磁性薄膜の高周波帯域（MHz ～ GHz）での応用分野としては，高周波電子デバイスや，電磁ノイズ吸収・抑制体，磁気記録用ヘッドを含む磁界センサ素子用などが挙げられる．

近年の携帯型電子・通信機器の普及に伴って，これらに使用される電子部品の小型・低背化の要求は以前にも増して強くなっている．これらの中でも磁気に関係する素子であるインダクタンス（L）素子は，1台の電子機器内だけでも電源や共振・整合・インピーダンス変換回路など大小さまざまな用途に使用され，その使用周波数帯域も数百 kHz ～ 数 GHz の広範囲にわたる．よって従来型の巻線構造から脱却し，平面積層型のデバイス構造および製作方法が適用されている．さらに，そのような構造の磁気回路に適した設計手法や，磁心材としての軟磁性薄膜材料，厚膜形成技術など種々の検討が行われている[26],[27]．薄膜インダクタの磁心材料には，本質的には高い飽和磁化が必要であり，さらに高い透磁率と強磁性共鳴周波数，また成膜時におけるこれら磁気特性の制御性の良さといった特長が求められる．特に使用周波数帯域において，複素比透磁率（$\mu_r = \mu_r' - j\mu_r''$）の虚部 μ_r'' が無視できるほど小さく，同時に損失係数の逆数，すなわち材料の Q 値（$= \mu_r'/\mu_r''$）が高いといった特性が必要とされるため，膜内の渦電流低減に有効な高電気抵抗率を有する磁性薄膜として，絶縁体中に強磁性微粒子を分散させた (CoFeB)-(SiO$_2$)，Co-Pd-B-O，CoFeSiO/SiO$_2$ や[28]～[30]，高飽和磁化と高異方性磁界の両立を狙った交換結合磁性薄膜である MnIr/FeSi の開発[31]，またそれらを用いた薄膜インダクタ[32],[33] に関す

る研究が数多く報告されている。ちなみに，高周波磁性薄膜デバイスとその応用の詳細については，7.3節を参照されたい。

　前述の高周波電子デバイスとも関係するが，使用（キャリア）周波数の高周波数化に伴って，電子機器内外における電磁干渉や放射ノイズが機器本体や他の周辺機器の誤動作を引き起こしたり，人体に悪影響を与える可能性があるなど，電磁障害（EMI：electromagnetic interference），電磁両立性（EMC：electromagnetic compatibility）と呼ばれ大きな問題となってきている。特に携帯端末機器などは商品の付加価値を高めるため，小型・軽量化，低背化に対する継続的な要求があり，用いられる電子回路基板においては，素子の高密度実装化や多層プリント配線板の利用拡大により，電磁ノイズ発生源や伝搬経路の特定・評価技術[34]〜[36]やノイズ抑制技術の確立など，電磁干渉の抑制対策が急務となってきている。これら電磁ノイズ抑制のための電磁シールドとしては，低電気抵抗率の金属板やフィルムなどの「導体シールド」が広く使用されているが，電子機器内での占有容積の低減化とより効果的なシールド特性の要求に応えるため，磁性薄膜や磁性粒子を用いた電磁ノイズ抑制技術についての検討が行われている[37],[38]。磁性体を電磁ノイズ抑制体として使用する場合，前述のインダクタとは異なりノイズを取り除きたい周波数帯域で比透磁率虚部 μ_r''（磁気損失）が大きいことが必要とされる。これは，シールド用磁性薄膜に入射した不要電磁波により磁性体内部に生じる渦電流を熱として消費させ，結果として不要電磁波の外部への漏えいを阻止するためである。また磁性薄膜を用いる場合，その強磁性共鳴周波数において比透磁率虚部 μ_r'' は最大となるため，強磁性共鳴周波数を発生ノイズの周波数帯域に一致させることで，より効果的な吸収特性が得られることから，成膜時におけるこれら磁気特性の制御性の良さもインダクタの場合と同様に必要である。これら磁性薄膜を用いた電磁シールド技術として，さらなる占有容積の低減化とシールド効果向上のため，プリント板や伝送線路へ直接成膜・塗布する方法や，半導体パッケージに直接コーティングする方法なども検討されている。

5.3.2 磁性薄膜の記録応用

磁性材料の重要な応用分野の一つとして，磁気ストレージ技術がある。情報の記憶・記録には，コンピュータのメインメモリのように書込みと読出しにナノ秒オーダの高速性が求められるものと，ハードディスクドライブ（HDD）や光記録のように高速性より大容量の記録を電源なしで長期間保持することが求められるファイルメモリがある。磁性体がファイルメモリとして広く利用されるのは，記録が長期間保持可能であること，情報の書換えによって材質の劣化がなく，実質的にほぼ書換え回数に制限がないこと，1ビットあたりの記録面積が小さく，大容量化と低コスト化が可能であることによる。

では，磁気を利用してどのように記録が行われるかについて見てみよう。磁性薄膜への記録には，図5.5（a）のように一様な連続膜に独立した磁区として記録する方法と，図（b）のように磁気的な結合がほぼ切れている磁性微粒子に単磁区として書き込む方法がある。前者は光磁気記録の，後者は磁気記録の記録方式として採用されている。両者とも磁化ベクトルは，膜面に対して垂直方向を向いており，これらの記録に利用するためには，まず第1に膜面に対して垂直に磁化しやすい性質を有している必要がある。磁性薄膜が膜面に垂直に磁化するための条件は，膜面垂直方向に一軸性の磁気異方性の容易軸が存在し，磁気異方性エネルギー定数 K_u が反磁界エネルギー $\mu_0 M^2/2$ より大きいことである。垂直磁化膜は，消磁状態で一般的に図5.6（a）のような迷路磁区構造をとる。これは，膜表面に極性の異なる磁極がストライプ状に現れることで，反磁界の平均値が小さくなり，反磁界エネルギーが減少するためである。

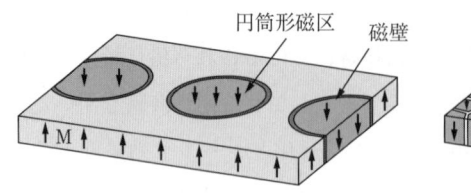

（a）光磁気記録における記録磁区 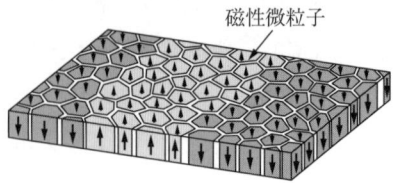　　（b）磁気記録における記録ビット

図5.5　光磁気記録と磁気記録

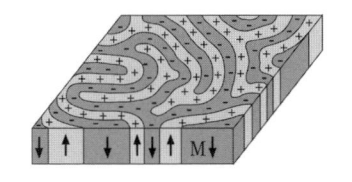

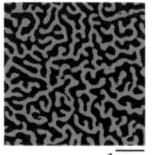

(a) 迷路磁区構造　　　　（b）Co/Pt 多層膜の磁区像

図 5.6　垂直磁化膜の磁区構造

ただ，磁区が生じると磁壁エネルギーが増加するので，両者のバランスで磁区幅が決まる。図（b）は，Pt/Co 多層膜の磁気力顕微鏡による磁区像を示している。

垂直磁化膜が最初に注目されたのは，1960 年代から盛んに研究開発が行われた磁気バブルメモリや光磁気記録の媒体としてであり，前者には磁性ガーネット膜，後者には MnBi 系薄膜が用いられた。1980 年代には，磁気バブル材料として開発されたアモルファス希土類-鉄族薄膜を光磁気記録に応用する研究開発が日本を中心に精力的に行われるようになり，1990 年代はじめには 3.5 インチのデータ記録用の MO ディスクや音楽用のミニディスク（MD）として実用化された。一方，1950 年代に製品化されて以来，ハードディスクでは，膜面の長手方向に記録が行われてきたが，記録密度の限界を打破するための方法として，膜面に垂直に記録を行う方式が岩崎らによって提唱され，CoCr 膜をはじめとするさまざまな垂直記録材料の開発が行われた。その結果，HDD は，2005 年前頃を境に膜面垂直に記録を行う垂直記録に移行した。このように膜面に垂直に磁化する垂直磁化膜を開発することは，現在の磁気ストレージ技術においては大変重要な位置を占めている。

（1）　光磁気記録媒体　　アモルファスの希土類-鉄族アモルファス膜は，結晶粒による媒体ノイズがないため，光磁気記録に大変適した材料である。希土類と鉄族元素は原子半径の差が大きいことから，蒸着法やスパッタ法により，水冷基板上に成膜すると結晶化せずアモルファス状態となる。遷移金属元素（TM）のスピンは，希土類元素のスピンと反平行に結合する。また，Gd を

除く希土類は，軌道磁気モーメントを持つが，軽希土類（LRE）では，軌道磁気モーメントはスピンと反平行で，スピン磁気モーメントより大きい。したがって，LRE の副格子磁化は，TM の副格子磁化と平行，すなわちフェロ磁性となる。一方，重希土類（HRE）では，軌道磁気モーメントはスピンと平行であるため，フェリ磁性となる。RE-TM アモルファス膜の垂直磁気異方性 K_u は，大きくても 10^5J/m^3 程度であるので，反磁界エネルギーに打ち勝ち，垂直磁化膜になるためには，RE と TM の組成の調整によって，磁化を小さくできるフェリ磁性の HRE-TM 膜を利用する必要がある。中でも Tb-TM と Dy-TM 膜は，希土類の 4f 電子雲の形状が球対称からずれることに起因する 1 イオン異方性によって，10^5J/m^3 台の垂直異方性を示すことから，光磁気記録媒体として利用される。

RE-TM 膜を光磁気記録に利用する場合，磁化の温度特性を記録再生に適したものにする必要がある。図5.7 は，HRE-TM 膜の磁化と保磁力の温度変化を模式的に示している。HRE の副格子磁化は，温度上昇とともに TM のものより速く減少するので，図（a）のように低温において HRE の副格子磁化のほうが大きくなる RE-rich の組成では，ある温度（補償温度 T_{comp}）で HRE と TM の副格子磁化が等しくなって磁化が零となり，保磁力 H_c は発散する。さらに温度を上げると再び磁化が現れ，キュリー温度 T_c で消失する。一方，図（b）の TM-rich の膜では，補償点はなく，保磁力も単調に減少する。キュリー

(a) RE-rich の HRE-TM 膜の磁化と保磁力の温度特性

(b) TM-rich の HRE-TM 膜の磁化と保磁力の温度特性

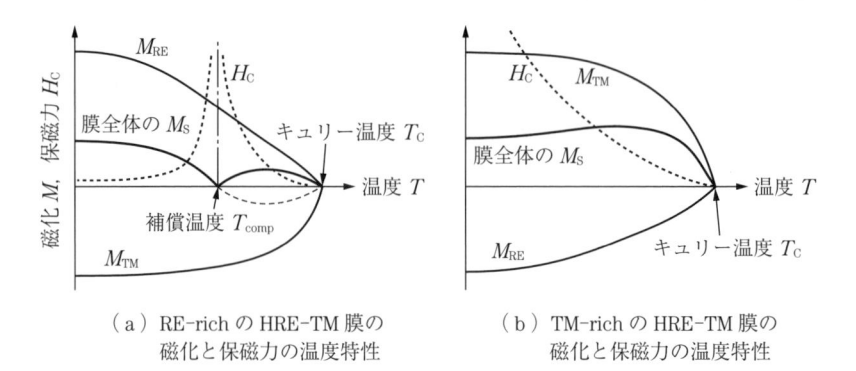

図5.7 重希土類-遷移金属アモルファス膜における磁化と保磁力の温度変化

温度は，REの種類，TMの組成によって，比較的自由に設計でき，RE-Fe合金より，RE-Coのほうが高くなる。光磁気記録媒体として実用化されたTbFeCo膜では，TbFeにCoを添加することで，T_cを記録に適した温度に調整している。

（2） **磁気光学効果**　光磁気記録においては，情報の読出しに磁性体の磁気光学効果が利用される。図5.8（a）に示すように直線偏光が磁性体を透過するとき，その偏波面が回転するとともに楕円偏光に変化する。この現象をファラデー効果といい，偏波面の回転方向は，膜面垂直方向の磁化ベクトルの向きに依存する。図（b）に示すように磁性体の表面で，直線偏光が反射する場合にも，偏波面の回転と楕円偏光への変化が生じ，これを極カー効果という[39]。光磁気記録では，おもにカー効果が利用されるため，偏波面の回転角，すなわちカー回転角 θ_k やカー楕円率 η_k の大きさや波長特性が，詳しく調べられている。光磁気記録では，情報の読出しにカー回転角 θ_k とともにカー楕円率 η_k も利用できるので，磁気光学の性能指数として $\sqrt{\theta_k^2 + \eta_k^2}$ が一般的に使われる。図5.9は，各種光磁気記録材料の性能指数の波長依存性を示している[40]。光磁気媒体として実用化されているTbFeCo膜の性能指数は，600 nmで0.3°程度と小さな値である。これに対し，GdFeCoなどGdを含むRE-TM膜はより大きな性能指数を示すことから，情報の記録を保磁力の大きいTbFe

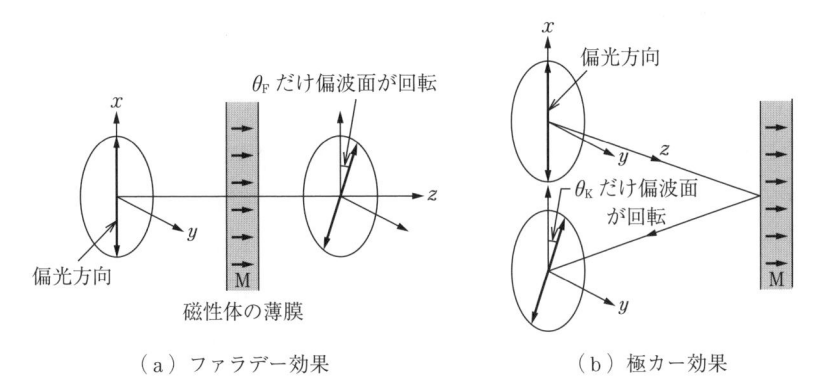

（a）ファラデー効果　　　　　（b）極カー効果

図5.8　磁気光学効果

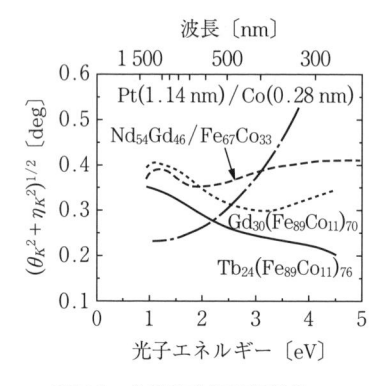

図5.9 各種光磁気記録材料の磁気光学性能指数[2]

層で，情報の読出しは，性能指数の大きい GdFe 層側から行う TbFe/GdFe 交換結合2層膜の開発も行われている．

（3） 多層膜の垂直磁気異方性　光磁気記録を高密度化するためには，青色レーザなど短波長の光源を用いて記録再生するのが有効であるが，TbFeCo 膜の磁気光学性能指数が短波長域で低下することから，短波長域で性能指数の大きな垂直磁化膜の探索が 1980 年代後半から盛んとなった．その代表的なものとして，遷移金属 TM と貴金属 NM の多層膜や RE と TM の多層膜がある．磁性金属と非磁性金属の多層膜の積層周期を D，磁性金属の層厚を t，その体積磁気異方性を K_v とする．また，磁性金属と非磁性金属界面の非対称性に起因する界面磁気異方性を K_s とすると，多層膜の単位体積当りの実効磁気異方性 K_{eff} は

$$K_{eff} = 2K_s/D + K_v t/D \tag{5.22}$$

で与えられる．いま，磁性材料のバルクとしての異方性が無視できるほど小さいとすると，K_v は形状異方性の $-\mu_0 M^2/2$ となるので，K_{eff} は，周期 D の減少とともに負から正に変化する．Co/Pt, Co/Pd 多層膜では，Co 層厚 0.4 nm 前後，NM 層厚 1.0〜1.8 nm 程度で，角形比のよい垂直磁化膜が得られる．Co/Pt 多層膜は，図 5.9 に示すように短波長域で大きな磁気光学性能指数を示すことから，ブルーレーザ用の媒体として期待された．また，Nd-TM 膜が短波長域で大きな磁気光学効果を示すことから，図に示すように多層化により磁気特性を改善した NdGd/FeCo 多層膜に関する報告もある．

（4） 磁気記録媒体　HDD の記録方式が 2005 年前後を境に長手記録から垂直記録に切り替わったことから，現在では，HDD の記録媒体として CoCrPt 系のグラニュラー媒体が利用されている．Co は室温において六方稠密（hcp）構造をとり，c 軸方向に一軸磁気異方性の容易軸がある．Co に Cr を添加して

5.3 諸特性と応用

飽和磁化を下げ，c軸配向したCoCr薄膜を作成すると，その垂直異方性が，反磁界エネルギーと同程度かこれを上回る薄膜が得られる。また，基板温度などのスパッタ成膜の条件を制御することで，図5.10に示すようにCoとCrが相分離してCrが粒界に偏析し，粒界近傍の磁性が失われて，強磁性のCoCr粒子間の磁気的結合が切れたグラニュラー構造が得られる。磁気記録では，一つひとつの粒子は，単磁区構造であるため，図5.5（b）に示したように記録の境界は結晶粒によってギザギザになり媒体ノイズの原因となる。したがって，ノイズの低減のために結晶粒径を小さくしなければならないが，一つの結晶粒が記録された磁化方向を長期間保持するためには，結晶粒の体積をVとして結晶粒の持つ磁気異方性エネルギー$K_u V$が，熱エネルギーkTに対して十分大きい必要がある。10年程度，記録を保持するためには，両者の比$K_u V/kT$が60以上であることが望ましい。そのため，ノイズ低減のために結晶粒径，すなわち体積Vを小さくした分，磁気異方性を大きくしなければならなくなる。実用的には，CoCrにPtを添加して，垂直異方性を増強した垂直記録媒体が用いられている。また，粒径のそろったグラニュラー構造を実現するためにCoCrPtとSiO_2やTiO_2などの酸化物を同時スパッタする成膜法が用いられるようになっており，酸化物のマトリックス中にCoCrPt微粒子が均一に分散している媒体が実用化されている。

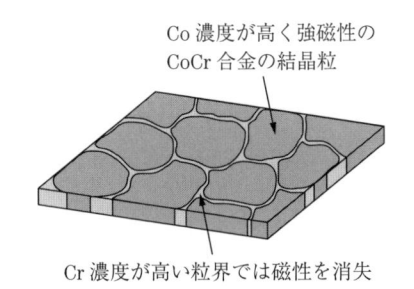

図5.10 CoCr磁気記録媒体のグラニュラー構造

CoCrPt膜より大きな垂直磁気異方性を示す材料としては，$L1_0$構造のFePt規則合金膜などが盛んに研究されているが，磁気異方性を大きくすると記録磁界が大きくなりすぎて磁気ヘッドによる記録が困難となる。これを克服するた

め，近接場光の照射による熱で媒体を加熱し，局所的に保磁力を低減して記録を行う熱アシスト記録方式や，マイクロ波の照射によって磁化反転をアシストする方式が検討されている。一方，微粒子媒体でなく，微細加工技術によって磁性薄膜にパターンを形成し，一つのパターンに1ビットを記録することで，実効的な体積 V を大きくして熱揺らぎの問題を避けようとするビット・パターン媒体の開発も行われている。

5.3.3 スピントロニクス

（1）はじめに 電子には「電荷」と「スピン」という二つの自由度がある。従来のエレクトロニクス（電子工学）では「電荷」のみが着目され，電荷の流れ，すなわち電流を制御して応用することが目的であり，材料としては半導体が用いられてきた。一方，マグネティクス（磁気工学）では，電子の「スピン」に基づいて発生する磁化を制御し応用することが目的であり，材料としては磁性体が用いられてきた。エレクトロニクスとマグネティクスはもともと別の分野であったが，最近のナノテクノロジーの発展の中で密接不可分になってきた。スピンエレクトロニクスあるいはスピントロニクスと呼ばれる分野は，エレクトロニクスとマグネティクスが融合した学際領域である。材料がナノスケール化すると磁気的性質（磁化挙動）と電気的性質（伝導現象）がたがいに強く影響を及ぼし合うようになり，いい換えれば一方によって一方を制御することができるようになる。すなわち，磁化によって電流を制御することが可能であり，逆に電流によって磁化を制御することも可能になる。この相互の制御を利用して作られる新しいエレクトロニクスがスピントロニクスである。スピントロニクスがカバーする領域は，磁気物理学からデバイス応用まできわめて広い。対象となる材料も，金属から半導体，酸化物，有機・分子系まで広がり，もはや材料の枠を超えて研究が進められている[41]。

（2）スピントロニクスにおける物理現象 スピントロニクスにおける最も基本的な物理現象は，スピン依存伝導と呼ばれる，スピンに依存した電子の輸送現象である。スピン依存伝導現象は，図5.11に示すような強磁性/非磁性/強磁性のナノスケールでの積層構造において顕著に現れる。非磁性層を挟

む二つの強磁性層の磁化が反平行のときに電気抵抗は高く，平行のときは低い．すなわち磁化配置に依存して磁気抵抗効果が生じる．非磁性層が金属で電気抵抗が主として電子の散乱に起因する場合を巨大磁気抵抗効果（giant magnetoresistance effect，略して GMR），非磁性層が極薄絶縁体で電気伝導がトンネル効果による場合をトンネル磁気抵抗効果（tunnel magnetoresistance effect，略して TMR）と呼ぶ．GMR は，さらに膜面内に電流を流す CIP（Current-In-Plane）配置と，膜面垂直に電流を流す CPP 配置（Current-Perpendicular-to-Plane）に区別される（TMR は基本的に CPP 配置である）．CIP-GMR および TMR は，磁気記録の再生ヘッドや磁気センサとしてすでに利用されている．

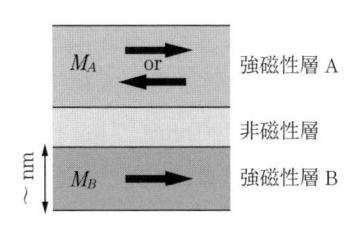

図 5.11 スピントロニクスの基本となるナノスケールの積層構造

スピン注入現象やスピントランスファー現象も，スピントロニクスにとって重要な現象であり，最近特に研究の発展が著しい．スピン注入とは，一般的に外界からなんらかの手段でスピンを注入することによって，非磁性体中にスピン偏極した状態（非平衡状態）を作り出すことをいう．最もよく使われる注入手段は，強磁性体を用いた電気的なスピン注入である．図 5.12 に示されるように，強磁性体と非磁性体からなる素子構造を考える．強磁性体の電極 A と電極 B の間に電流を流すと，強磁性体から非磁性体にスピン偏極した電流が流れ込み，非磁性体中においてもある距離までスピン偏極した電流を流すこと

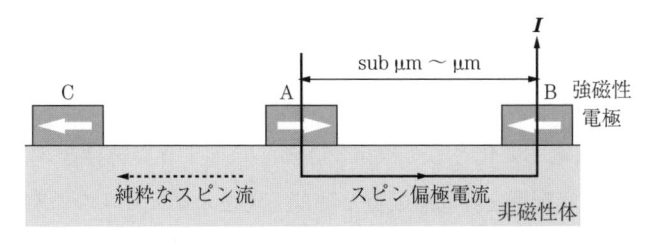

図 5.12 強磁性体から非磁性体への電気的スピン注入

ができる．スピン偏極は，強磁性電極からの距離とともに緩和し，指数関数的に減衰する．非磁性体中でスピン偏極が及ぶ距離はスピン拡散長と呼ばれ，多くの場合 100 nm 〜 1 μm 程度である．電極間距離がスピン拡散長より短ければスピン偏極は片側の電極に到達し，伝導にスピン依存性が現れ，磁化配置によって電極間の電気抵抗が変化する．これは前に述べた GMR と物理的にまったく同等の現象である．ただし，通常の GMR が図 5.11 に示すような積層構造で見られるのに対し，図 5.12 では非磁性薄膜の面上に強磁性電極が配置されているという，デバイス構造が異なっているに過ぎない．

スピン注入によって作られたスピン偏極は，角運動量の授受を通してさまざまな物理量に変換する．このことを一般にスピントランスファーと呼ぶ．スピントランスファーによって，スピン偏極は外界に対して作用を及ぼす．その最も典型的な例が，スピン偏極電流と強磁性層の磁気モーメントとの間に相互作用が生じ，磁気モーメントにトルクが発生する（いわゆるスピントルク）現象である．スピントルクによって，CPP-GMR 素子あるいは TMR 素子における電流誘起磁化反転（スピン注入磁化反転ともいう）や高周波発振，強磁性細線における磁壁の電流駆動などが観測される．電流誘起磁化反転は，磁気ランダムアクセスメモリ（MRAM）の書込み技術として期待されている．

最近，スピントロニクス分野では，電流と異なる概念としてスピンの流れ，すなわち「スピン流」が注目されている[42]．図 5.12 において，電極 A–B 間には電流とともにスピン流が流れているが，電極 A の左側では，電流は流れないが，スピン流のみが流れている．電流を伴わない，いわば純粋なスピン流ということができる．ここでは，同数の上向きスピンの電子と下向きスピンの電子が逆方向に動き，電流は相殺しゼロになるが，スピン流は存在している．図 5.12 にあるように，純粋なスピン流は，磁性電極 C を置くことにより，磁化配置に依存した電圧変化として検出できる．このような純粋なスピン流を生成・検出する電極配置を非局所配置と呼び，現在スピントロニクスで重要なデバイス構造となっている．純粋スピン流は，非局所配置だけではなく，スピンホール効果やスピンポンピング，スピンゼーベック効果などを用いて生成する

こともでき，多くの研究が行われている．特に，スピンゼーベック効果はスピントロニクスに熱流という概念を導入し，新たにスピンカロリトロニクスと呼ばれる分野が誕生している[43]．

（3） スピントロニクスで用いられる材料　スピントロニクスで用いられる強磁性材料としては，Fe，Co，Niを基本とした3d遷移金属・合金（パーマロイやCoFe，アモルファスCoFeBなど）が多く用いられている．しかし，より高い性能を求めて，さまざまな材料の研究が行われている．その代表的な例として，伝導電子のスピン偏極率が100％の物質，いわゆるハーフメタルが挙げられる．図5.13にハーフメタルのバンド構造を模式的に示す．一方のスピンのバンドはフェルミ面で状態密度を持ち，金属的であるが，もう一方のスピンのバンドはバンドギャップにフェルミ面があり，絶縁体的である．スピン偏極率が100％であるので，ハーフメタルを電極として用いれば，高いスピン注入効率が期待できる．ハーフメタルの具体的例としては，種々のホイスラー合金（NiMnSbやCo_2MnSiなど）や酸化物（Mn系ペロブスカイトやマグネタイトなど）が挙げられる．

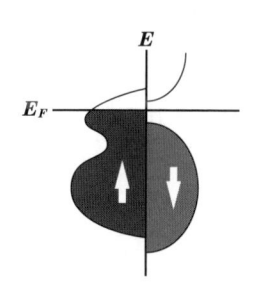

図5.13　ハーフメタルのバンド構造

ここで，スピン偏極率とTMRの関係について考えよう．TMRの抵抗変化率は，一般につぎのように表されることが知られている．

$$\frac{R_{AP}-R_P}{R_P} = \frac{2P_A P_B}{1-P_A P_B} \tag{5.23}$$

ここで，R_PおよびR_{AP}はそれぞれ二つの強磁性電極の磁化が平行状態および反平行状態の場合の電気抵抗，P_AおよびP_Bはそれぞれ二つの強磁性電極の伝導電子のスピン偏極率である．したがって，一般に伝導電子のスピン偏極率が高いほど，抵抗変化率は大きくなる．Fe，Co，Niを基本とした3d遷移金属・合金のスピン偏極率はたかだか40～50％程度であり，式（5.23）から抵抗変化率の上限は70％程度であることがわかる．実験的にも，トンネル障壁となる絶縁体材料としてアモルファスAl-Oを用いた場合は，70％程度が限界であ

ることが知られている．しかし，ハーフメタルを電極に用いれば非常に大きな（原理的には無限大の）抵抗変化率が期待できる．実際に，ホイスラー合金を電極としたTMR素子で，数百％におよぶ抵抗変化率が報告されている．

TMR素子では，絶縁体材料として結晶質のMgOを用いると，ハーフメタルを用いなくても，CoFeなどの通常の3d遷移金属・合金電極において，数百％に及ぶ抵抗変化率が得られることが知られている．これは，MgOがスピンフィルタの役割をして，スピン偏極率が実効的に増大することに起因している．MgOを用いたTMR素子は磁気記録の再生ヘッドに利用されている．しかし，トンネル効果を用いるため，抵抗値を下げるのが困難であるという問題があり，次世代のヘッド材料としては，ハーフメタルを用いたCPP-GMR素子が注目されている．

ハーフメタルに加え，スピントロニクス分野で重要な強磁性材料として，薄膜化したときに垂直磁化を示す，磁気異方性の大きな材料が挙げられる．垂直磁化は，以下のような利点があるため，デバイスの高集積化に有利である．

（1）磁気異方性が高いので，微小化しても磁化が熱揺らぎの影響を受けにくい．

（2）比較的低い電流値で，電流誘起磁化反転を起こすことができる．

（3）形状の影響を受けにくいので，素子のアスペクト比を任意に設計できる．

垂直磁化を示す材料の具体例としては，TbFeCoなどの希土類-遷移金属系アモルファス合金，Ni/Coなどの金属人工格子，FePt，FePd，CoPtなどのL1$_0$型規則合金などが挙げられる．これらの垂直磁化膜を用いたTMR素子が，MRAMのメモリーセルとして期待されている．

(In,Mn)Asや(Ga,Mn)Asなどに代表される強磁性半導体も，重要な材料である．しかし，キュリー温度が低いことが，実用化に対する大きな障害になっている．高いキュリー温度を示す強磁性半導体作製の試みが，現在も続けられている[44]．

（4）**スピントロニクスデバイス**　スピントロニクスのデバイス応用として最も代表的な例は，GMR/TMRを利用したHDDの再生ヘッドである．

GMR/TMR はハードディスク（HDD）の記録密度の飛躍的向上をもたらした。

MRAM も重要な応用の一つであり，すでに製品化されている．しかし，どれだけの市場規模を獲得できるかは，今後の技術開発（高集積化）にかかっている．

スピントランジスタはまだ基礎的な研究開発の段階ではあるが，最もスピントロニクスらしいデバイスということができる．なぜなら，すでに実用化されている GMR/TMR ヘッドや MRAM は基本的には 2 端子素子であるのに対し，スピントロニクスの大きな目標は，磁性体の記憶機能と半導体の論理機能の融合であり，そのためには第三電極による制御が不可欠で，まさにそれがスピントランジスタだからである．スピントランジスタが実現できれば，再構成可能な論理回路など，さまざまな応用展開が期待される．

スピントランジスタには，2 次元電子系における Rashba 形スピン軌道相互作用を利用したスピン電界効果トランジスタ（スピン FET），金属-酸化物-半導体電界効果トランジスタ（MOSFET）の電極を強磁性体に置き換えたスピン MOSFET，ホットエレクトロントランジスタの構造の一部に磁気抵抗素子を組み込んだスピンバルブトランジスタなど，さまざまなタイプがある．いずれの場合でも，半導体におけるスピン注入とスピン制御がキーテクノロジーとなっている[44]．

演 習 問 題

（1） 式 (5.9)〜式 (5.11) より，磁性薄膜における動的磁化過程を与える運動方程式である式 (5.12) を導出せよ．

6 磁気デバイスの解析

6.1 磁気回路

6.1.1 磁気抵抗とインダクタンス

透磁率 μ, 磁路の断面積 A, 平均磁路長 l の磁心の磁路方向に一様に磁束が通っている図 6.1 (a) の磁心を考える。磁心の磁化特性を表す関係式 $B=\mu H$ の両辺に磁心の断面積 A を乗じると, $H=NI/l$ の関係を用いて

$$\Phi = NI \cdot \frac{\mu A}{l} = \frac{\mathscr{F}}{\mathscr{R}} \quad [\mathrm{Wb}] \tag{6.1}$$

の関係を得る。ここで, $\Phi\,(=BA)$ は磁束, $\mathscr{F}\,(=NI)$ は起磁力, $\mathscr{R}$ は**磁気抵抗** (reluctance) と呼ばれ, 以下のように定義されている。

$$\mathscr{R} = \frac{l}{\mu A} \quad [\mathrm{A/Wb}] \tag{6.2}$$

式 (6.1) は磁化特性を密度量の関係 $B=\mu H$ から, 個々の磁心の大きさを考慮した積分量の関係に書き直したもので, 磁気回路のオームの法則と呼ばれ,

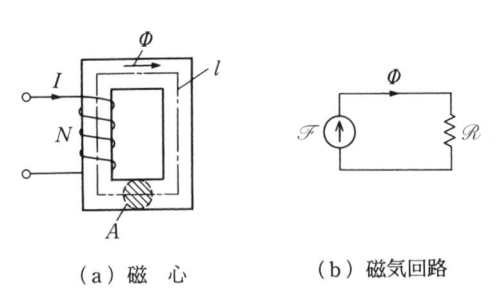

(a) 磁 心 　　　(b) 磁気回路

図 6.1 磁心と磁気回路

電気回路に倣って図（b）のような回路表現が用いられている。式 (6.1) の両辺に巻数 N を乗じると磁束鎖交数 Ψ（$=N\Phi$）と電流 I の関係となる。

$$\Psi = \frac{N^2}{\mathscr{R}} I = LI \quad [\text{Wb}] \tag{6.3}$$

ここで，比例定数 L はインダクタンスといい，単位は [H] である。

$$L = \frac{N^2}{\mathscr{R}} = N^2 \frac{\mu A}{l} \quad [\text{H}] \tag{6.4}$$

磁気回路に蓄えられるエネルギーは，磁束と磁気抵抗または電流とインダクタンスを用いることによって，以下のように記述される。

$$W_m = Al \int H dB = \int \mathscr{F} d\Phi = \int \mathscr{R} \Phi d\Phi \quad [\text{J}] \tag{6.5}$$

または

$$W_m = Al \int H dB = \int I d\Phi = \int L I dI \quad [\text{J}] \tag{6.6}$$

磁化特性が線形（μ 一定）ならば，式 (6.5) は $\Phi^2 \mathscr{R}/2$，式 (6.6) は $LI^2/2$ となる。電気回路では $I^2 R$ [W] はジュール損で熱として失われるが，磁気回路の $\Phi^2 \mathscr{R}$ [J] は蓄積エネルギーである。両者の間に相似性はあるが，同じではないことに注意が必要である。

6.1.2　複合磁気回路

図 6.2 (a) のギャップ（空隙，gap）付き磁気回路（電力分野ではギャップ付きリアクトルまたは単にリアクトルという）で，ギャップにおける磁束の広がりを無視すると，磁心とギャップの磁気抵抗はそれぞれ $\mathscr{R}_i = l_i/(\mu_i A)$，$\mathscr{R}_g = l_g/(\mu_0 A)$ である。ただし μ_i は磁心の透磁率である。両者は図 (b) のような

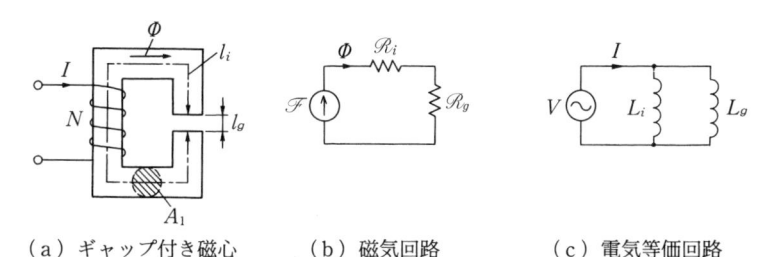

（a）ギャップ付き磁心　　（b）磁気回路　　（c）電気等価回路

図 6.2　直列磁気回路の例

直列磁気回路なので，起磁力を加えたときの磁束は式 (6.1) から

$$\Phi = \frac{NI}{\mathcal{R}_i + \mathcal{R}_g} \tag{6.7}$$

となる。Φ および I を実効値のフェーザとし，式 (6.7) の両辺に $j\omega N$ を乗じると，左辺は印加電圧 V に等しい。また右辺を整理することにより以下の等式となる。

$$V = j\omega N\Phi = \frac{I}{\dfrac{\mathcal{R}_i}{j\omega N^2} + \dfrac{\mathcal{R}_g}{j\omega N^2}} = \frac{I}{\dfrac{1}{j\omega L_i} + \dfrac{1}{j\omega L_g}} \tag{6.8}$$

ここで，L_i，L_g はそれぞれ磁心およびギャップのインダクタンスである。すなわち直列の磁気回路は，図 (c) に示すように並列の電気回路で表される。

図 6.3 (a) の並列磁気回路でそれぞれの磁気回路の磁気抵抗を $\mathcal{R}_1$，$\mathcal{R}_2$ とすると，等価磁気抵抗は図 (b) から $\mathcal{R} = 1/(1/\mathcal{R}_1 + 1/\mathcal{R}_2)$ なので，インダクタンスは

$$L = \frac{N^2}{\mathcal{R}} = \frac{N^2}{\mathcal{R}_1} + \frac{N^2}{\mathcal{R}_2} = L_1 + L_2 \tag{6.9}$$

となり，図 (c) の直列電気回路で表すことができる。以上のような関係が成り立つのは，磁気回路と電気回路とはたがいに双対の関係にあるからである。複雑な磁気回路から等価な電気回路を得る手法は文献（1）に詳しい解説がある。

図 6.2 のリアクトルでギャップに蓄えられるエネルギーを W_g，磁心のそれを W_i とすると，これらの比は次式のように比透磁率 μ_s と磁路長の比に比例す

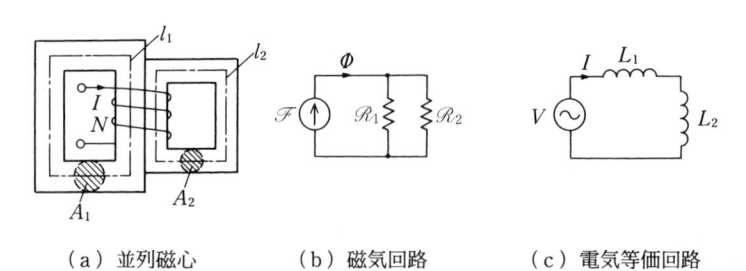

（a）並列磁心　　　（b）磁気回路　　　（c）電気等価回路

図 6.3 並列磁気回路の例

る。

$$\frac{W_g}{W_i} = \frac{\mu_i}{\mu_0} \cdot \frac{l_g}{l_i} = \mu_s \cdot \frac{l_g}{l_i} \tag{6.10}$$

通常のリアクトルでは $\mu_s \doteqdot 10^3 \sim 10^4$，$l_g/l_i \doteqdot 10^{-2} \sim 10^{-3}$ の程度なので，ごく小さいギャップ中にほとんどの磁気エネルギーが蓄えられることになる。換言すればギャップ付き磁心の磁気特性は，ギャップの性質によって決まるといってさしつかえない。

6.1.3 磁気エネルギーと機械的仕事

図 6.4 に示す**プランジャマグネット**（plunger magnet）のように，磁気回路が可動部を含むような場合には，磁気エネルギーの一部は機械的仕事に変換される。この場合，磁気抵抗またはインダクタンスは位置 x の関数となり，したがって磁気エネルギーも x の関数となる。磁気回路を線形とすると発生する力 f は以下のようになる。

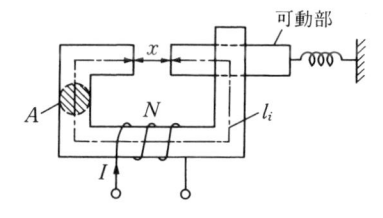

図 6.4 プランジャマグネット

磁束 Φ が与えられた場合（電圧源励磁）

$$f = -\frac{\Phi^2}{2} \cdot \frac{d\mathscr{R}(x)}{dx} \quad [\text{N}] \tag{6.11}$$

電流 I が与えられた場合（電流源励磁）

$$f = \frac{I^2}{2} \cdot \frac{dL(x)}{dx} \quad [\text{N}] \tag{6.12}$$

モータのように磁気回路の一部が回転するような構造の場合には，x の代わりに角度 θ の関数で磁気エネルギーを表せばトルクを求めることができる。

6.2 磁心の等価回路

6.2.1 磁心の損失

磁心に損失があると，交流電源で励磁した場合，磁界の変化に磁束が即応できず，遅れ角 δ（＝**損失角**：loss angle）を生じる。この場合磁界，磁束密度お

よび磁路の単位面積当りの磁束変化に見合う交流電圧（$=dB/dt$）の関係は，磁化特性を線形とすると図6.5のようになる。ただし，θ（$=\pi/2-\delta$）は力率角である。

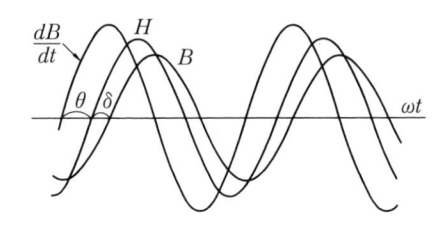

図6.5 H，BおよびdB/dtの関係

図6.5のHとBを$H=H_m\varepsilon^{j\omega t}$，$B=B_m\varepsilon^{j(\omega t-\delta)}$のように表すと，透磁率は次式のように複素数で表示される。これを**複素透磁率**（complex permeability）という。

$$\mu=\frac{B}{H}=\frac{B_m}{H_m}\varepsilon^{-j\delta}=\frac{B_m}{H_m}(\cos\delta-j\sin\delta)\equiv\mu'-j\mu'' \quad (6.13)$$

実部μ'が通常透磁率といっているものに相当する。虚部μ''は損失角δのために生じたもので，磁心の損失の目安になるものである。虚部と実部との比をとると，定義によりつぎの関係を得る。

$$\frac{\mu''}{\mu'}=\tan\delta \quad (6.14)$$

$\tan\delta$を**損失係数**（loss factor）と呼び，この値が小さいほど優れた磁心ということで交流特性の良否の目安としている。$\tan\delta$の逆数をQで表し**性能指数**（figure of merit）という。

単位体積当りの磁心の損失W_i（＝**鉄損**：iron loss）は$H=H_m\sin\omega t$，および$B=B_m\sin(\omega t-\delta)$とおくと次式のようになる。

$$W_i=\frac{1}{T}\int_0^T H\cdot\frac{dB}{dt}dt=\frac{\omega H_m B_m}{2}\sin\delta=\frac{\omega H_m B_m}{2}\cos\theta \ \ [\text{W}/\text{m}^3] \quad (6.15)$$

$\tan\delta$と鉄損の関係は式(6.15)を変換して，つぎのように求められている[(2)]。

$$W_i=\frac{\omega B_m^2}{2\mu'}\cdot\frac{\tan\delta}{1+\tan^2\delta} \ \ [\text{W}/\text{m}^3] \quad (6.16)$$

鉄損W_iはヒステリシス損W_hと**動的損失**（dynamic loss）W_dからなり，動的損失は渦電流損W_e，残留損W_rなどに分けられる。簡単のため以下の議論では1周期当りのヒステリシス損は，直流ヒステリシス曲線の囲む面積で決まると仮定し，鉄損からヒステリシス損を差し引いた分を動的損失としている。

金属磁心では，動的損失はほとんど渦電流損 W_e が占めている（渦電流損については 2.6.1 項を参照）。

一方，フェライト磁心では抵抗率が金属磁心に比べ桁違いに大きいため渦電流はほとんど無視できる。それにもかかわらず高周波で損失が急増するのは，残留損失のためと考えられているが，現在研究中の課題である。

6.2.2 磁心の等価回路表現

複素透磁率（$\mu = \mu' - j\mu''$）を式 (6.2) に代入すると，磁気抵抗も次式のように複素数表示され，磁気回路としては図 6.6（a）のように表現される。

$$\mathscr{R} = \frac{l/A}{\mu' - j\mu''} = \mathscr{R}' + j\mathscr{R}'' \tag{6.17}$$

ただし，$\mathscr{R}' = \dfrac{\mu'}{\mu'^2 + \mu''^2} \times \dfrac{l}{A}$, $\mathscr{R}'' = \dfrac{\mu''}{\mu'^2 + \mu''^2} \times \dfrac{l}{A}$

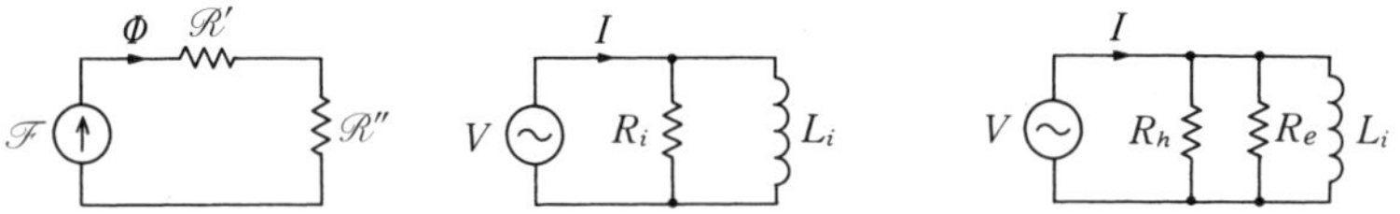

（a）磁気回路　　（b）電気等価回路（I）　　（c）電気等価回路（II）

図 6.6　損失のある磁心の等価回路

式 (6.17) を式 (6.1) に代入し，各変数を実効値フェーザとして両辺に $j\omega N$ を乗じると以下の関係を得る。

$$V = j\omega N \Phi = \frac{I}{\dfrac{\mathscr{R}'}{j\omega N^2} + \dfrac{\mathscr{R}''}{\omega N^2}} \tag{6.18}$$

式 (6.18) の分母第 1 項にある $\mathscr{R}'/N^2$ の逆数 $N^2/\mathscr{R}'$ はインダクタンスなのでこれを L_i，同様に第 2 項の $\omega N^2/\mathscr{R}''$ は抵抗の次元を持つのでこれを R_i とおくと，式 (6.18) は式 (6.19) のように書くことができ，損失を持つ磁心は図（b）のように**鉄損抵抗**（iron loss resistance）R_i とインダクタンス L_i の並列回路で示すことができる。

$$V = \frac{I}{\frac{1}{j\omega L_i} + \frac{1}{R_i}} \tag{6.19}$$

先に述べたように，鉄損はヒステリシス損と動的損失（金属ではおもに渦電流損）からなるので，前者を**等価ヒステリシス抵抗**（equivalent hysteresis resistance）R_h，後者を**等価渦電流抵抗**（equivalent eddy current resistance）R_e で代表させると，図 6.6（c）のようになる。R_h と R_e との並列合成値が図（b）の R_i である[3]。

ここで，等価渦電流抵抗 R_e と 2.6.2 項で定義したパラメータ s の関係を考える。

$$W_e \times Al = \frac{V^2}{R_e} \quad \text{[W]} \tag{6.20}$$

$V = \sqrt{2}\,\pi f B_m AN$ なので，これを式 (6.20) に代入するとつぎの関係を得る。

$$W_e \times \frac{R_e l}{AN^2} = 2(\pi f B_m)^2 \tag{6.21}$$

式 (6.21) を式 (2.79) と比較することによりつぎの関係を得る。

$$R_e = N^2 \frac{sA}{l} \quad \text{[}\Omega\text{]} \tag{6.22}$$

s は図 2.22 および図 2.23 に示したように周波数や磁束密度に対して複雑に変化するので，R_e は定数ではないことに注意する必要がある。式 (6.22) はインダクタンスを表す式 (6.4) の μ を s に置き換えたものであることを思うと，s は透磁率と同様に磁心の特性を決める重要なパラメータであるといえる。

6.3 有限要素法

電気機器の解析・設計において，機器内部の電磁界分布を知ることはきわめて重要である。電磁界の振る舞いは，マクスウェルの方程式で説明可能であることはよく知られているが，この微分方程式を解析的に解くことは一般に困難である。これに対して，有限要素法は解析的に解くことが難しい微分方程式の解を近似的に求める，いわゆる数値解析手法の一つである。

有限要素法では，解析領域全体を要素と呼ばれる小さな領域に分割して，隣接する要素辺あるいは節点間のポテンシャルを一次関数で近似し，これらの関数が場の微分方程式（支配方程式）を満たす条件の下で連立して解くことにより，電磁界分布を求めることができる。

渦電流まで考慮した電磁界の支配方程式は，マクスウェルの方程式とその構成方程式から次式のように求められる。

$$\mathrm{rot}(\nu \,\mathrm{rot}\, \boldsymbol{A}) = \boldsymbol{J}_0 + \boldsymbol{J}_e + \nu_0 \,\mathrm{rot}\, \boldsymbol{M} \tag{6.23}$$

$$\boldsymbol{J}_e = -\sigma\left(\frac{\partial \boldsymbol{A}}{\partial t} + \mathrm{grad}\,\phi\right) \tag{6.24}$$

$$\mathrm{div}\,\boldsymbol{J}_e = 0 \tag{6.25}$$

ここで，$\boldsymbol{A}$ は磁気ベクトルポテンシャル，ϕ は電気スカラポテンシャル，$\boldsymbol{J}_0$ は強制電流密度，$\boldsymbol{J}_e$ は渦電流密度，$\boldsymbol{M}$ は永久磁石の磁化，ν は磁気抵抗率，ν_0 は真空の磁気抵抗率，σ は導電率である。磁気ベクトルポテンシャル $\boldsymbol{A}$ と電気スカラポテンシャル ϕ について，個々の要素内で式 (6.23) ～式 (6.25) を満たす一次関数を求めれば，全体の電磁界分布は，これら一次関数の集合体として表される。

有限要素法は，コンピュータの高性能化とも相まって著しい発展を遂げている。今日ではプリ・ポスト機能が充実した汎用の電磁界解析プログラムが多数市販されており，電気機器の解析・設計に欠かせないツールになっている。なお，有限要素法のより詳しい解説については，すでに多くの専門書[4]が出版されていることから，そちらに委ねることにする。

6.4 磁気回路網法

磁気回路法は，起磁力と磁束の関係を集中定数回路で取り扱うことにより，機器内部の磁気現象を巨視的に解析する手法である。その歴史は古く，1911年に McGraw-Hill から出版された「The Magnetic Circuit」[5] の中で，起磁力を電圧，磁束を電流に対応させると，電気回路におけるオームの法則と同じ関係が，起磁力と磁束の間にも成り立つことがすでに述べられている。1950年代

142　　6. 磁気デバイスの解析

以降になると，パーソナルコンピュータの普及に伴い，トランスやアクチュエータなどの数値解析に磁気回路法が用いられるようになり[6]~[8]，現在でも電気機器の大略的な解析・設計に有用な手法として利用されている。

ここで磁気回路法というと，有限要素法と比較して，簡素な解析モデルを用いて大略的な解を得る手法といったイメージがあるが，解析領域を複数の要素に分割して，それらを2次元あるいは3次元の磁気回路で表し，全体を一つの磁気回路網としてモデル化すれば，磁心形状や磁束分布が複雑な磁気デバイスについても精度良く解析することができる。このような磁気回路網法に関する研究は，わが国においても盛んであり，多くの研究成果が報告されている[9]~[11]。

その中でも，1990年代初めに田島，一ノ倉らにより提案されたリラクタンスネットワーク解析（reluctance network analysis，略してRNA）は[12],[13]，特に非線形性の強い磁気デバイスの解析に適しており，電気回路との連成解析も容易であることから，磁気デバイス内部の磁気現象から電気・電子回路の挙動まで，同時に解析可能な手法として有用である。最近のスイッチング電源やモータドライブシステムにおいては，周辺の電気・電子回路や運動系，熱系などを含めた全体を解析・設計できる手法が重要視されているが，RNAはこのようなシステムの統一的な解析・設計にも適用できる。

ここでは，RNAの基礎となる非線形磁気抵抗の導出法，ならびに電気回路との連成解析手法について述べ，次いで，RNAモデルの導出法と永久磁石モータの解析事例について紹介する。

6.4.1　非線形磁気抵抗の導出および連成解析手法

いま，図6.7（a）に示すように，断面積A，磁路長l，透磁率μの環状鉄心に巻数Nの巻線が施され，電流iが流れているものとする。このとき，起磁力Niと磁束ϕの間には，磁気抵抗Rを用いて，つぎのような関係式が成り立つ。

$$Ni = R\phi \tag{6.26}$$

非線形磁気特性を考慮する場合には，磁心材質のB-H曲線を適当な非線形

6.4 磁気回路網法

(a) 環状鉄心　　(b) 磁気回路

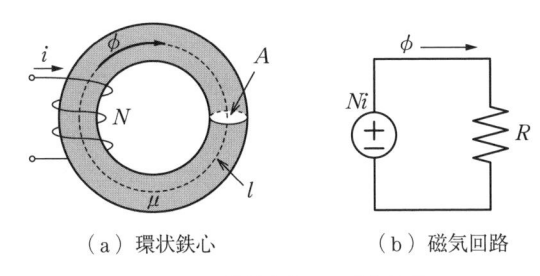

図 6.7　環状鉄心とその磁気回路

関数で表せば良い。例えば、図 6.7 に示した環状鉄心の材質の B-H 曲線が、図 6.8 で与えられたとする。これをつぎのような関数で近似する。

$$H = \alpha_1 B + \alpha_n B^n \tag{6.27}$$

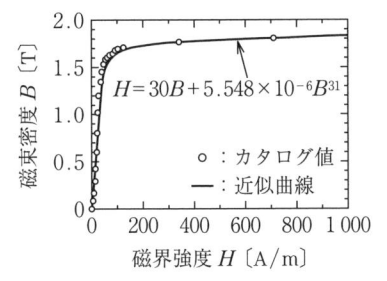

図 6.8　材質の B-H 曲線とその近似曲線

ここで、α_1, α_n は係数である。次数 n は 3 以上の奇数であり、一般に B-H 曲線の非線形性が強いほど大きな値になる。図 6.8 では $n = 31$ である。

環状鉄心の断面積 A、磁路長 l を用いれば、式 (6.27) はつぎのように表される。

$$Ni = \frac{\alpha_1 l}{A}\phi + \frac{\alpha_n l}{A^n}\phi^n \quad \left(ここで、\ R = \frac{\alpha_1 l}{A} + \frac{\alpha_n l}{A^n}\phi^{n-1} \right) \tag{6.28}$$

したがって、式 (6.28) を用いれば、非線形性磁気特性を考慮した磁気回路の計算が可能になる。しかしながら、磁気回路が複雑になった場合には高次の非線形連立方程式を解くことになり、一般に計算が困難になる。このような場合には、SPICE などに代表される汎用の回路シミュレータの利用が便利である。

図 6.9 に，SPICE における非線形磁気抵抗モデルを示す。式 (6.28) の右辺第 1 項は図中の線形抵抗で表され，第 2 項は非線形従属電源で表される。さらに，図 6.10 (a) に示す環状鉄心に電気回路が接続された回路を SPICE 上でモデル化する場合には，図 (b) のように電気回路と磁気回路を分離し，二つの従属電源 E_1 と H_1 を用いて両回路を結合すれば良い。図において，H_1 は巻線電流 i から起磁力 Ni を与える従属電源であり，E_1 は磁束 ϕ から逆起電力 e' を与える従属電源である。

図 6.11 に，シミュレーションによって求めた電圧，電流の計算波形と，実験により得られた観測波形を示す。この図を見ると，両者は良好に一致してお

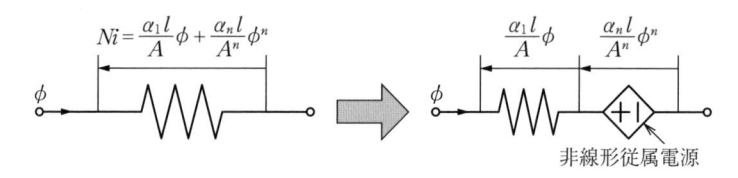

図 6.9 SPICE における非線形磁気抵抗モデル

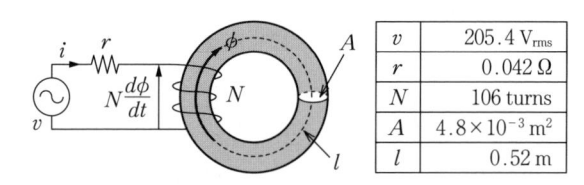

（a）環状鉄心に電気回路を接続した回路

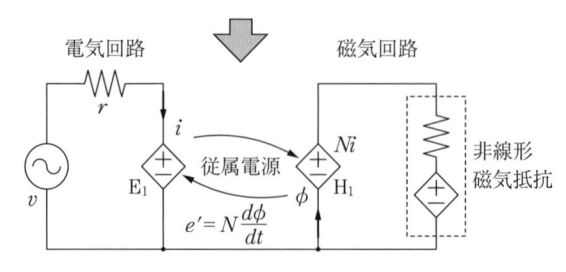

v	205.4 V_{rms}
r	0.042 Ω
N	106 turns
A	4.8×10^{-3} m^2
l	0.52 m

（b）SPICE におけるモデル化

図 6.10 電気-磁気連成回路モデル

6.4 磁気回路網法　　145

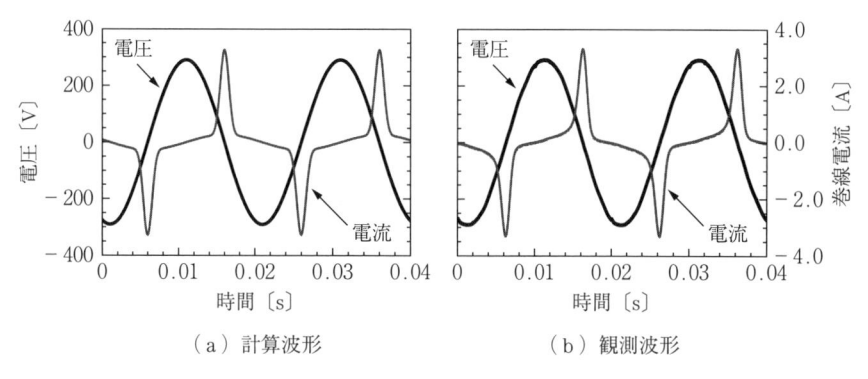

(a) 計算波形　　(b) 観測波形

図 6.11　電圧・電流波形の比較

り，磁気飽和に起因する電流の鋭いピークもよく模擬されていることがわかる。

6.4.2　RNA モデルの導出法

ここでは，図 6.12 に示すような巻数 N の角形磁心を用いて，2 次元 RNA モデルの導出法について説明する。まず，図に示すように，角形磁心を複数の直方体要素に分割する。次いで，分割した各々の要素を図 6.13 に示すような，2 次元方向の四つの磁気抵抗で表す。このとき，x 軸および y 軸方向の磁気抵抗 R_x，R_y は，式 (6.28) に基づき要素寸法と材料の B-H 曲線から次式で表される。

$$R_x = \frac{\alpha_1 l_x}{2 l_y l_z} + \frac{\alpha_n l_x}{2 (l_y l_z)^n} \phi^{n-1}, \quad R_y = \frac{\alpha_1 l_y}{2 l_x l_z} + \frac{\alpha_n l_y}{2 (l_x l_z)^n} \phi^{n-1} \quad (6.29)$$

一方，磁心外空間の磁気抵抗は，要素寸法と真空の透磁率 μ_0 から次式で与える。

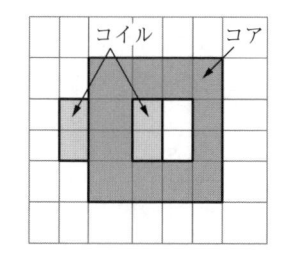

図 6.12　RNA による要素分割　　図 6.13　要素の磁気回路

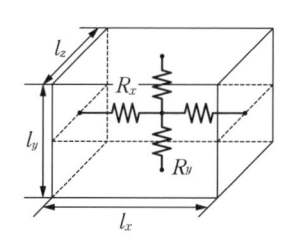

$$R_{x\_air} = \frac{l_x}{2\mu_0 l_y l_z}, \quad R_{y\_air} = \frac{l_y}{2\mu_0 l_x l_z} \quad (6.30)$$

最後に巻線電流による起磁力 Ni は，巻線の施されている磁心脚部の中心に配置する．図 6.14 に，以上のようにして導出した 2 次元 RNA モデルを示す．この RNA モデルを用いれば，複雑な磁心形状や漏れ磁束を考慮した解析が可能になる．

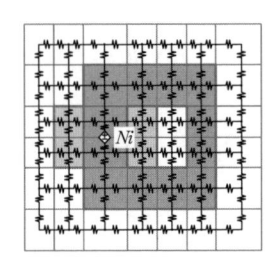

図 6.14　2 次元 RNA モデル

6.4.3 永久磁石モータの特性算定例[14],[15]

従来，磁気回路法は静解析に用いられる場合が多く，モータの回転運動を考慮した動解析に適用された例はほとんどない．ここでは，RNA による回転子の回転運動を考慮した永久磁石モータの特性算定について述べる．

図 6.15 に，3 相 4 極 24 スロット分布巻の永久磁石モータを示す．前項で述べたように，永久磁石モータを複数の要素に分割し，2 次元 RNA モデルを導出する．図 6.16 に導出された RNA モデルの一部を示す．図中の Ni_u，Ni_v，Ni_w は巻線電流による起磁力であり，分布巻の巻線配置に基づき各相の起磁力の配置が決まる．f_c は永久磁石の起磁力であり，磁石の保磁力 H_c と磁石長 l_m を用いて，次式で与えられる．

$$f_c = H_c l_m \quad (6.31)$$

ここで，図 6.15 に示されるように磁石長 l_m は一定でないこと，および磁石の極性が周期的に切り替わることに着目し，永久磁石の起磁力をつぎのような回転子位置角 θ の関数で与える．

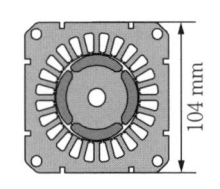

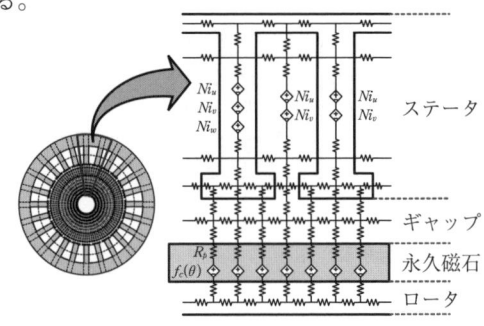

図 6.15　永久磁石モータ　　図 6.16　永久磁石モータの 2 次元 RNA モデルの一部

$$f_c(\theta) = H_c l_m \times \frac{2}{\pi} \tan^{-1}(b \sin 2\theta) \tag{6.32}$$

ここで，b は磁石の着磁分布に基づき決まる係数である。これにより，回転子の回転運動を磁気回路上における起磁力の変化によって表現することができる。

上述の RNA モデルに駆動回路と回転運動系を結合した電気-磁気-運動連成モデルを，図 6.17 に示す。本連成モデルは，SPICE などの回路シミュレータ上に構築することが可能である。

図 6.18 に，上記の連成モデルを用いて計算した永久磁石モータの始動から定常状態に至るまでの過渡解析の結果を示す。無負荷で起動した後に，負荷をランプ状に 2.0 N·m まで増加させている。このように，本連成モデルを用い

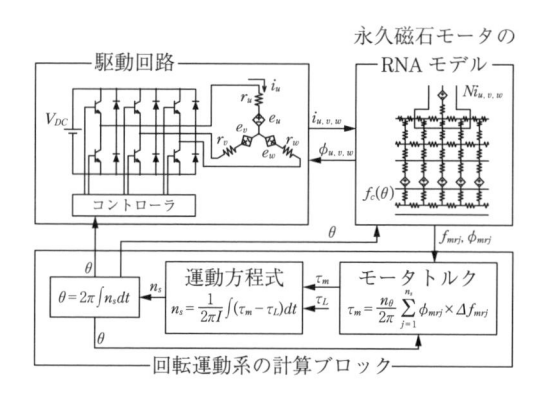

図 6.17 永久磁石モータの電気-磁気-運動連成モデル

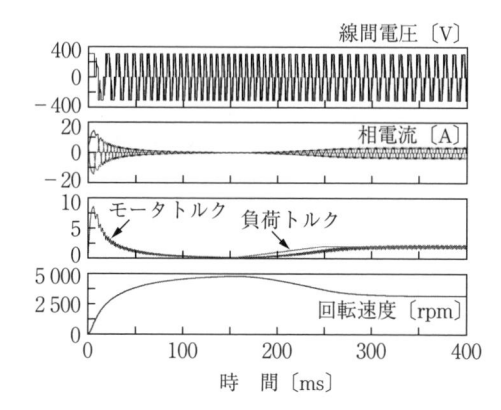

図 6.18 過渡解析の結果

ると，モータの起動や負荷変動も含めた過渡的な特性を解析することができる。

図 6.19 に，線間電圧と相電流の計算波形と観測波形を示す。これらの図を見ると，電圧・電流波形ともに両者はほぼ一致していることが了解される。

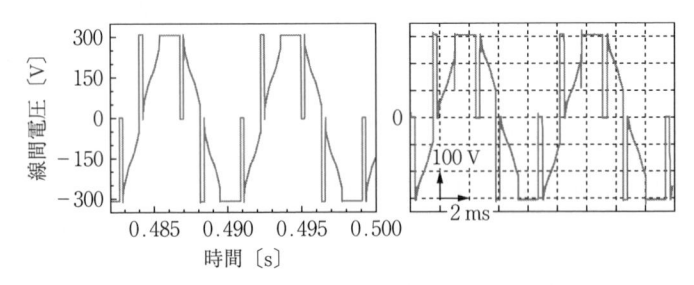

(a) 電圧波形 (左：計算波形，右：観測波形)

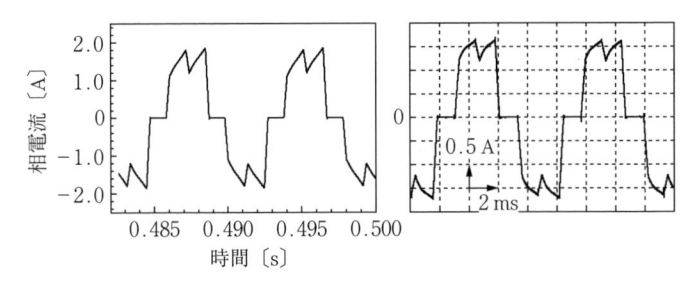

(b) 電流波形 (左：計算波形，右：観測波形)

図 6.19 電圧・電流波形の比較

演 習 問 題

(1) 式 (6.4) に複素透磁率を代入し，式 (6.16) と同様の手順で磁心の直列等価回路を求めよ。
(2) 比透磁率 5 000 の材料で，断面積 20 cm^2，平均磁路長 50 cm，ギャップ長 1 mm の磁気回路を作った。① この磁心の磁気抵抗を求めよ。② この磁心にコイルを 500 回巻いた場合のインダクタンスを求めよ。③ このコイルに電流 2 A を流した場合の磁束を求めよ。
(3) 図 6.4 のプランジャマグネットの吸引力を，① 磁束一定の場合および ② 電流一定の場合について求めよ。

7 パワーマグネティックス

7.1 磁気アクチュエータ

アクチュエータには磁気式,空気圧式,油圧式などその駆動方式によって,種々のものがあるが[1],[2],制御の容易さと入出力特性の多様性から,種々の**磁気アクチュエータ**(magnetic actuator)が提案され,実用に供せられている[3]。

磁気アクチュエータは,磁気回路を介して電気エネルギーを機械エネルギーに変換して操作を行うものであり,その特徴の一つは直接駆動方式にある。すなわち,駆動部と動力伝達装置を一体化させ,負荷を直接動かす方式である。運動の変換機構を持たないため,制御の高度化,高精度化が期待できる[4]。磁気アクチュエータとしては電磁ソレノイド,リニアモータなどがある。また,近年,半導体集積回路製造技術を基にした微細加工技術を用いて作製されたマイクロ磁気アクチュエータが,将来の発展を期待されている。以下でこれらの中からおもな磁気アクチュエータの動作について説明する。

7.1.1 電磁ソレノイド

可動鉄片を吸引・離脱させることによって操作を行わせる電磁石を**電磁ソレノイド**(electromagnetic solenoid)と呼び,鉄片がコイルの中を直線的に運動するプランジャがよく知られている。その動作は広く知られているので,説明は文献(5)に譲り,ここでは新しい応用の一例として,センサとアクチュエータが一体化した高機能形電磁ソレノイドである**感温電磁ソレノイド**[6]の動作を簡単に述べる。

図 7.1(a)には外鉄形感温電磁ソレノイドの構造を示す。ヨークと可動子は純鉄,ソレノイドの底部に位置する**感温磁性材料**(temperature sensitive magnetic material)はキュリー温度の低い磁性体でできている。また,励磁のために,永久磁石と巻線を兼ね備え,複合的な励磁方式も可能となっている。可動子は円滑な動作と密閉性を得るために黄銅のチューブ内に格納され,さらに制動力は可動子に取り付けたばねより得ている。ヨークと可動子間の磁束量は感温磁性材料の最大磁束密度の温度依存性を介して制御され,このため推力は温度の関数として得られる。

(a) 構 造　　(b) 温度-変位特性

図 7.1 感温電磁ソレノイド

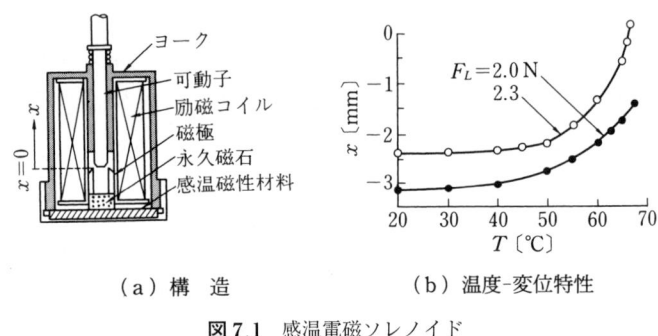

図(b)には温度-変位特性の測定例を示す。制動力 $F_L=2\,\text{N}$ の場合に,温度 $T=55\sim65\,°\text{C}$ の温度範囲で可動子変位が温度に対して比較的直線的に変化し,そのストロークは 2 mm と広くなっている。

この感温電磁ソレノイドの特徴は,(1)キュリー温度の上下において,磁束がゼロと有限の 2 値をとり,その変化率は無限大であること,(2)キュリー温度を安全な温度基準値として利用できること,(3)永久磁石をエネルギー源とすることにより,駆動電源を必要とせず,省エネルギー形で保守の容易なコントローラとなること,(4)感温磁性材料として,焼結体のフェライトを使用すれば湿気,有害ガスなどの雰囲気中においても安定動作が得られることなどにある。これらの特徴より,この電磁ソレノイドはキュリー温度を基準値とする過熱保護素子,温度スイッチ,液温の自動制御を行う感温バルブなどに応用できる。

7.1.2 リニアモータ

リニアモータは回転形モータを展開した構成であり，推力は電磁力または磁気力である点，回転形モータと変わりない．代表的な**リニアモータ**（linear motor）の動作を解説するが，詳細については文献(7)～(10)を参照されたい．

（1） リニア直流モータ　　図7.2は**リニア直流モータ**（linear DC motor）の動作原理を示す．同極同士を対向させた磁極間にヨークを配置し，磁束と電流をほぼ直交させコイルに1方向の力を発生させている．磁束の漏れが回転形のモータと比較して多いため効率は低くなるが，構造が簡単で保守・点検が容易である．磁界の発生に永久磁石を用いる永久磁石形は効率が高く，メカトロニクス用小形磁気アクチュエータとして実用されている．

ここでは永久磁石励磁形のリニア直流モータの一例として，図7.2に示すコイル可動形リニアモータの動作を簡単な仮定の下に解析しよう．図示のように，永久磁石から発生する磁束密度をB〔T〕，コイルを流れる電流をI〔A〕とすると，コイルの働く力すなわち**推力**（thrust）F〔N〕は次式で表される．

$$F = NIBL \quad [\text{N}] \tag{7.1}$$

ここで，Nはコイルの巻数，Lはコイルの長さ〔m〕である．また，N，B，Lはモータの機種が決まれば固有の定数とみなすことができる．したがって，$K_F = NBL$（推力定数）とおけば，推力は次式のように書ける．

$$F = K_F I \quad [\text{N}] \tag{7.2}$$

いま，式(7.2)の電磁力によって可動子コイルが移動すると，移動速度vに比例した電圧eがコイルに誘導される．すなわち次式を得る．

$$e = K_e v \quad [\text{V}] \tag{7.3}$$

上式において，K_eは逆起電力定数である．このときのリニア直流モータは，**図7.3**(a)に示すように，逆起電力eとコイル抵抗Rの直列回路で等価的に表現される．ここでEはモータ印加電圧である．

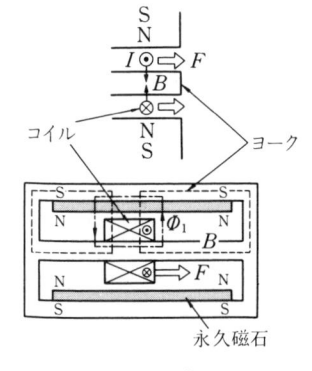

図7.2 リニア直流モータの動作原理

(a) 等価回路　　　　(b) 推力-速度特性

図 7.3　リニア直流モータの動作

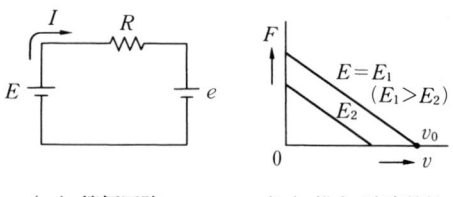

$$E = RI + e \quad \text{[V]} \tag{7.4}$$

式 (7.2)〜式 (7.4) より，リニア直流モータの推力は次式のように求まる．

$$F = \frac{K_F(E - K_e v)}{R} \quad \text{[N]} \tag{7.5}$$

図 (b) には式 (7.5) より求まる推力 - 速度特性を示す．リニア直流モータの推力は速度 $v = 0$ の始動推力から速度の増加に伴い直線的に減少し，ある一定速度において零となる．この速度を制限速度 $v_0 = E/K_e$ と呼ぶ．この特性は，モータが速度に比例するような粘性摩擦によって制動作用を受け，それ自身で系を安定化する機能があることを示していて，動作の安定を得る上で非常に大切な性質である．

(2) リニアパルスモータ[10]　　リニアパルスモータ (linear pulse motor) は，**図 7.4** に示すように，他のリニアモータとは異なり，固定子と可動子に歯を持ち，両者に働く磁気的な吸引力の進行方向成分を推力とするものである．いま可動子コイルにおのおのの位相が $\pi/2$ 異なるパルス電流を流すものとする．まず，図 (a) に示すように，電磁石 M_B にのみ電流を流す．電磁石 M_A の

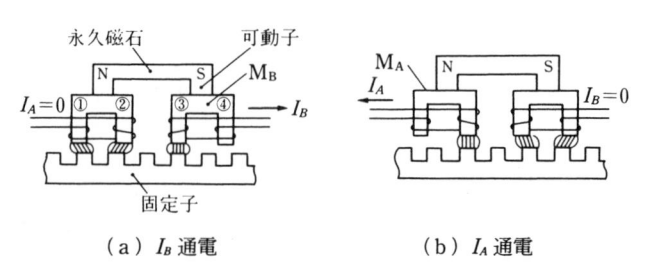

(a) I_B 通電　　　　(b) I_A 通電

図 7.4　リニアパルスモータの動作原理

極①と極②の磁束は永久磁石から発生する分だけであり，平衡している。一方，電磁石の極③と極④では，永久磁石からの磁束とパルス電流による磁束とが合成され，極③の磁束密度が高くなる。つぎに，電流の位相を$\pi/2$だけ進めると，図(b)の状態となり，極②の磁束密度が最も高くなる。このため，極②は固定子の歯に近づき，可動子は固定子に対して1/4ピッチだけ移動する。さらに順次電流位相を進めると，電流1サイクルで可動子は1ピッチ歩進する。可動子に働く推力Fは仮想仕事の原理より求めることができる。可動子がΔXだけ変位した場合の系の磁気エネルギーの変化分をΔWとすると，推力Fは次式より計算できる。

$$F = \frac{\Delta W}{\Delta X} = \frac{dW}{dX} \tag{7.6}$$

7.1.3 電磁ポンプ

電磁ポンプ（electromagnetic pump）は非接触で導電性流体を直接駆動できるため，完全密閉形ポンプとして原子力発電の冷却システムに応用され，また冶金工業において溶融金属の撹拌や自動注湯にも応用されている[11]。

電磁ポンプには直流電動機と同じ動作原理で推力を発生する導電形電磁ポンプと，誘導電動機と同じように交流磁束とそれによって流体中に生じる渦電流との相互作用で推力を発生する誘導形電磁ポンプがある。

図7.5には直流導電形電磁ポンプの構造を示す。管路内の導電性流体に直接電流I_yを流し，これと直角に磁束Φ_zを印加する。磁束密度と電流密度は均一でかつ駆動部外への磁束と電流の漏れはない理想的な電磁ポンプでは，発生ポンプ圧力P_xは次式となる。

$$P_x = \frac{\Phi_z I_y}{V_d} \quad [\text{N}/\text{m}^2] \tag{7.7}$$

ここで，V_dは駆動部の体積である。

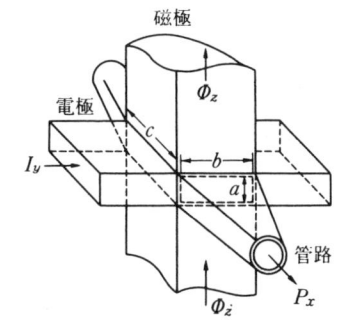

図7.5 直流導電形電磁ポンプの構造

7.1.4 磁 気 浮 上[12]

磁気浮上(magnetic levitation)には誘導電流による反発,制御電磁石による吸引,永久磁石による吸引または反発,超電導に基づく**マイスナー効果**(Meissner effect)による反発など種々の方式がある。

誘導反発浮上は電磁石を地上コイル上に走行させ,コイルに生じる誘導電流を利用して浮上力を得る方式であり,鉄道用リニアモータカーなどに応用される。この方式では浮上力は走行速度とともに増加し,浮上高さを大きくとれる点が特徴である。

制御電磁石による吸引浮上は支持物体と移動物体を磁気回路で結合し,電磁石の励磁電流を制御してギャップ距離を一定に保持する方式である。誘導反発浮上と異なり,停止時でも浮上させることができるが,ギャップ長は小さい。

永久磁石による浮上では,反発力を利用する場合には浮上物体を横方向に拘束することによって安定な力を得ることができる。また,吸引力の場合には不安定平衡点を利用するため,安定性に乏しい。このため制御電磁石と組み合わせる方式が用いられる。

超電導マイスナー効果による反発浮上は超電導の反磁性を利用して浮上力を得る方法である。これは,超電導体に磁石などによって外部から磁界を印加しても,磁束は内部に侵入しないで,磁力線がひずみ,磁石と超電導体との間に反発力が生じることを利用する浮上方式である。

7.1.5 マイクロ磁気アクチュエータ

(1) **マイクロ磁気アクチュエータの背景**　半導体集積回路製造の基本的技術は,微細パターンを基板へ転写するフォトリソグラフィと微細パターンを得るためのエッチングである。この技術を基本とし,発展させたマイクロマシーニング(微細加工)技術[13]により立体的構造を有する微小機械の作製が可能となった。マイクロマシーニング技術は立体構造の組立てまでを含めた一括多量生産を可能とするので,将来の重要な技術として注目を集めている。この技術を利用して直径数百 μm のマイクロ静電モータ[14]が試作されたことに端を発し,**マイクロマシン**(micromachine)の開発研究が盛んになっている。

7.1 磁気アクチュエータ

マイクロマシンの研究はアクチュエータとともにセンサやプロセッサを微小領域に詰め込み，限られた空間内で高度な働きをするマイクロロボットの開発を目指したものである。センサやプロセッサは μm のスケールで集積化が可能であるので，アクチュエータのマイクロ化が重要な技術課題となっている。これまでにマイクロアクチュエータ（microactuator）の駆動力としては，静電力，圧電力，熱膨張や熱ひずみの応力，電磁力などが利用されている。マイクロ化に当たっては，アクチュエータの小形化に伴って無視できなくなってくる表面摩擦力に打ち勝って大きな駆動力を得るために，**スケーリング則**（scaling effect）が考慮される。

スケーリング則とは，アクチュエータの構成要素の寸法と応力との関係を考慮するものである。例えばコンデンサの電極間に働く静電力は表面力であり，電磁力は磁性体の体積に関係する体積力である。アクチュエータの寸法が数 cm である場合，静電力に比べて数桁大きい電磁力が得られるが，数十 μm のオーダまで小さくなると表面力は寸法の2乗に比例して減少するのに対し，体積力は3乗で減少することから静電力が大きくなる。両駆動力を使い分けるべき実質的なアクチュエータの寸法は構造，加工の工程などを考慮すると 0.1 mm 程度であると評価されている[14]。

近年，マイクロモータをはじめ直進運動するマイクロアクチュエータを応用した外径 0.3 mm 角のマイクロバルブ[15]，Sm-Co 磁石小片を使って液体中を遊泳するアクチュエータ[16]，空中を飛行するアクチュエータ[17]，TbFe および SmFe 超磁歪薄膜を用いた走行形アクチュエータ[18] など，多くの興味ある提案がなされている。ここではすでに一部実用されているマイクロモータについて解説する。

（2） **マイクロモータ**　　高性能の希土類磁石が開発されたことを背景に，永久磁石を使用したステッピングモータのミニチュア技術によるマイクロ化が進められている。作製されている**マイクロモータ**（micromotor）はギャップを回転子の放射方向に持つラジアル形と，軸方向に持つアキシアル形に分けられる。

ラジアル形のマイクロモータとしては Sm-Co 磁石を使用した回転子直径 1

mm の腕時計用[19] のものがすでに実用化されているが，固定子は大きい。巻線を軸方向に配置し，ヨークを使用して磁束をラジアル方向に導きモータの細径化を図った試みも報告されている[20]。

回転子と固定子をギャップを介して軸方向に並べたアキシアル形のものはマイクロ化しやすいので，外径 0.8 mm，高さ 1.2 mm のマイクロモータが実現されている[21]。希土類磁石は機械的にもろく，加工が容易でない。このため，薄膜磁石をスパッタリング法により成膜してマイクロモータへ応用した報告もなされている[22]。図 7.6 にその構成を示す。

直径 2.5 mm の円盤状のけい素鋼板の下面に厚さ 40 μm の Nd-Fe-B 薄膜磁石が成膜され，パルス電流により 6 極に着

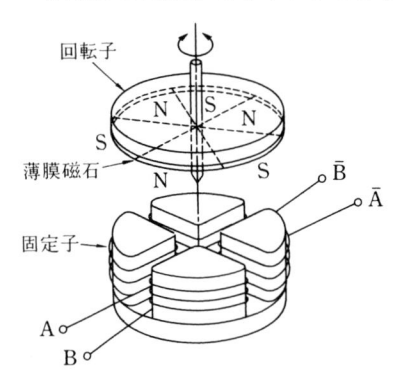

図 7.6 薄膜磁石を使用したステッピングモータの回転子と固定子

磁した回転子が作製されている。薄膜磁石の磁化容易軸は成膜温度と磁石組成を制御することによりけい素鋼板上に垂直に向いている[23]。けい素鋼板は板に垂直な薄膜磁石の磁束を板内で還流させるために無方向性のものが使用される。固定子は四つの突極を設けたけい素鋼に 5 ターンの巻線を施して構成されている。ギャップは 0.1 mm に調整されている。直径 0.3 mm のステンレス製の回転軸は下側はピボット軸受，上側はテフロン製のスリーブ軸受で支持される。

モータをマイクロ化すると軸受の表面摩擦力が駆動力に対して無視できなくなる。潤滑油は接触面積を増やして摩擦力を増大させるので使用されていない。図に示すモータはパルス電流で駆動され，無負荷時に回転速度 3 000 rpm で脱調することなく安定して回転する。このほかにマイクロモータとしては，リラクタンスモータも報告されているが詳細は文献 (23) を参照されたい。

7.2 非線形磁化特性の応用

7.2.1 磁気増幅器[24]~[26]

磁心を有するリアクトルは，その非線形性（飽和特性）を生かすと**可飽和リアクトル**（saturable reactor）となり新たな機能が発揮される。**磁気増幅器**（magnetic amplifier）とは可飽和リアクトルを単独，または他の回路要素と組み合わせて用いることにより，増幅・制御・計測を行う装置である。ここでは半波形磁気増幅器回路[24]~[26]を例にとってその動作を説明する。

図7.7に基本回路構成を示す。図においてN_cは制御巻線，N_Lは出力巻線であり，e_gは負荷交流電源，E_cは直流の信号電圧，Zは励磁回路のインピーダンス，i_Lは出力電流を示す。Zは出力巻線から制御巻線に誘導される電圧の影響を抑制するため高インピーダンスとしている。**図7.8**は磁心の動作説明図であり，**図7.9**は出力電流波形である。

この回路は負荷交流電源の半周期ごとに磁心磁束を正の飽和領域から非飽和領域のϕ_rまで制御する**リセット**（reset）と，ϕ_rから飽和磁束値ϕ_mまで上昇

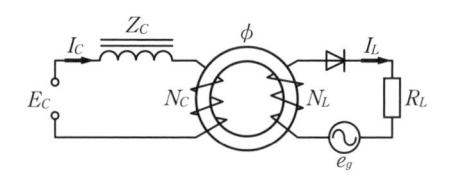

図7.7　半波形磁気増幅器

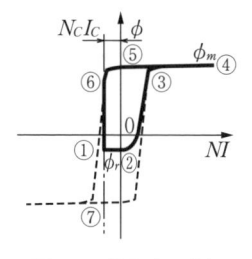

図7.8　動作時の磁気履歴曲線

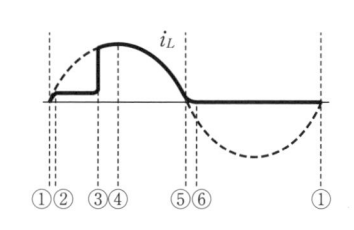

図7.9　出力電流波形

させるゲートが交互に行われている．すなわち，図7.8および図7.9の①②③④と示した期間において，磁心磁束は非飽和領域の ϕ_r より飽和磁束値 ϕ_m まで増加する．次いで⑤⑥と示した期間において磁化曲線は主履歴曲線と一致して磁心の磁束レベルを降下させ，⑥において出力回路に電流が流れなくなると，磁心の磁束レベルは制御磁化力 N_cI_c に平衡した点⑦まで下がろうとする．しかし，平衡点に達しないうちにつぎのゲート半周期が始まるので，磁束レベルは再び正の飽和にむかって上昇することになる．

このため本回路では，制御電流 I_c をわずかに調整することでリセット磁束値 ϕ_r が大きく変化し，出力電流における①②③の期間を増減させることができる．すなわち出力電流の位相制御が可能となり，E_c のわずかな変化を増幅して負荷 R_L に大きな出力変化をもたらすことができる．

半導体増幅器の普及で磁気増幅器の適用分野は縮小しているが，現在もなお信頼性が要求される分野では使用されている．

7.2.2 鉄共振回路とその応用[27]～[29]

鉄共振回路（ferroresonant circuit）は可飽和リアクトルと容量の組合せにより構成される．可飽和リアクトルは磁心を過励磁（飽和）領域で動作させることを前提とした磁心入りリアクトルである．

可飽和リアクトルの励磁特性は，**図7.10** に示すように磁心に用いる磁性材料により非線形性の程度が変化する．例えば，図中aはパーマロイ磁心などの，bはけい素鋼板を深い飽和領域で使用する場合の，cはけい素鋼板変圧器の磁気特性に相当する．

図7.11（a）に示すように，可飽和リアクトルとコンデンサを並列に接続す

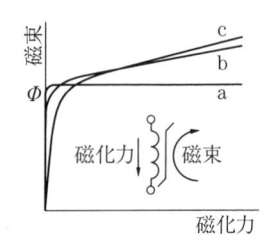

図7.10 可飽和リアクトルの磁気特性

(a) 回路構成　　　(b) 電圧-電流特性

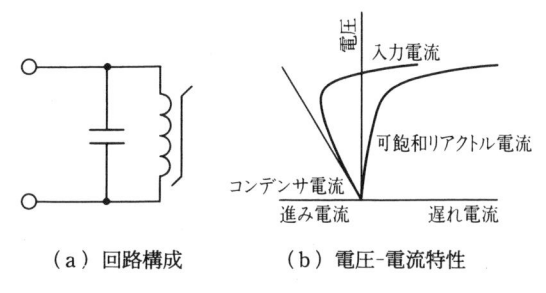

図7.11　並列鉄共振回路

ると，コンデンサには進み電流が，可飽和リアクトルには遅れ電流が流入する。入力電圧の増加に対して，可飽和リアクトルの遅れ電流は飽和領域に入ると急増するため，総合の入力電流は，図(b)に示すように進相から遅相へと連続的に変化する。この入力電流が零になったときの電圧を共振電圧という。鉄共振回路のこの特性を利用した装置として，定電圧変圧器，相数変換器がある。

一方，**図7.12**に示すように，可飽和リアクトルを正弦波電圧で励磁すると，可飽和リアクトル中の磁束も正弦波状に変化する。これに対して磁化電流は，可飽和リアクトルの励磁特性の非線形性のため，奇数次の高調波成分より構成されるひずみ波形となる。この奇数次の高調波成分を選択的に取り出すように構成した応用装置として周波数変換器がある。

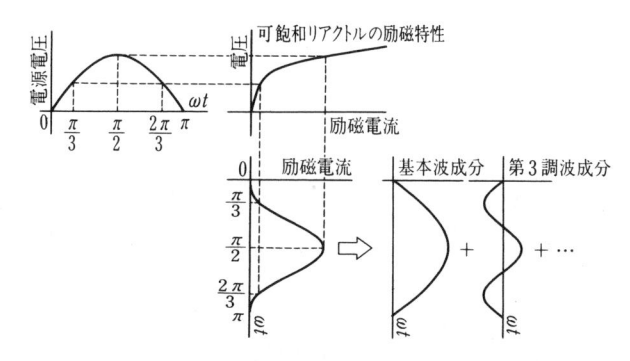

図7.12　単相正弦波電圧で運転した可飽和リアクトル

7.2.3　定電圧変圧器[27],[29]

図7.11の回路を構成する可飽和リアクトルに図7.10のaに示すような非線

形性の高い磁心を用いると，入力電流が広い範囲で変化しても電圧がほぼ一定に保たれる特性が実現できる．このリアクトルに2次巻線を設けて負荷を接続したのが**定電圧変圧器**（constant voltage transformer）の基本回路である．

実用的に定電圧を得る回路では，共振回路の電源側に直列に線形のリアクトルを挿入する．このようにすると電源電圧が共振電圧より高いときの線形リアクトル電圧降下は遅相電流のために正となり，可飽和リアクトルの電圧は電源電圧より下がる．反対に電源電圧が共振電圧より低いときは，線形リアクトルの電圧降下は進相電流のため負となり，電源電圧に加わって可飽和リアクトル電圧を高める．このようにして電源電圧の変動にかかわらず可飽和リアクトルの電圧をほぼ一定値（共振電圧）に保てるので，2次コイルを設ければ負荷にほぼ一定の電圧で電力を供給することができる．

7.2.4 周波数変換[30]

図7.13に示すように3台の可飽和リアクトルが星形に結線され，3相電源により運転されている場合を考える．3相電源が正弦波を発生すると，線電流は可飽和リアクトルの非線形性のためにひずみ波となる．ところが線電流の3

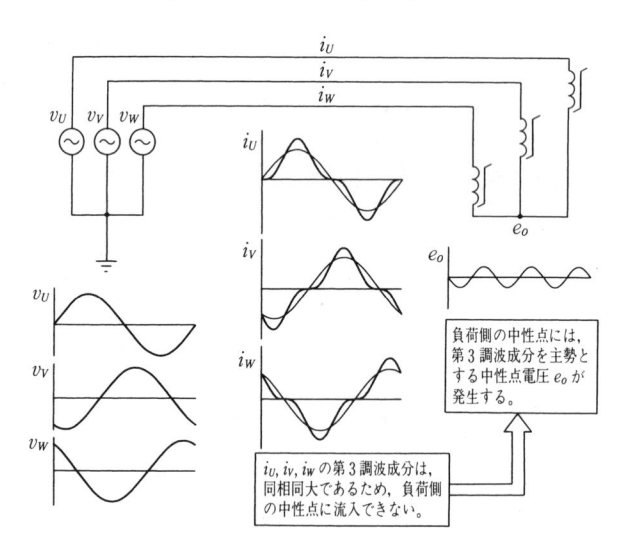

図7.13 可飽和リアクトルを含む3相電力回路

の奇数倍調波成分は各相とも同相同大であるため,キルヒホッフ電流則により,負荷側中性点に流入することができない。したがって中性点には電源側中性点に対して,ある電位差e_oを生じている。このe_oは3の奇数倍調波成分より構成される。いわゆる中性点電圧の発生であり,これが**周波数変換**(frequency conversion)の基本である。

図7.14はこの中性点電圧を積極的に利用するために,図7.13に示した回路に零相回路を付加した回路である。図7.14において,U-V-Wは3相入力,A-Bは零相回路である。このように非線形要素を含む零相回路を非線形零相回路と呼ぶ。

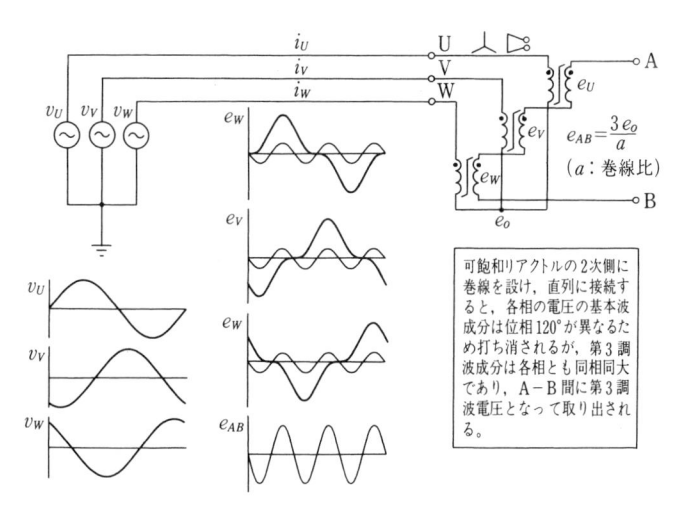

図7.14 周波数変換器の動作原理

図7.14において,可飽和リアクトル各相の電圧は,電源電圧と中性点電圧との差になるので,基本波成分のほかに3の奇数倍調波が含まれる。非線形零相回路においては,可飽和リアクトルの2次電圧のうち,基本波成分は各相位相が120°異なる3相交流電圧であるので相殺され,3の奇数倍調波は同相同大であるため重なり合ってA-B端に現れる。3の奇数倍調波成分のうち,第3調波成分が主勢であるので,A-B端に負荷を接続すれば,3相電源より3倍の周波数の電力を得ることができる。これが**鉄共振形周波数変換器**(ferroresonant type frequency converter）の動作原理である．実際の応用装置においては，2次巻線の誘導性リアクタンスを打ち消し，定電圧特性を具備させるために，非線形零相回路と並列にコンデンサを接続する．

鉄共振形周波数逓倍器は構造が簡単で信頼性が高く，過負荷に対する保護機構などの利点を有しており，誘導加熱炉，高速回転機，X線発生装置などの電源として広く実用に供されている．

7.2.5 相数変換[31],[32]

図7.15に示す3相鉄共振回路に単相電圧を加えると，その中性点に基本波を主成分とする電圧 e_o が現れる．この現象が確立すると，可飽和リアクトルの励磁特性とコンデンサの関係を選択することにより，この回路から3相出力を得ることができる．これが**相数変換**（phase conversion）の原理である．**鉄共振形相数変換器**（ferroresonant type phase converter）は，この中性点電圧を利用した装置であり，大形器には2組の2脚磁心を用いた可飽和リアクトルを組み合わせた分離磁心形が，小形器には3脚磁心を用いた可飽和リアクトルを利用した単一磁心形が適しており，いずれも実用化されている．

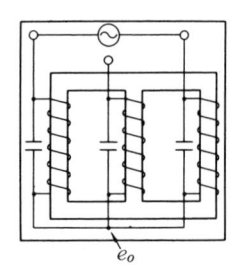

図7.15 相数変換器の基本回路

7.2.6 直交磁心とその応用

直交磁心（orthogonal-core）は図7.16に示すように，2個のU形磁心を空間的に90°転移接続して構成される．一方の磁心には1次巻線 N_1 を施し，他方の磁心には2次巻線 N_2 が施されている．1次磁束 ϕ_1 と2次磁束 ϕ_2 がたがいに他の巻線とは鎖交しないため，直交磁心は通常の変圧器としては動作しない．しかし，磁心接合部分で磁気飽和を生じると一方からの励磁により他方の磁化特性が変化する，いわゆる可変インダクタンスとして動作するようになる[33]．図7.17に直交磁心の磁化特性の一例を示す．1次磁束 ϕ_1 を増加させることにより，2次巻線電流 i_2 と2次磁束 ϕ_2 の関係が変化し，2次巻線インダクタンスが低下していることがわかる．系統の交流電圧源を2次側に接続すれ

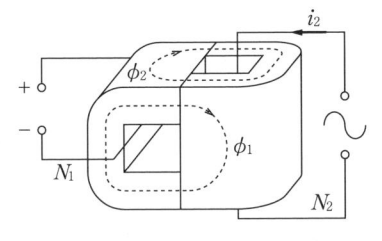

図7.16 直交磁心の基本構成 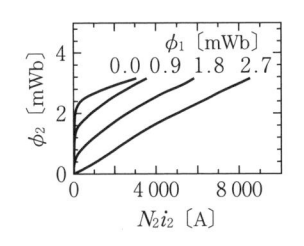　　　　**図7.17** 直交磁心の磁化特性

ば，直交磁心を系統の無効電力調整に応用することも可能になる[34]。

また図7.18において，1次側に交流電源 e_p を接続すれば直交磁心の2次巻線インダクタンスが周期的に変化することになる。これに適当な大きさの同調用コンデンサ C を接続すれば**パラメトリック発振**（parametric oscillation）が生じ，確立した交流電圧 e_o により負荷 R_L に電力を供給する電力変換器を構成することができる[35]。この電力変換機構を利用すれば，図7.19に示すように2次巻線に同調用コンデンサの代わりに系統交流電源 e_o を接続し，1次側にはインバータを介して直流源と接続することで，自然エネルギーなどの直流源から交流電源に電力を供給するDC-AC連系用変換器[36]を構成することが可能となる。

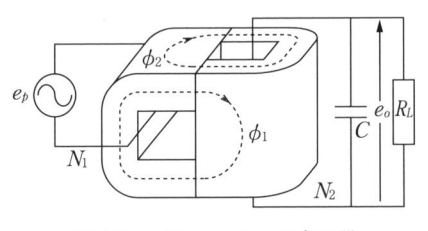

図7.18 パラメトリック変圧器 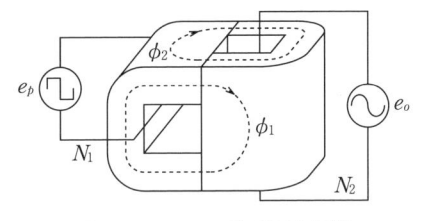　　　　**図7.19** DC-AC連系用変換器

7.3　高周波磁性薄膜デバイスとその応用

磁性薄膜デバイスは薄膜形成技術やフォトリソグラフィなどの微細加工技術を組み合わせて作製される小型・薄型の磁気素子であり，半導体デバイスとの集積化により，インダクタを集積したマイクロスイッチング電源や，携帯電話

などの高周波ICへの磁気素子集積化による高機能化が期待されている。

7.3.1 高周波磁性薄膜材料と高周波磁性薄膜デバイスの基本構造

（1）高周波磁性薄膜材料 高周波デバイスにおける磁性薄膜の磁化過程としては，渦電流の大きい磁壁移動磁化を用いることはほとんどなく，磁区内の磁化の回転による回転磁化過程が用いられる。一軸磁気異方性磁性薄膜の場合は，磁化容易軸と直交する磁化困難軸方向に高周波磁界を印加し，磁気デバイスとしてはコイル導体の長手方向を磁性薄膜の磁化容易軸に一致させる構造が基本となる。

磁化困難軸方向の静的透磁率透μ_{ho}は次式で与えられる。

$$\mu_{ho} = \frac{M_s}{H_k} + \mu_o \fallingdotseq \frac{M_s}{H_k} \tag{7.8}$$

M_sは飽和磁化〔T〕，H_kは異方性磁界〔A/m〕，μ_oは真空の透磁率（$4\pi \times 10^{-7}$ H/m）である。交流磁界の周波数が磁化の歳差運動の固有周波数（強磁性共鳴周波数f_r）に一致すると共鳴吸収が起こり，磁性薄膜の磁化困難軸方向のintrinsic複素透磁率の実数部の$\mu_i{}'$はμ_oに急減し，共鳴吸収による損失である虚数部$\mu_i{}''$が最大となる。強磁性共鳴周波数以上の周波数では磁界に対して磁化は$\pi/2$以上位相が遅れるので透磁率$\mu_i{}'$が負となる。強磁性共鳴周波数f_rは次式で表される。

$$f_r = \frac{\gamma}{2\pi}\sqrt{\frac{M_s H_k}{\mu_0}}, \gamma = 1.105 g \times 10^5 \text{〔m/A/s〕} \tag{7.9}$$

γはジャイロ磁気定数であり，磁化がスピン磁気モーメントによる場合，g因子は2である。例えば，典型的な磁性薄膜材料であるCoZrNbアモルファス磁性薄膜を例にとり，$M_s = 1.0$ T，$H_k = 800$ A/m，$g = 2$を用いて計算すると，静的比透磁率は約1 000，強磁性共鳴周波数は約900 MHzとなる。

導電性磁性薄膜材料の場合は，渦電流によって共鳴周波数以下の周波数でも透磁率が低下する。**図7.20**は，強磁性共鳴と渦電流の両方を考慮して見積もった複素比透磁率の周波数特性であり，CoZrNb磁性薄膜の物性値を用いて計算したものである。磁性薄膜の膜厚が厚いほど渦電流の影響が大きく，低い

7.3 高周波磁性薄膜デバイスとその応用

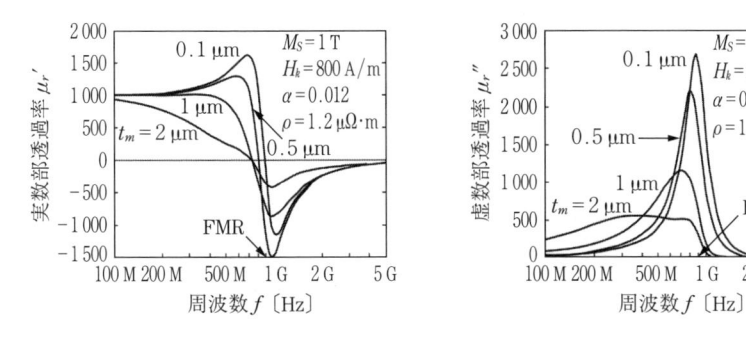

図7.20 導電性磁性薄膜の複素透磁率の周波数特性

周波数で透磁率が低下する。膜厚が薄い場合は強磁性共鳴現象が現れる。膜厚が薄いほど，あるいは電気抵抗率が高いほど，複素透磁率は強磁性共鳴を伴う intrinsic な周波数特性に近づく。

（2） **高周波磁性薄膜デバイスの基本構造**　高周波磁性薄膜デバイスの基本構造は，磁性薄膜とコイル導体の配置によって図7.21に示す内鉄磁心形，外鉄磁心形に大別されるが，導体と磁性膜が織物構造をなすクロスインダクタ，クロストランスと呼ばれる特殊な構造もある[37]。

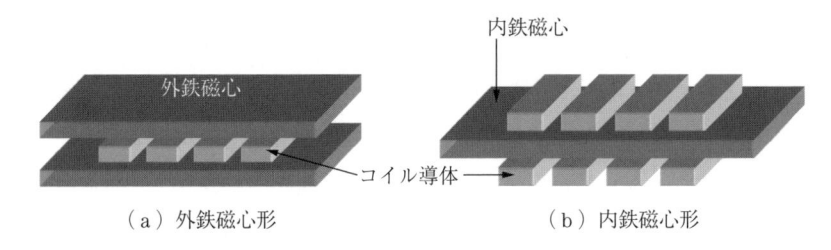

（a）外鉄磁心形　　　　　　　（b）内鉄磁心形

図7.21 磁性薄膜デバイスの基本構造

単位面積当りのインダクタンスが大きく，外界への漏れ磁束の少ない外鉄磁心スパイラルインダクタを例にしてデバイスの構成を述べる。図7.22に示すように，スパイラルコイルの起磁力によって生じる磁束は磁心面内を通る成分 ϕ_i と上下磁心間を渡る垂直成分 ϕ_p がある。垂直方向の磁束成分 ϕ_p は磁心面内の広い範囲に渦電流を発生させ，低い周波数から渦電流損失が増大するとともに，面内渦電流による磁束遮蔽効果のために実効的な透磁率が低下する。面内

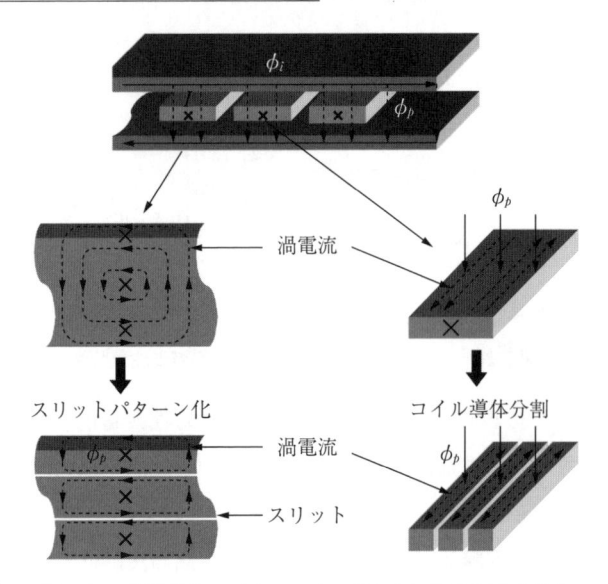

図 7.22 外鉄磁心スパイラルインダクタにおける垂直磁束成分の影響

渦電流を抑制するには磁性材料の高抵抗率化が有効であり，渦電流経路を短くするために磁束の流れに平行にスリットを挿入する方法も提案されている[38]。垂直磁束成分 ϕ_p は内部のコイル導体にも渦電流を発生させ，電流密度の偏りによって交流抵抗を増大させる原因になるが，コイル導体分割構造によって交流抵抗の増加を抑制でき，Q 値を向上できることが報告されている[38]。

スパイラルコイル端部から x [m] 離れた点の面内磁束成分 ϕ_i，垂直磁束成分 ϕ_p は指数関数的 $(\exp(-ax))$ に減少し，このときの減衰定数 a [1/m] は

$$a = \sqrt{\frac{2}{\mu_r d t_m}} \tag{7.10}$$

と表される。μ_r は磁心の面内比透磁率，t_m は磁心膜厚，d は上下磁心のギャップ長である。a の逆数を特性長と呼んでいる[39]。コイル端部からの磁心のオーバーハングが短いと磁心端部での渡り磁束が無視できないのに対し，特性長の3倍程度のオーバーハング長を確保すれば磁心端部での渡り磁束は十分に小さくなり，外界への漏れ磁束を小さくできる。

7.3.2 薄膜インダクタ，薄膜トランスとマイクロスイッチング電源

FeCoBC 磁性薄膜インダクタと昇圧 DC-DC コンバータの試作例[38]を図 7.23 に示す．インダクタには FeCoBC/AlNx 積層磁性膜を磁心に用い，磁化困難軸励磁領域を拡大するために外鉄磁心-長方形ダブルスパイラルコイルを採用している．電源のスイッチング周波数は 5 MHz，入力電圧 3.6 V，出力電圧 4.7 V，3 W 出力時の効率は 82 % である．インダクタの 5 MHz における Q 値は FeCoBC/AlNx 積層磁性膜の特性から期待されるよりも低い 7 程度にとどまっているが，FeCoBN への変更による高抵抗率化とスリットの導入による面内渦電流の抑制，コイル銅損低減のための導体分割構造によって 5 MHz における Q が 14 まで向上することが示されている[40]．

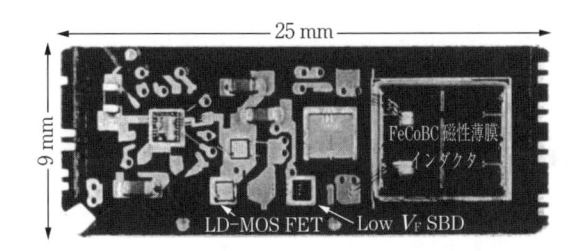

図 7.23 FeCoBC 磁性薄膜インダクタと昇圧 DC-DC コンバータの試作例[38]

ワンチップマイクロスイッチング電源の試作例[41]を図 7.24 に示す．PWM 制御回路と MOS-FET スイッチを有するサブ μm-CMOS LSI チップ上部に 3 mm 角 Co-Hf-Ta-Pd 磁性薄膜インダクタをモノリシックに集積したもので，インダクタを集積したワンチップ電源としては世界初の例であり，スイッチン

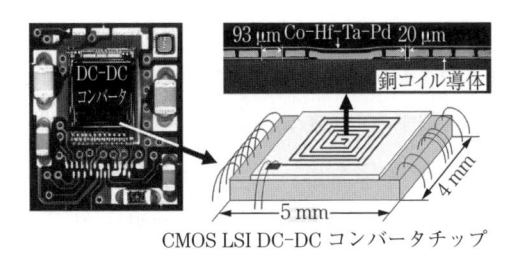

図 7.24 ワンチップマイクロスイッチング電源の試作例[41]

グ周波数3MHz, 入力電圧5V, 出力電圧3V, 1W出力時の効率は83%である。

薄膜トランスは構造が複雑になるため試作例は少ないが, CoZrRe磁性薄膜とソレノイドコイルを用いた薄膜トランスと整流ダイオードを集積した絶縁型DC-DCコンバータの試作結果が発表されている[42]。励磁インダクタンスの不足を補うため, 薄膜トランスの動作周波数を高周波化する必要があり, コンバータのスイッチング周波数は15MHzが採用され, 出力電力は0.5Wである。

インダクタを半導体デバイスに集積するには, LSIチップと同等以下に小さくする必要があり, サイズ縮小に伴うインダクタンスの低下を補うためにはスイッチング周波数を飛躍的に高めることが必要である。最近, 高速CMOS技術で培われた半導体技術を使った数百MHzスイッチングマイクロ電源の開発が始まっており[43], この場合のインダクタの動作周波数は強磁性共鳴周波数より低く, 磁性薄膜の損失は共鳴吸収よりも渦電流損失が支配的になる。

7.3.3 準マイクロ波帯磁気デバイス

準マイクロ波帯の周波数を利用する, 携帯電話や無線LANなどの高周波アナログICには, インピーダンス整合や電源デカップリング用に多数の空心スパイラルインダクタが用いられているが, インダクタだけでICチップ面積の半分以上を占めており, インダクタのサイズ縮小を目的とした磁性薄膜デバイスの研究が活発に行われている。

図7.25はきわめて狭い強磁性共鳴半値幅を持つ$CoFeSiO/SiO_2$グラニュラー積層磁性薄膜を用いたスパイラルインダクタの試作例[44]を示すものである。CoFeSiO層の抵抗率が$1\mu\Omega\cdot m$程度と低いため, スリットによる4分割構造によって面内渦電流を抑制するとともに, コイル導体分割による高周波銅損の抑制によってQ値の最高値は12程度になっている。さらに, 導体ラインと平行に磁性薄膜をスリット分割することでQ値の最高値は20近くにまで向上する。

他にも, スリットパターン化CoZrNb磁性薄膜細線アレイを用いたスパイラルインダクタ[45]や, 平行結合線路とMIM (Metal/Insulator/Metal) キャパシタを用いた広帯域CoFeB磁性薄膜方向性結合器[46]などの多くの試作例がある。

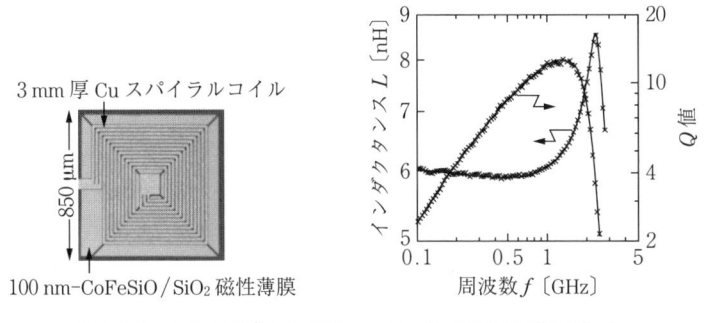

7.3 高周波磁性薄膜デバイスとその応用　169

図7.25　CoFeSiO/SiO$_2$ グラニュラー積層磁性薄膜を用いた
スパイラルインダクタの試作例[44]

7.3.4 新しい高周波磁気応用

図7.20に示したように，強磁性共鳴を超えた周波数では磁性薄膜の透磁率は正から負に反転する。この現象を利用した新しい高周波磁気応用として，磁性薄膜／導体膜積層構造を採用した高周波信号配線が提案されている[47]。比透磁率1の導体層と負の比透磁率μ_rを有する磁性層の膜厚比を最適化することによって配線全体の比透磁率μ_{av}が低下し，表皮効果による配線抵抗の増大が抑制される。図7.26にNiFe/Al積層配線を用いた場合の配線抵抗の周波数特性を示す。NiFe磁性薄膜の負の透磁率の効果によって配線抵抗の増大が抑制され，13 GHz以上の周波数では配線抵抗が低下することがわかる。負の透磁率を利用する手法はこれまで例がなく，強磁性共鳴周波数を超える高い周波

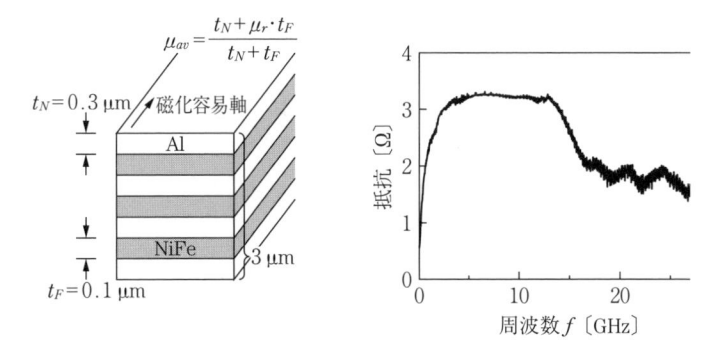

図7.26　NiFe/Al積層配線を用いた場合の
配線抵抗の周波数特性[47]

数まで磁性薄膜を利用できる新しい高周波応用として今後の進展が期待される。

演 習 問 題

(1) 図 7.27 に示すように, 外径 25 mm, 内径 15 mm, 高さ 5 mm のトロイダル磁心の磁路の一部に, 幅 5 mm の可動部を設ける。可動部の移動距離を図示のように Δx とすると, $\Delta x=0$ および 1 mm の磁化特性は, それぞれ図 7.28 のような 2 直線で近似できる特性となった。つぎの問に答えよ。
 (i) この磁心を $H_k=145$ A/m まで励磁するために必要な磁気エネルギーを, $\Delta x=0$ および 1 mm のおのおのの場合について求めよ。
 (ii) 上記の励磁条件で $\Delta x=1$ mm としたときに可動部に作用する磁気力 F を, 仮想仕事の原理によって求めよ。

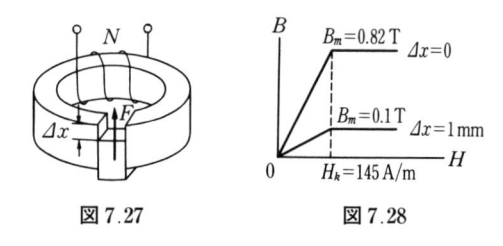

図 7.27

図 7.28

(2) 電磁力およびコンデンサの電極間に働く静電力のスケーリング則を考察せよ。
(3) 電磁形と静電形のアクチュエータの特徴を比較せよ。
(4) 図 7.14 の周波数変換器において, 1 次回路の線間電圧 v_{UV}, 可飽和リアクトル 2 次電圧 e_U ならびに A-B 間の電圧 e_{AB} を測定したところ, おのおの 300 V, 224 V, 300 V であった。ただし, 1 次回路は 3 相平衡回路である。
 (i) 可飽和リアクトル 2 次電圧 e_U の基本波成分の実効値を求めよ。
 (ii) 可飽和リアクトルの巻線比を求めよ。

8 磁気センサ

8.1 磁界センサ

　磁界の計測は地磁気，生体磁気，パルス磁界など微弱磁界から強磁界まで，広範囲の磁界を対象に古くから行われ，多くの手法が開発され，同時に磁界を電気量に変換するセンサも種々提案されてきた．近年はそれらに加え，コンピュータの記録媒体の微弱な記録情報のピックアップなど，検出対象磁界は微弱化とともに微小領域化しているため，センサにはいっそうの小形化・高感度化が求められている．

　さらに，磁界周波数は高速磁気エンコーダや高速磁気探傷，インバータ制御電流では数十～数百 kHz，放電電流やサージ電流では数 MHz，VTR やハードディスクでは数十 MHz と年々高周波化しており，高速応答可能な磁気センサが必要となってきている．今後の計測対象とすべき磁界の空間分解能はサブ $\mu m \sim mm$，強度は数百 $\mu A/m$ 以上，応答周波数は $0 \sim$ 数十 MHz のオーダと考えられる．

8.1.1　種々の磁界計測法

（1）**電磁誘導法**　変動磁界の計測には，電磁誘導を利用するのが最も簡便で，この場合，検出コイルの出力は全磁束鎖交数の時間微分である電圧となる．基本的には 2.1.7 項（2）と同じで，式（2.20）の磁束密度から $B=\mu_0 H$ の関係を用いて磁界を算出する．測定周波数上限はコイルのインダクタンスと浮遊容量による自己共振周波数によって抑えられる．

（2）**ホール効果，磁気抵抗効果**　半導体の**ホール効果**（Hall effect）は

簡便な磁界検出方法を提供する．これは磁界が半導体のキャリヤ（電子や正孔）に与えるローレンツ力が引き起こす現象であり，出力はホール電圧として得られる．ホール効果形センサでは100 nTがおおよその測定下限界であり，出力の温度変動は一般に大きい．強磁性体の導電率が電流と磁化のなす角により変化する**磁気抵抗効果**も，$0.6 \mathrm{nT}/\sqrt{\mathrm{Hz}}$†と比較的高い分解能が得られている[1]．小形で素子自体の自己共振周波数が高く，特に磁気記録媒体の高周波信号の再生に応用が期待されている．また，薄膜パターンを用いる場合にはアレー化も容易で，多次元的な情報のセンシングにも向いている．

（3）**フラックスゲート磁力計** パーマロイの急峻(しゅん)な可飽和特性を利用するフラックスゲート（fluxgate，略してFG）機構[2]は古くから用いられ，簡便でその構成法には多くの変形があり，0.1 nT程度の高い分解能が実現できる．しかし，素子自体の寸法が数cmと大きく微小領域の磁界計測には適さない．近年，FGセンサをアモルファスリボンや磁性薄膜パターンで構成し小形化が進められつつあるが，磁性体の周りに絶縁層を介してコイルパターンを配置するという構造上の複雑さのために現状では数mm以上のサイズである[3],[4]．

（4）**プロトン磁力計** プロトンの**磁気共鳴**（magnetic resonance）[5]周波数は背景の磁界強度に厳密に比例し（23.487 4 nT/Hz），磁界の絶対測定が可能で地磁気の観測や宇宙空間の磁界の測定に用いられる．測定対象磁界はおおよそ$1 \mu\mathrm{T} \sim 1\mathrm{T}$である．

（5）**SQUID（超電導量子干渉素子）** SQUID[6]は既存の磁気センサでは最も高感度（$\fallingdotseq 10^{-8} \mathrm{A/m}$）であるが，超電導現象を利用するため極低温に冷却する必要があり装置が大規模であり，医療応用や科学計測など特殊分野で

---

† 雑音を白色雑音と仮定すると，雑音電力は雑音電力密度と帯域幅の積で与えられる．1オームの抵抗でこの雑音電力が消費されると見なすと，電力から電圧への変換ができて，そのときの帯域幅当りの雑音電圧は，$\mathrm{V}/\sqrt{\mathrm{Hz}}$で与えられる．出力電圧を感度換算した後，SN比が0 dBとなる値で分解能が定義される．磁界センサの場合，分解能の単位は$\mathrm{T}/\sqrt{\mathrm{Hz}}$．例として，ノイズレベルが$0.6 \mathrm{nT}/\sqrt{\mathrm{Hz}}$で測定帯域幅を10 Hzとすると，ノイズの実効値は約1.9 nTとなる．

のみ実用化されている。

　磁界センサには構造からくる**指向性**（directivity）があり，一軸性と見なせる場合が多い。この場合，感度は余弦関数的に変化する。プロトン形ではトロイダル形の検出コイルを用いることによって無指向性にすることができる。磁界源が近接している場合には，磁界勾配を計測することで遠方外乱磁界をキャンセルして SN 比を高めることができる。地磁気の 10^{-7} 程度の生体磁界の計測ではこの方法が用いられている[7]。磁界勾配を計測するものはグラディオメータ（gradiometer）と呼ばれ，磁界そのものを計測する磁力計（magnetometer）と区別される。また，生体磁界のような微弱な磁界を計測するためには外乱磁界を低減するための磁気シールドが必要となる場合が多い。

　前述の磁気センサの多くは併用する増幅器を含む検出磁界周波数が 1 MHz 以下と低く，検出対象によっては応答速度が不足する場合があるので注意が肝要である。**図 8.1** は代表的な磁界センサの検出磁界強度および検出磁界周波数の分布を示す[8]。以下に代表的ないくつかの磁界センサの動作機構について解説する。

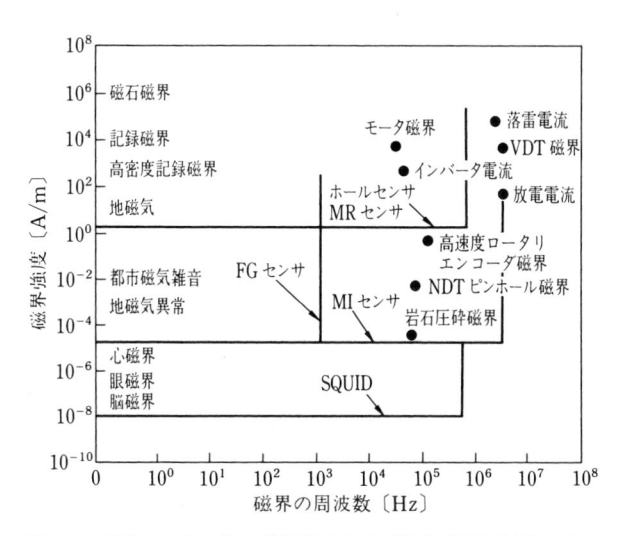

図 8.1 磁界センサの検出磁界強度および検出磁界周波数の分布

8.1.2 フラックスゲート磁界センサ

計測応用という観点から見ると、発生と検出が容易な磁界は信号のキャリアとして優れているため、磁界計測は多くの計測技術の基本となっている。フラックスゲート磁界センサ（fluxgate magnetometer）は、計測したい磁束を磁心に導き、数十 kHz 以上の交流励磁によって変調するので、直流から 1 kHz 程度までの入力磁界を高感度で計測できる。この場合 SQUID の場合のような冷却は一切不要である。入力磁界の情報を持つ変調電圧は必要に応じて増幅され、同期検波によって復調され出力となる。この場合、磁心内で励磁磁界と入力磁界が平行になるものと直交するものの 2 種類の形式があり、前者を平行フラックスゲート、後者を直交フラックスゲートと呼ぶ。図 8.2 に代表的なセンサヘッド構成を示している。図 (a) と図 (b) が平行フラックスゲート、図 (c) と図 (d) が直交フラックスゲートである。I_E は励磁電流を、H_{ex} は検出される入力磁界を示す。

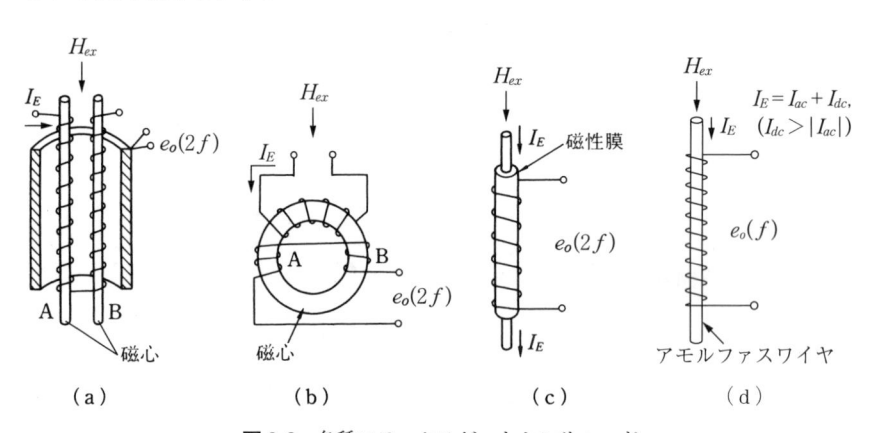

図 8.2　各種フラックスゲートセンサヘッド

図 (a) について、H_{ex} から e_o が出力される過程[2] を見てみよう。磁心 A と B は特性が同じであり、各磁心には励磁コイルが逆極性で同数巻かれ、検出コイルは磁心 A, B を等しく取り囲むソレノイドコイル（図では断面）からなるものとする。$H_{ex}=0$ のときは、磁心 A と B を通る励磁磁束は大きさが等しく逆向きであるので、検出コイルへの磁束鎖交は生じず、$e_o=0$ である。H_{ex} が

入力されると，励磁電流の正の半サイクルで図（a）の矢印の向きに I_E が流れるとすると，右ネジの法則から磁心 A では I_E が作る励磁磁界と H_{ex} は同方向，磁心 B では逆方向になるので，磁心 A は B より早く飽和する。磁心 A と B がともに非飽和の間は，各磁心内の磁束変化の大きさは等しく逆極性であるので，検出コイルには誘起電圧を生じないが，磁心 A が飽和した後は磁心 A の磁束は一定のままであるので，磁心 B の磁束変化は打ち消されず，検出コイルにパルス性の誘起電圧を生じる。励磁磁界の負の半サイクルでは，磁心 A と磁心 B の立場を入れ替えてまったく同じことが起きる。このようにして，H_{ex} の情報は偶数調波成分からなる誘起電圧の振幅へ変換され，出力は最も大きい2倍周波成分（$2f$成分）を同期検波して取り出す。磁心 A と B の上下端を磁気的に繋ぐと励磁磁束は磁心内を一巡して流れるので，磁心を飽和させるのに必要な励磁電流が低減できる。図（b）は図（a）をこのように変形させたものの一つである。図（c）では導体に通電される I_E によって導体円周方向に生成される励磁磁界が，その周囲に形成された磁性膜を正と負のピーク時に飽和させ，軸方向の透磁率を消失させる。この結果検出コイルを通る H_{ex} による磁束は1周期で2度遮断され偶数調波の誘起電圧を引き起こす。図（a）と同じように $2f$ 成分を同期検波して出力を得る。図（a）〜図（c）では磁心の変調作用を得るために磁心を正負の飽和まで磁化する必要があった。図（d）は無磁歪組成の高透磁率アモルファスワイヤを磁心とし，励磁電流は磁心に直接給電する。図（c）と似た構造であるが，交流励磁電流にそれより大きな直流電流をバイアスとして与える[9]ところに大きな違いがある。**図8.3**に，入力

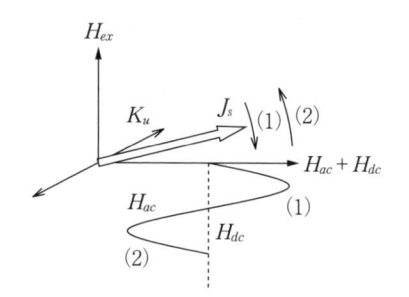

図8.3 基本波型フラックスゲートの動作原理

磁界 H_{ex}, 励磁磁界 $H_{ac}+H_{dc}$, 磁性線の飽和磁化 J_s, および磁性線に内在する磁気異方性を大きさ K_u の1軸性であると仮定した磁化過程のモデルを示す。

ワイヤの長手方向が図の縦軸方向で，その方向に H_{ex} が印加されている。励磁磁界は軸周方向で，図では横軸にとり，直流成分を H_{dc}, 交流成分を H_{ac} で表している。磁化 J_s は二つの磁界が及ぼすゼーマンエネルギーと磁気異方性のエネルギーを最小化する方向にある。$H_{dc}>H_{ac}$ であるので，磁化 J_s は第一象限にあり，H_{ac} が正のピークのとき J_s は矢印（1）で示すように最も横軸方向に傾き，逆に負のピークのとき矢印（2）で示すように最も縦軸方向に傾く。検出コイルの誘起電圧は J_s のワイヤ長手方向への射影成分の時間変化量に比例する。H_{ac} の1周期間で J_s は1度振動するので，誘起電圧も H_{ac} の周波数と同じになる。このことから図8.2（d）は基本波型直交フラックスゲートと呼ばれている[10]。フラックスゲートの分解能を支配するのはバルクハウゼン雑音であるので，磁壁移動が極力生じないようにする。図（d）では H_{dc} により磁性ワイヤの表層部がほぼ単磁区化され，J_s の微小な回転のみが生じるので，バルクハウゼン雑音は抑制され高分解能化がなされる。センサの分解能は，磁束密度を電圧に変換する感度を S 〔V/T〕，雑音電圧密度を V_n 〔V/$\sqrt{Hz}$〕とすれば，分解能は V_n/S 〔T/$\sqrt{Hz}$〕となる。直径 120 µm の Co 系アモルファスワイヤを用い，励磁周波数百 kHz, $I_{dc}=40$ mA, $I_{ac}=30$ mA 程度で，数 Hz 以上の白色雑音領域で $3\sim5$ pT/$\sqrt{Hz}$ の分解能が比較的容易に得られる[11]。ワイヤ磁心の長さを l, その直径を d, $m=l/d$ （≪1）とすれば反磁界係数は

$$N_d = \frac{1}{m^2}(\ln 2m - 1) \tag{8.1}$$

で近似的に与えられる。ワイヤの比透磁率が数万程度であれば，ワイヤ磁心の実効透磁率（磁束の濃縮率でもある）は $1/N_d$ で近似でき $d=120$ µm, $l=30$ mm の場合は1万程度になる。

8.1.3 MR センサ

MR センサでは素子抵抗 $R(\propto \rho)$ が電流 I と磁化 J のなす角度 θ の依存して変化する。R は図8.4のように長方形の強磁性薄膜パターンに平行な磁界を加

8.1 磁界センサ

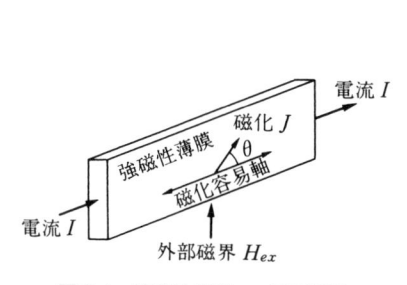

図 8.4 強磁性薄膜 MR 素子構造

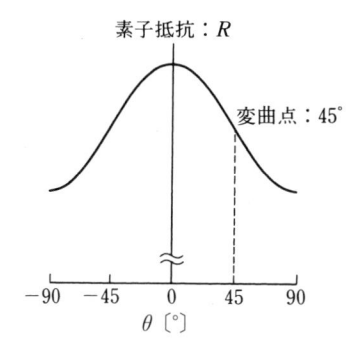

図 8.5 磁化と電流のなす角度 θ と素子抵抗 R の関係

える場合，多くの強磁性体試料では電流と磁化方向が平行になった場合が最大，直交した場合が最小 R_0 となる非線形特性を示し

$$R = R_0 + \Delta R \cos^2\theta \tag{8.2}$$

と表される．ここで，ΔR は抵抗の最大変化量である．図 8.5 には R の θ に対する変化を示す．また素子両端の電圧 V は

$$V = V_0 - IR_0 \left(\frac{\Delta R}{R_0}\right)\left(\frac{H_{ex}}{H_A}\right)^2 \tag{8.3}$$

と表される．ここで，H_{ex} は外部磁界，H_A は薄膜の異方性磁界（$=2K_u/J_s$），V_0 は $H_{ex}=0\,\mathrm{A/m}$ のときの電圧である．式 (8.3) は V が H_{ex} の極性には無関係であり左右対称であること，感度を増すには MR 比（$=\Delta R/R_0$）を増大する必要があることを示している．また，V が H_{ex} に対して上に凸の 2 次曲線（放物線）で表されることを示しているが，実際の素子では磁化飽和領域で素子パターン幅方向の反磁界が増大して実効磁界が減少するため，図と同様に R は H_{ex} に対して裾が広がった特性となる．Ni 含有率が約 80 % の NiCo や NiFe の金属薄膜で構成された MR 素子の $\Delta R/R_0$ は約 1 000 A/m の外部磁界で 2～3 %，飽和磁界で 4～6 % である．

実用素子としては R_0 の絶対値を高めるため薄膜をつづら折れ形などに加工して用いられる．MR 素子は感度は低いが，小形であること，高速応答特性を持つこと，低価格であることから，磁気エンコーダ用センサなどに多数使用さ

れている。また，MR素子は1970年初頭から磁気記憶装置の再生ヘッド（MRヘッド）としても研究・開発されてきた。MRヘッドは，磁界そのものを検出するため磁気記録媒体の相対速度に依存せず高い出力電圧が得られること，磁化回転機構による高速磁化反転[12]を利用するため高周波磁気信号の再生が可能なこと，低ノイズなこと，薄膜プロセスを用い容易にマルチトラック化が可能なこと，記録媒体に対して垂直にMR素子を配置した場合の空間分解能が高いことなどの特長を有する。

既存のMRヘッドに用いられてきた強磁性体の抵抗変化率（MR比）は室温でたかだか数％と低く高感度化を妨げてきたが，近年，人工格子磁性多層膜においてMR比が数十％を超える巨大磁気抵抗効果が発見され[13],[14]，高感度磁気ヘッドへの適用が盛んに研究されるようになってきた。

また近年アモルファス磁性ワイヤあるいは軟磁性薄膜パターンなど導体を兼ねた磁性体やストライプ状の導体膜パターンを磁性膜パターンでサンドイッチした積層構造ラインに高周波電流を通電したときに，外部磁界に依存しインピーダンスが大きく変化する現象を利用した磁気センサについても研究が行われている[15]。この現象を利用したさまざまな磁気センサや磁気ヘッドは**磁気インピーダンス**（magneto-impedance，略してMI）**センサ**または**高周波キャリヤ形磁気ヘッド**[16]と呼ばれている。

8.1.4 SQUID

ジョセフソン接合（Josephson junction）を有する超電導リングにより構成される磁界センサ素子を**SQUID**と呼ぶ。また，このセンサ素子を利用した磁化測定装置も同じくSQUIDと呼ばれることが多い。SQUIDは現在最も高感度な磁界センサであり，検出感度は10^{-8}A/m程度である。そのため，生体が発生する微弱な磁界の計測や，磁化の超高感度計測に使われている。ここではSQUIDの原理とSQUIDを利用した磁化測定装置について解説する。

物質が超電導状態になると，電気抵抗が零になるほかにさまざまな興味深い現象が現れる。例えば，マイスナー効果により磁束は超電導体に侵入しなくなり，また超電導体で作ったリングに鎖交する磁束の量は**磁束量子** Φ_0（$\Phi_0 =$

8.1 磁界センサ

$h/2e = 2.068 \times 10^{-6}$ Wb,h:プランク定数,e:電子の電荷量)の整数倍となる。一方,超電導体で数 nm の絶縁体を挟み込んだものをジョセフソン接合と呼び,ここで現れるジョセフソン効果を利用して高い感度で磁束を計測するセンサ(SQUID センサ)が構成できる。

図 8.6 に概念図を示すように,SQUID は 2 箇所のジョセフソン接合を有する超電導リングから構成される。ジョセフソン接合を流れるトンネル電流の大きさが磁束により変化するため,この SQUID に図に示すようにバイアス電流を流しながら超電導リング両端の電圧を測定すると,**図 8.7** に示すようにその電圧はバイアス電流があるしきい値を超えると増加する特性を示し,さらにそのしきい値は SQUID に印加する磁束量に対して周期的に変化する。このときの周期は磁束量子 Φ_0 に等しいため,これにより磁束量を,Φ_0 を単位として計測できる。

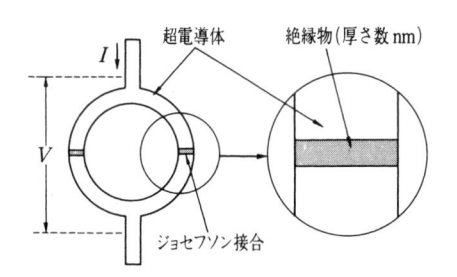

図 8.6 SQUID の構成図(概念図)

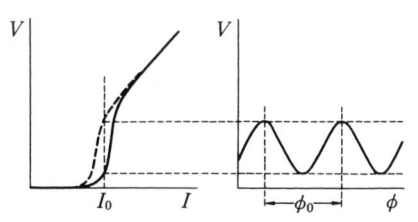

図 8.7 SQUID による磁束検出の原理

SQUID は磁束量をきわめて高感度に測定できるため,これを利用した磁化測定装置が作られている。磁化測定の場合には,被測定試料を励磁する磁界は検出せず,被測定材料が発生する磁束のみを検出する必要があるため,工夫が必要である。**図 8.8** は SQUID 素子と検出コイルを組み合わせた磁化測定装置の検出部の概念図である。励磁磁界を検出しないよう SQUID リングは磁気シールドの外部に設置し,被測定

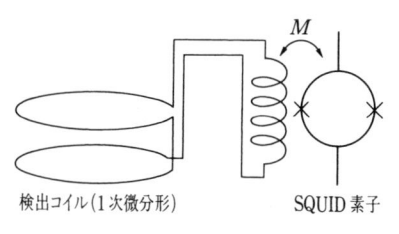

図 8.8 SQUID と検出コイルを組み合わせた測定システム

試料が発生する磁束は検出コイルが検出し，SQUID に伝達する。検出コイルは超電導体で作られており，磁束量に応じてコイルに電流が流れ，SQUID リングとの相互インダクタンスを通じて SQUID リングに磁束を供給する。また検出コイルはたがいに逆相に巻いた二つのコイルを直列につないで作られているため，磁界の空間微分を出力することになる。そのため，均一な励磁磁界成分は検出せず，被測定試料から発生する磁束のみを検出できる。近年は被測定試料を 0.1～1 Hz 程度の周波数によって上下に振動させ，その振動周波数で制限周波数帯域増幅を行うことにより測定感度を高めた装置も開発されており，最近では分解能 10^{-17} Wb·m が実現している。

8.2　位置・変位センサ

8.2.1　アブソリュート式センサ

磁歪効果を利用して磁歪線に**弾性波**（elastic wave）を発生させると，弾性波は磁歪線の密度と直径によって定まる速度で伝搬する。この弾性波の伝搬時間を利用して，非接触で位置・変位を計測する方式のセンサである。図 8.9 の構成において，磁歪線にパルス電流を流すと，ねじり弾性波が永久磁石近傍で発生し，検出部に伝搬する。弾性波が永久磁石近傍から検出部に到達するまでの時間を計測することによって，永久磁石の位置を計測することができる[17]。永久磁石を可動部分に取り付け，磁歪線に沿って移動すると，弾性波の到達時間が位置に対応して変化する。永久磁石と磁歪線の間のギャップは，5～15 mm 程度に変動しても高精度の位置計測ができる。図 8.10 は，そのタイミングチャートである。パルス電流を磁歪線に流すと，円周方向に磁界が発生する。永久磁石の部分では，パルスの時間だけねじれ方向の磁界になり，ねじり弾性波が発生する。この弾性波が検出部に到達するまでの時間 t を測定して位置を計測するものである。

磁歪線の材質は，恒弾性材料 Ni-span-C 合金で直径 0.5～1 mm の線である。数十 m 程度までの測長範囲があり，誤差は 1 mm 以下となる。

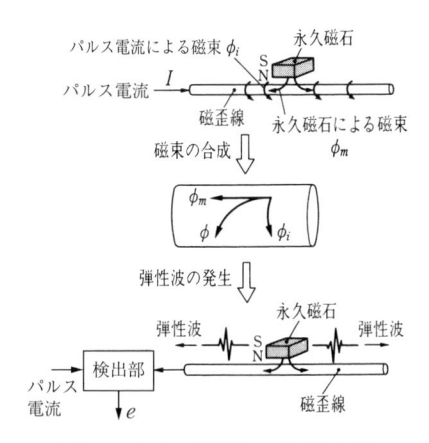

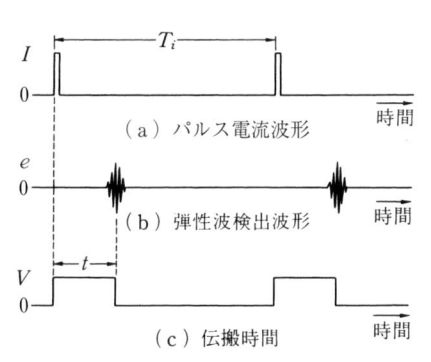

図8.9 ねじり弾性波の発生と伝搬

図8.10 タイミングチャート

8.2.2 インクリメント式センサ

規則的に着磁した磁気パターンを利用して位置・変位を計測する方式として，**磁気スケール**[18]がよく知られている。図8.11は，磁気スケールによる高精度変位計測の原理を示している。磁気パターンを検出するセンサとして可飽和リアクトルまたは磁気抵抗効果素子が用いられ，縞模様に着磁された磁気パターンから正弦波の電圧信号に変換し，信号処理回路によって，内挿分割処理することによりサブミクロンの分解能の位置信号を得ている。その結果 $0.01 \mu m$ 分解能で変位を測定できるスケールが実用化されている。

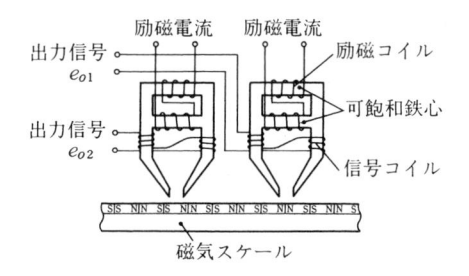

図8.11 磁気スケールによる高精度変位計測[4]

図8.12は，電磁誘導式スケールセンサの検出原理図[19]であり，耐水性，耐油性に優れ，電子ノギス，電子マイクロメータ，インジケータ，リニアスケール，リニアゲージなどに実用化されている。図に示すように，コイルを一定のピッチに配置したスケール部と励磁コイルと検出コイルを配置したセンサ部から構成されている。励磁コイルに交流電流を流すと，スケールコイルを介して

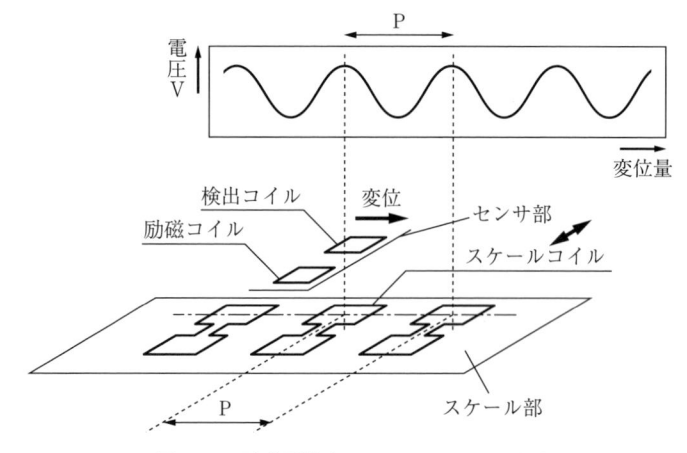

図 8.12 電磁誘導式スケールセンサの原理

検出コイルに電圧が誘起される。スケール部とセンサ部が変位することで検出コイルに誘起される電圧が変化し，スケールコイルのピッチ 3.072 mm に対応した正弦波信号が得られ，この信号を電気的に内挿分割することで 0.1 μm の分解能としている。

類似の構成として，**インダクトシン**（Inductosyn）が知られている[20]。また，スケール部に金属の凹凸を利用して，センサ部につづら折れコイルを利用したセンサ構成も提案されている[21]。

8.3 角度・角変位センサ

サーボモータの回転速度，位置決め制御のため，**磁気エンコーダ**（magnetic encoder）が実用化され数多く使用されている。磁気エンコーダの構造と原理を図 8.13 に示す。磁気ドラムには，1 回転当り 2 000 パルスの A/B 相信号を取り出すための規則的に着磁されたトラックと，1 回転 1 パルスの Z 相信号を取り出すため 1 箇所だけに着磁されたトラックが記録されている。そこで複数の強磁性磁気抵抗効果素子（MR 素子）で作成された MR ユニットを接近させ，A/B 相，Z 相信号を取り出している。図 8.14 に A/B 相の磁気ドラムと MR 素子の配置の一例を示す。磁気ドラムは直径 35 mm のとき，1 回転当りの A/

8.3 角度・角変位センサ

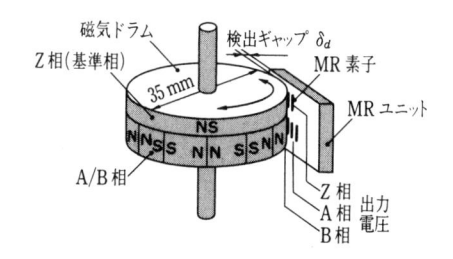

図8.13 磁気エンコーダの構造と原理（ドラム直径：35 mm）

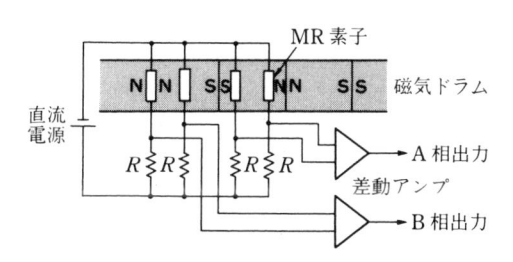

図8.14 A/B相の磁気ドラムとMR素子の配置

B相のパルス数は2 000であり，パルスに相当する着磁のピッチはほぼ110 μmである．検出ギャップは数十μmから150 μmに設定される．Z相の信号は原点信号として使用されるもので，そのパルス幅はA/B相のパルス幅より狭く，位置の再現性が良くなければならない．

図8.15は，ハイブリッド自動車において，エンジンとモータの動力配分と同期モータの電機子切り替えタイミング検出の目的で使用されているVR（variable reluctance）形レゾルバ（resolver）の基本構造と原理である[22]．レゾルバは，図に示す磁気回路とR/D変換ICから構成され，ロータの回転角に対応したデジタル信号を出力する電磁誘導形回転角度センサである．**図8.16**は，レゾルバの動作波形であり，励磁電圧波形および正弦波（sin）と余弦波（cos）に変調された検出電圧を示している．これら検出電圧からのR/D変換回路を用いることにより，機械角に対応した角度信号をデジタル出力している．標準的なレゾルバの仕様は，精度：±60′（2Xの場合），分解能：12 bitx2 = 8 192/rev（2XでR/D変換回路を12bit使用のとき），回転速度範囲：30 000回転数／毎分，温度範囲：−40〜150℃，振動範囲：20 G，耐衝撃

8. 磁気センサ

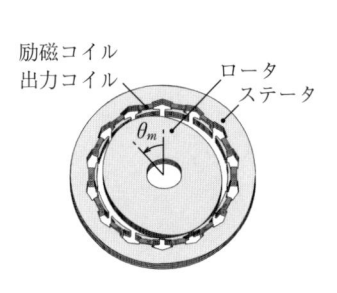

図 8.15 VR 形レゾルバの基本構造と原理

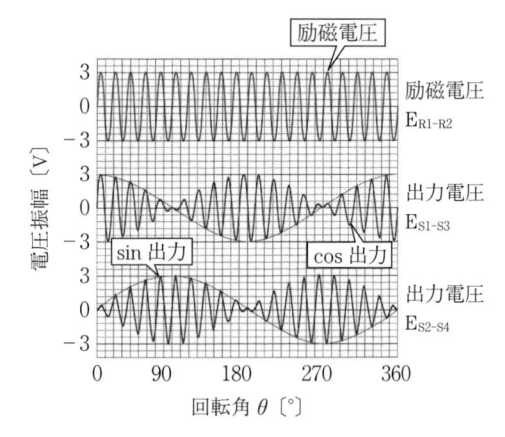

図 8.16 VR 形レゾルバの励磁・出力電圧波形

性：100 G であり，悪環境下でも信頼性が高い特徴がある。

　回転角を計測するための簡易的なセンサも提案されている。**図 8.17**[23] は，永久磁石による回転角センサの例であり，図（a）はセンサとして 2 個のホール素子を用い，それらの出力信号を信号処理 IC で演算して永久磁石の回転角を計測するものである。図（b）はセンサとしてスピンバルブ GMR 素子を使ったものである。**図 8.18**[24] は，回転角センサにおける GMR 素子の接続と出力波形の例である。図（a），（b）の接続例において，端子 Vout-1，Vout-2 から，図（c）に示す出力波形，すなわち正弦波と余弦波波形が得られる。これら出力から，演算により回転角度に対応する出力を得ている。永久磁石を使用

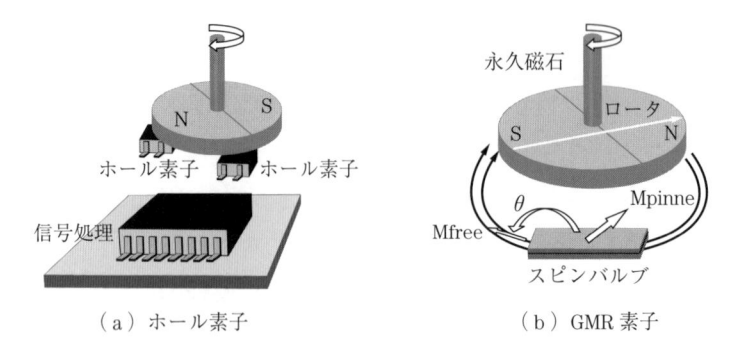

（a）ホール素子　　　　　　　（b）GMR 素子

図 8.17 永久磁石による回転角センサ

(a) 接続例1　　　　　　　(b) 接続例2

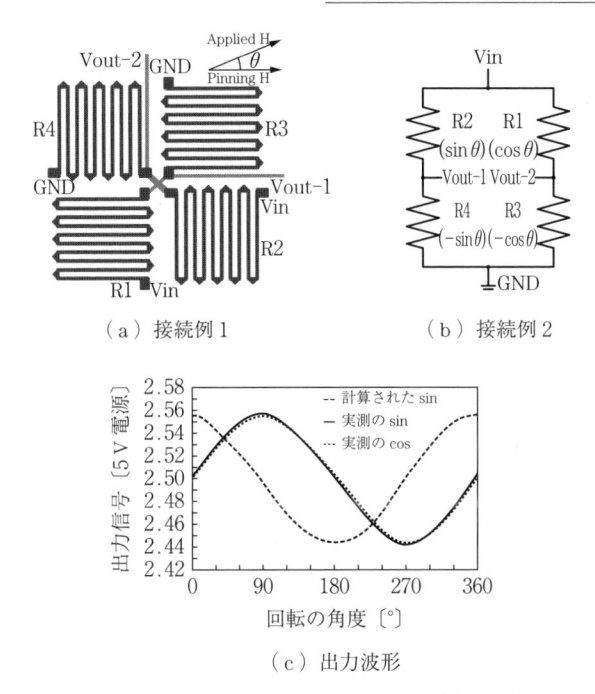

(c) 出力波形

図8.18　回転角センサにおけるGMR素子の接続と出力波形

した回転角度センサの磁気センサとして，他にもMR素子を利用することもできる。これら簡易的回転角度センサのいずれの場合にも360°に対して分解能0.1°，精度0.5°程度の性能を得ることができる。

8.4　トルクセンサ

8.4.1　トルク計測の原理

軸トルクの計測法は，**図8.19**（a）に示すようにトルク伝達軸表面に±45°方向に誘導される主応力σの検出に基づくものと，図（b）の軸のねじれ角θの検出に基づくものとに大別される。σおよびθと印加トルクTとの関係は次式で与えられる。

$$\sigma = \frac{16T}{\pi D^3} \tag{8.4}$$

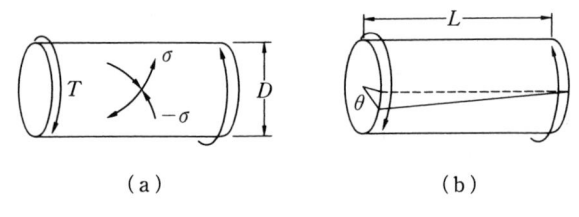

図 8.19 トルク検出に用いられる二つの関係

$$\theta = \frac{32LT}{\pi GD^4} \tag{8.5}$$

ここに，G は軸の剛性率で，鋼の場合 $G \fallingdotseq 8 \times 10^{10}\,\mathrm{N/m^2}$ である．磁歪の逆効果によって，主応力 σ は透磁率の変化として非接触に検出される．また，軸が静止していても検出過程には影響を及ぼさず，軸を細くする必要もないため，耐久性が要求される**トルクセンサ**（torque sensor）の動作原理として適している．これには，鋼軸そのものの磁歪効果を利用するものと，軸周面に磁歪効果の優れた磁性体を付加するものとがある．

軸トルクの計測には，このほかに主ひずみ ε の検出に基づく方法もあるが，軸に接着されたストレインゲージと静止している検出回路との間でスリップリングと電流コンタクトが必要である．

軸のねじれ角 θ は，軸に取り付けられた 1 対の非接触形の磁気式あるいは光学式ロータリエンコーダ出力の位相差から検出できるが，一定の精度を得るには長い軸長 L と，軸が回転していることが必要である．この方式はセンサのような小形化が要求される用途には不向きであるが，弾性特性に優れた軸を用い，かつ，軸径 D を小さくすることによって，高精度化が図られ試験装置に用いられている．図（a）の磁歪効果によるトルクセンサで，軸と中心軸を共有する回転対称なソレノイド形検出コイルによるものをソレノイド形，軸近傍に局所的に対向配置された検出コイルによるものを磁気ヘッド形と分類する[25]．

8.4.2 ソレノイド形トルクセンサ

ソレノイド形トルクセンサの最大の特長は，回転対称構造である．そのため原理的にセンサは，軸回転の影響を受けない．その反面，トルクの正負を識別

するために軸側になんらかの差動構造を導入する必要がある。

図8.20には，短冊状にした磁性薄帯に付随する形状磁気異方性を利用して上述の差動構造を実現する方法を示す[26]。磁歪定数が$\lambda_s = 30 \sim 40$ ppmの鉄系アモルファス薄帯を軸方向に対し±45°のいわゆるシェブロン状に軸に張り付けたものである。図8.20のようにトルクが印加された場合，長手方向に張力が作用する左側の薄帯でその透磁率は増加し，逆に圧縮力が作用する右側の薄帯で透磁率は減少する。したがって，軸のすぐ外側に施した励磁コイルで正弦波励磁を行い，差動結合した検出コイルの誘導起電力を同期整流すればトルクの大きさと方向が検出できる。検出感度は高く，ヒステリシスの小さい線形性の良い特性が得られ，図8.21に示すようにトルクの瞬時波形が精度良く検出できる。ただこの方法では，軸への磁性薄帯の信頼性の高い固定法が開発されておらず，実用化に至っていない。

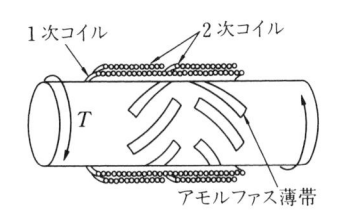

図8.20　シェブロン状にアモルファス磁歪薄帯を接着したトルクセンサ。検出コイルは断面図

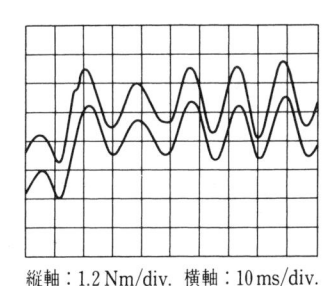

縦軸：1.2 Nm/div.　横軸：10 ms/div.
上波形：ストレインゲージトルクメータによる。
下波形：図8.20のトルクセンサによる。

図8.21　瞬時トルクの検出例

8.4.3　磁気ヘッド形トルクセンサ

トルクによって軸に図8.19（a）のような主応力が発生すると，正の磁歪を持つ鋼軸では，軸表面の透磁率が張力方向で高く，圧縮方向で小さくなる。その差はトルクに比例し，これを非接触に検出する方法が**磁気ヘッド形トルクセンサ**で，Beth, R. A. ら[27]とDahle, O.[28]とによって別々に発表された。いずれも，軸にトルク検出のためになんの加工も要しないのが大きな特長である

が，検出コイル系が回転対称でないため，軸表面の磁気特性に不均一な構造があると，トルクセンサのゼロ点が軸の回転とともに変動する問題があった。

これに対しては，検出ヘッドを軸周に複数配置し変動を平均化する方法[28]と，軸周に均一な磁歪膜を形成する方法[29]がある。前者の場合，センサの小形化と両立させるためには検出ヘッドの小形・薄形化が必要となり，図8.22のような8の字形平面コイルを用いる方法が考えられている[30]。図のようにトルクが印加されると，サブループ1，2間の相互インダクタンスが減少するため，図中aの8の字形平面コイルのインダクタンスは減少して，図中bでは逆に増加する。このインダクタンスの差はトルクに比例し，ブリッジ回路によって容易に検出できる。図中a，b二つのコイルはたがいに直交関係にあるので重ねて図中cのようにすることができる。通常の軸は，浸炭処理や高周波焼入れが施されるのが普通で，保磁力は2.4 kA/m程度と大きい。

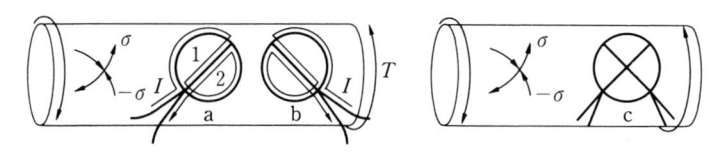

図8.22 8の字形平面コイルの自己インダクタンスを利用するトルク検出

検出コイルの励磁力を大きくするために，薄形フェライトコアを付加することが一つの方法である。直径25 mmのニッケルクロムモリブデン鋼浸炭処理軸に加わるトルクを，軸表面から1.3 mm離して配置した検出ヘッドで計測した例では，ヒステリシス，線形性ともに優れた特性が得られている[28]。この方式のトルクセンサでは，軸の機械強度と磁気特性をいかに両立させるかが重要な研究事項となっている。また，検出ヘッドの集積化も検討されている[29]。

8.5 応力センサ

強磁性体に応力が加わると磁歪効果などにより，磁気特性が変化するため，磁気特性変化から応力を非接触・非破壊で計測する試みがいろいろ行われている。応力により複雑に変化する磁気特性[32]の中から，正の磁歪定数を持った

材料の磁気特性変化を単純化して**表8.1**にまとめた。表の項目以外にも，最近では，バルクハウゼンノイズに起因して生ずる**磁気音響放射**（magnetic acoustic emission）を利用する試みも行われている。

表8.1 応力による磁気特性の変化（正の磁歪定数の場合）

項目	記号	圧縮応力	引張り応力
透磁率	μ	減少	増加
保磁力	H_c	増加	減少
飽和磁束密度	B_s	減少	増加
鉄損	W	増加	減少
磁気異方性		圧縮方向短軸へ	引張り方向長軸へ
バルクハウゼンノイズ		減少	増加

図8.23は，**磁気異方性センサ**（magnetic anisotropy sensor）による応力測定の原理を示している[33],[34]。表に記したように磁歪定数を持つ計測対象に応力を印加すると，**図8.24**に示すように方向別の透磁率分布，すなわち異方性が生じる。磁気異方性センサの励振コアを励振し，計測対象上でセンサを回転させると，検出コイルに電圧が誘導される。誘導された電圧を同期整流し直流電圧にする。センサの回転角πに対して，1周期の信号が出力される。この信号の最大値と最小値の差を検出電圧とする。この検出電圧から計測対象の磁気異方性の大きさと方向がわかる。これをもとにして，主応力（principal

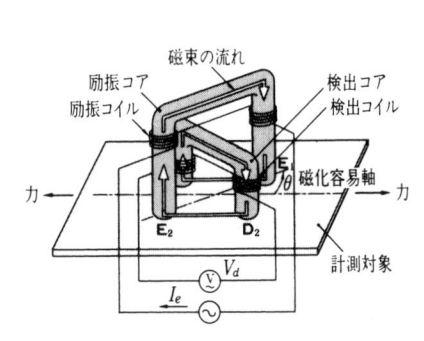

図8.23 磁気異方性センサの基本構造と応用測定

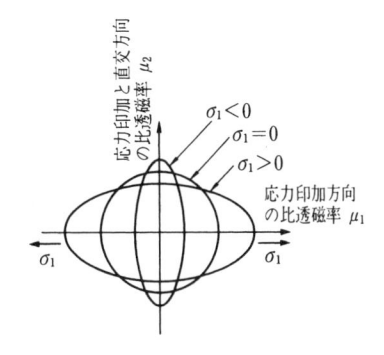

図8.24 応力印加時の方向別透磁率分布（異方性定数が正の場合）

stress）差（$\sigma_1 - \sigma_2$），主応力方向が計測できる．

図8.25は，厚さ1 mmの低炭素鋼板（SPCC）に曲げ応力を加えたときの磁気異方性センサの出力特性の測定値と計算値を示している[35]．ここで出力が飽和傾向を示しているのは，応力が深さ方向に一様でないためである．磁束の浸透深さを考慮した計算値は，測定値によく一致している．

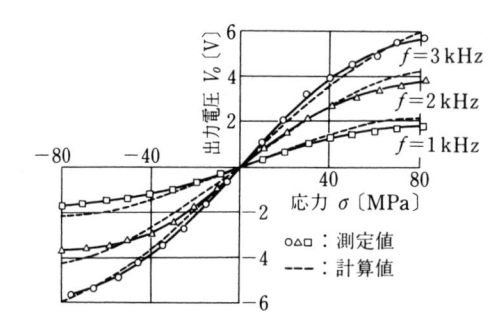

図8.25　曲げ応力に対する磁気異方性センサの出力特性

磁気異方性センサは，計測対象表面の塗装などに影響されず，実際に構造物として組み込まれているままの状態で応力が非接触で測定できる．また，鉄道のレール軸力測定，ガスなどの配管の曲げ応力測定や欠陥検出などの非破壊検査への応用が試みられている．

演 習 問 題

（1）　直径28 mmの軸に最大1 000 N·mのトルクTが加えられるとし，これを1%の精度で計測したい．トルクによる軸のインダクタンス変化を4辺すべてがアクティブで同一感度を有するフルブリッジで検出する場合と，式(8.5)の軸のねじれ角検出による場合とで，それぞれインダクタンス検出，角度検出に要求される分解能はいくらになるか．ただし，1 000 N·m印加に対するインダクタンス変化率は鋼軸を仮定して1/100とし，トルク検出に利用できる軸長は5 cm，軸の剛性率を$G = 8 \times 10^{10}$ N/m^{2}とせよ．

9 磁気による情報ストレージ技術

9.1 磁気記録 ── HDDの現状と将来 ──

9.1.1 概　　　要

　磁気記録の原点は，1898年にデンマークのV. Poulsenがピアノ線に音声を書き込んだことにある。しかし磁気録音機が実用化され，広く使われるようになったのは，リング形磁気ヘッドと塗布形磁気テープ，高周波バイアス方式の三つが1940年頃までに出そろい，第二次世界大戦が終わって世の中が平和になった1945年以降である[1]。この技術をベースに，1956年に4ヘッド形VTR，1957年に電子計算機用のHDD（hard disk drive）が世に出た。

　高周波バイアス法は音声信号を磁性膜へひずみなく高感度で，低ノイズで書き込むために発明されたが，周波数帯域が格段に広い映像信号を記録するために周波数変調で書き込む方式が導入された。これらは，いわゆるアナログ信号の記録である。これに対して電子計算機の外部記憶装置として進歩してきた磁気テープ装置やHDDは，当初から2値のディジタル信号の記録が基本であり，効率よく誤りなく書き込むためにさまざまなディジタル変復調方式が導入された。アナログ信号をディジタル化するAD変換素子の進展とともに，テープレコーダやHDDでも音声や映像がディジタル信号で書き込まれるようになり，HDDは今やマルチメディアの大容量ストレージ装置になっている。

　その間，微細加工技術の進展や新材料・新機能デバイスの開発によりHDDの小形大容量化が着実に進んだ。中でも，1975年頃に提案された垂直磁化方式は[2]，ようやく2000年にHDDに適用可能であることが実証され[3]，2005

年に市場に出て，5年を経ずして従来の長手磁化方式をほとんど置き換えた。これは磁気記録の特長である単位体積当りの大記録容量性とビットコストの低廉性を一段と進めた。今後，格段に大きな記録容量が求められるデータ蓄積や映像記録の分野で一層の市場展開が期待される。

9.1.2 HDD の概略

パソコンなどに搭載されている最近の HDD は，たばこの箱ほどの大きさの金属ケースで密封されており，内部を見ることはできない。図 9.1 は外側のケースを外した HDD 内部の構造である。アルミやガラス基板上に硬質磁性膜などを被着させて高速回転させている磁気ディスクと，この上を超低浮上で相対走行させて情報を書き込み，読み出す磁気ヘッド，これをディスク上に安定浮上させるためのサスペンション機構やキャリッジ，これを所望のトラックに正確にポジショニングさせるアクチュエータや磁気ディスクを安定に回転させるモータなどの駆動機構，制御や信号処理のための LSI 等からなっている[4]。

図 9.2 に，ディスク上への情報の書き込まれ方を示す。図（a）は垂直磁化方式，図（b）が長手磁化方式の記録磁化状態である。同心円状のトラックに等間隔で微小磁石を並べ，その向きを反転させるか，させないかで 0 と 1 の情報が書き込まれている。トラック幅と磁石の幅とで決まるビット当りの占有面積が小さいほど，記録密度

図 9.1 HDD 内部の全景
（高野公史氏のご厚意による）

が高められる。

（1）**磁気ヘッド**　図 9.3 は記録メディアと磁気ヘッドで構成される記録再生系の概略を示すもので，図（a）は垂直磁化方式，図（b）は長手磁化方式のものである。いずれも書込み用と読出し用とが一体になっている。

図（b）に示す，長手磁化方式での書込み用ヘッドは，環状磁心の一部に狭い空隙（エアギャップ）を入れて，そこから外部に漏れる磁界を使うリング形が原形である。用途や製造の都合などでさまざまな形状のものが使われてき

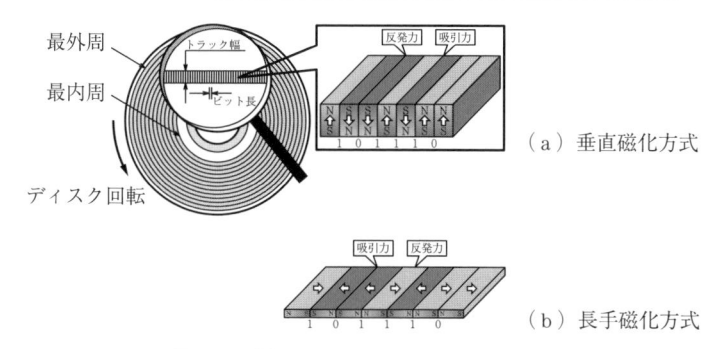

9.1 磁気記録 ― HDDの現状と将来 ―

（a）垂直磁化方式

（b）長手磁化方式

図9.2 磁気ディスクへの情報の書込み方

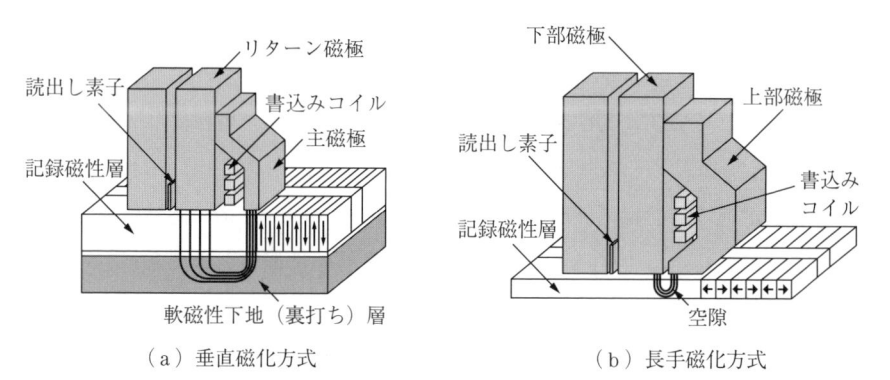

（a）垂直磁化方式

（b）長手磁化方式

図9.3 磁気ヘッドの構造
（日立GST 高野公史氏のご厚意による）

た。これはHDD用薄膜磁気ヘッドの基本構造で，製造プロセスの都合でリング形を押しつぶしたような形になっている[5]。

これに対し，図（a）に示す垂直磁化方式では，リング形の空隙に相当する部分に薄い軟磁性膜を置き，磁極部分を非磁性体にした単磁極型構造が基本である[6]。この軟磁性膜を主磁極と呼ぶ。HDDに搭載される薄膜ヘッドでは図（b）のような狭い空隙をつくらずに，図（a）のように最上部の磁極をそのまま主磁極としている。これだけでは記録メディアに強い磁界を加えにくいので，記録用磁性層の裏面に軟磁性層を裏打ちし，これと主磁極との間の磁気相互作用を利用している[7]。また磁界の分布を狭めるために主磁極の周辺を補助磁極で囲んでおり，発生磁界の強さは磁心材料だけでなく磁極構造も強く影響

している。

書き込まれた情報を高分解能で読み出す読出しヘッドには，以前はメディアから生じる微弱な磁界変化をリング形コアで検出し電気信号に変換する，いわゆる電磁誘導則が利用されていた．最近は磁気と電子の相互作用を利用するGMR（巨大磁気抵抗効果）やTMR（トンネル磁気抵抗効果）などの磁気抵抗効果を用いた磁電変換素子に替わっている[8]．

（2） **磁気ディスク**　　記録メディアとして磁気記録技術を牽引してきた磁気テープは，幅広のプラスティックフィルム上にγ-Fe_2O_3やFe径微粉末を塗布したものや，Co系の磁性薄膜を蒸着法で被着させたものなどを，所望の幅にカットしてリールに巻いたものである．

これに対してHDDで用いられている磁気ディスクは，当初は，アルミ基盤上にγ-Fe_2O_3微粒子をスピンコートし表面を研磨したものが用いられていた．高密度化が進み，記録磁性層の薄層化が求められ，Co-Cr系の磁性膜をスパッタ法で被着させたものに替わった[9]．記録磁性層の性能を引き出し，さらに磁性層を保護するため，記録磁性層の上下にはナノメートル・オーダの潤滑層や保護層，それに記録層の特性を制御するさまざまな下地層が被着されている[10]．特に垂直磁化用では，図9.3（a）に示すように，垂直磁気異方性を持った記録磁性層の直下に記録ヘッドの性能を引き出す軟磁性を裏打ちしている[11]．

記録磁性層は金属膜であるが，詳細に微細構造を調べると，直径10 nm程度の微細磁性粒とそれを囲む非磁性粒界からなっている[12],[13]．**図9.4**は，垂直磁化用記録メディアの磁性膜の構造を透過形電子顕微鏡（transmission electron microscope，略してTEM）で調べたものである．磁性粒子には磁化容易方向があり，長手磁化用ではそれが磁性膜面内に向くように，また垂直磁化用では磁性膜面に垂直になるようにつくられている．

磁性粒径を小さくすることで低ノイズ化と高密度化が実現されてきたが，微細化し体積が小さくなりすぎると磁性を失う．記録磁性層に用いられるCo系粒子

図9.4　磁気ディスク
　　　　書込み層の微細構造

では，球状に換算して直径 5～7 nm 程度が限界といわれている[14]。そのこともあって，粒径が小さく，膜厚方向に長い柱状粒子からなる垂直磁化膜が記録磁性層として望まれた。

9.1.3 書込みの原理

磁気記録では，磁気ヘッドが微細な領域に生じる強い磁界で，磁気ディスクに被着されている硬質磁性膜上に，微小磁石の極性反転の有無としてディジタル信号を書き込む。

（1）磁気ヘッドの磁界　図 9.5 は，図 9.3（a）とは上下逆になっているが，記録トラック走行方向に沿って切断した単磁極ヘッドの主磁極近傍の概略図である。座標をヘッドに固定し，記録トラックに沿った方向に x，記録メディアの面に垂直な方向に y，トラックを横切る方向に z 軸を置いている。

この座標系で，単磁極型ヘッドが生じる磁界の記録メディア垂直成分 H_y と記録トラック長手方向成分 H_x のトラック長手方向における分布は，それぞれ近似的に次式で表せる[15]。

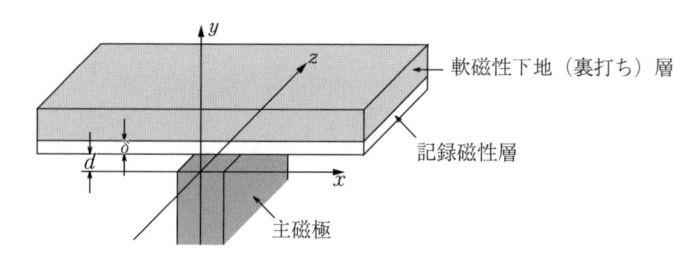

図 9.5　磁気ヘッド・記録メディア系の座標

$$H_y(x, y) = \frac{H_0}{\pi} \cdot \left\{ \arctan\left(\frac{x + T/2}{y}\right) - \arctan\left(\frac{x - T/2}{y}\right) \right\} \quad (9.1\mathrm{a})$$

$$H_x(x, y) = \frac{H_0}{2\pi} \cdot \log\left\{ \frac{(x + T/2)^2 + y^2}{(x - T/2)^2 + y^2} \right\} \quad (9.1\mathrm{b})$$

ここで T はヘッド走行方向での主磁極厚み，H_0 は主磁極先端面中心での磁界強度である。H_y を垂直成分と呼ぶのに対し，H_x は x 方向が磁気テープの長手方向であり，また磁気ディスクの面内にあることもあって，長手あるいは面

内成分とも呼ばれる。式 (9.1) は、トラック幅が十分に広く、ヘッドの励磁により主磁極先端面に一様に面磁極が分布しているとして求められたものである。

図 9.6 (a), (b) は、それぞれの計算結果である。垂直成分の強さはヘッド表面から離れるに伴って弱まり、かつ分布範囲が広まる。磁気記録では磁化方式にかかわらず、磁化容易方向成分の磁界分布ができるだけ単峰的、かつヘッド走行方向の減衰が急峻であり、最大磁界強度の強いことが望まれる。

実際には、記録メディア内の軟磁性層だけでなく記録磁性層も磁化されることによる主磁極への影響、さらには主磁極周辺の補助磁極の影響などもあるので、厳密には計算機シミュレーションによる解析が不可欠である。

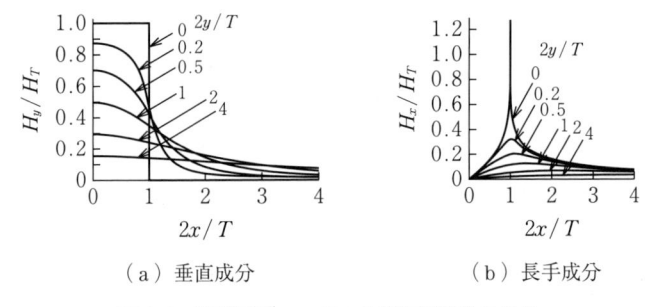

(a) 垂直成分　　　　　(b) 長手成分

図 9.6　単磁極型ヘッドの主磁極近傍磁界分布

(2) 書込み過程　　ディジタル磁気記録では、'1' と '0' の二値信号を単位ステップ状電流変化の有無を原則として書き込む。図 9.7 は、'1' の書込み過程の概要を示したものである。図 (a) は電流変化、(b) は記録メディア磁化容易方向成分のヘッド磁界分布、(c) は同じ方向で測定した記録メディアの磁化曲線上での磁化過程を、それぞれモデル的に示している。

図 (a) のように、例えばヘッドの巻線を流れる電流の極性が正から負に反転すると、図 (b) の実太線のようにヘッド磁界の極性が正から負に反転する。記録メディア内に、図 (b) に示す代表的な点 x_1, x_2 を考え、これらがヘッドに対して相対的に紙面を左から右へ移動するとする。磁界の極性反転前、それぞれの点はヘッド磁界の正のピーク値で飽和に達する強い磁界を受ける。その後、それぞれ H_1, H_2 まで減衰した瞬間に磁界の極性が反転すると、それらの

(a) 電流波形　　　　　　　　　　(b) 磁界分布

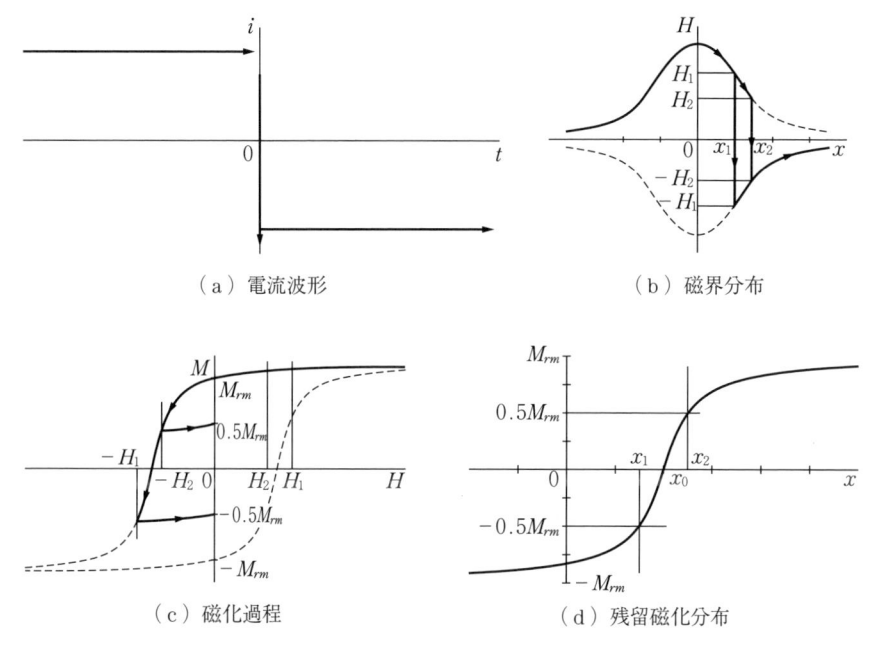

(c) 磁化過程　　　　　　　　　　(d) 残留磁化分布

図 9.7　ディジタル信号の書込み過程

受ける磁界の極性が反転し，印加磁界強度は $-H_1$，$-H_2$ に瞬間的に替わる。

この磁界変化に対する磁化過程を図 (c) の磁化曲線上で追跡すると，磁界の極性反転前はヘッド磁界の正のピーク値でそれぞれ正の飽和まで磁化され，その後の減衰とともに，メジャ曲線上をそれぞれ H_1, H_2 まで幾分下降する。その瞬間に磁界の極性が負に反転し，$-H_1$, $-H_2$ で与えられる磁化の大きさまで，メジャ曲線上を瞬間的に下降する。その後，負の磁界強度の減衰とともにマイナ曲線上に反転して上昇し，それぞれの残留磁化の大きさに落ち着く。図では，x_1, x_2 点の磁化が最大残留磁化の大きさ M_{rm} の半分になるように選んでいる。

記録メディア内のすべての点について同様のことを行い，残留磁化の大きさをプロットすると，図 (d) が得られる。つまり図 (a) のような階段状の信号を加えても，記録メディア内には，負あるいは正の飽和から正または負の飽和まで緩やかに変化する磁化分布が与えられる。これは磁化転移あるいは磁化

遷移と呼ばれ，次式で近似できる．

$$M_r(x) = \frac{2M_{rm}}{\pi}\arctan\frac{x-x_0}{a} \tag{9.2}$$

ここで x_0 は転移中心の座標であり，a を転移幅パラメータと呼ぶ．a は，図 (d) で x_1 と x_2 点の間隔の半分に相当し，式 (9.2) を $x = x_0$ 付近で直線近似し，$M_r = \pm M_{rm}$ と交わる点との間の距離 πa を転移幅と呼ぶこともある．

これらから明らかなように，ヘッド磁界の分布範囲が狭いことよりも磁界強度の減衰が急峻で，かつ磁化曲線の保磁力付近の傾きが急峻であるほど，x_1 と x_2 の間隔が狭まり，a を小さくできる．このことは隣接して信号 '1' を書き込む間隔を狭められることを意味するが，これが高密度記録の秘訣であり，高密度化の指標になっている．

（3） **減磁界の影響** 磁性体が磁化されると，その反作用として，磁化分布に応じた磁界が磁性体の内外に生じる．内部に生じるものを反磁界あるいは減磁界と呼ぶ．単位ステップ信号を書き込んだときの磁化分布が式 (9.2) で近似できると，これによる減磁界分布は以下のように求められる．

座標系を**図 9.8** に示すように記録メディアに固定し，厚さ δ の記録磁性層中心面上に原点を置き，そこに磁化転移中心があるとする．転移中心の座標は $x_0 = 0$ である．

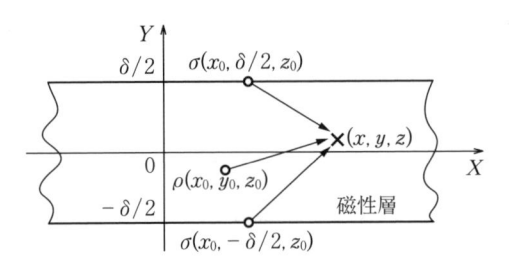

図 9.8 記録メディア磁性層の座標

垂直磁化の場合，記録メディアが記録磁性層の裏面を軟磁性層で裏打ちした二層膜であると，磁性層内部の着目点 (x, y, z) 点における減磁界は，磁性層表面の面磁極分布 $\sigma(x_0, -\delta/2, z_0)$ のみにより生じる．これに対し，長手

9.1 磁気記録 — HDD の現状と将来 —

磁化の場合は磁性層内の体積磁極分布 $\rho(x_0, y_0, z_0)$ により生じる。解析の詳細は省略するが，記録トラック幅が十分広いとすると，垂直磁化の減磁界の垂直成分 $H_{d,y}^P$，および長手磁化の長手成分長 $H_{d,x}^L$ は，それぞれ次式のように求められる[16]。

$$\sigma\left(x_0, -\frac{\delta}{2}, z_0\right) = -\frac{2M_{rm}}{\pi}\arctan\frac{x_0}{a} \tag{9.3 a}$$

$$H_{d,y}^P(x, y, z) = \int_{-\infty}^{\infty} dx_0 \int_{-W/2}^{W/2} dz_0 \frac{\sigma\left(x_0, -\frac{\delta}{2}, z_0\right)\cdot\left(y+\frac{\delta}{2}\right)}{\left\{(x-x_0)^2 + \left(y+\frac{\delta}{2}\right)^2 + (z-z_0)^2\right\}^{3/2}}$$

$$= -4M_{rm}\arctan\frac{x}{a+\left(y+\frac{\delta}{2}\right)} \tag{9.3 b}$$

$$\rho(x_0, y_0, z) = -\frac{2M_{rm}}{\pi}\cdot\frac{a}{x_0^2 + a^2} \tag{9.4 a}$$

$$H_{d,x}^L(x, y, z) = \int_{-\infty}^{\infty} dx_0 \int_{-\delta/2}^{y} dy_0 \int_{-W/2}^{W/2} dz_0 \frac{\rho(x_0, y_0, z_0)\cdot(x-x_0)}{\left\{(x-x_0)^2 + (y-y_0)^2 + (z-z_0)^2\right\}^{3/2}}$$

$$+ \int_{-\infty}^{\infty} dx_0 \int_{y}^{\delta/2} dy_0 \int_{-W/2}^{W/2} dz_0 \frac{\rho(x_0, y_0, z_0)\cdot(x-x_0)}{\left\{(x-x_0)^2 + (y_0-y)^2 + (z-z_0)^2\right\}^{3/2}}$$

$$= -4M_{rm}\left\{\arctan\frac{a+y+\delta/2}{x} + \arctan\frac{a-y+\delta/2}{x} - 2\arctan\frac{a}{x}\right\} \tag{9.4 b}$$

これらの減磁界強度は転移の中心ではゼロであるが，そこから離れるにしたがって磁化とは逆極性で加わり，転移幅を広げるように働く。記録磁性層中間面で，転移中心から転移幅パラメータ a だけ離れた位置 $(x_0+a, 0, 0)$ における減磁界強度は，垂直と長手のそれぞれに対して

$$H_{d,y}^P(x_0+a, 0, 0) = -4M_{rm}\left\{\frac{\pi}{2} - \arctan\left(1+\frac{\delta}{2a}\right)\right\} \tag{9.5}$$

$$H_{d,x}^{L}(x_0+a, 0, 0) = -8M_{rm}\left\{\frac{\pi}{4} - \arctan\left(1+\frac{\delta}{2a}\right)\right\} \qquad (9.6)$$

で与えられる。

図9.9は，転移中心から転移幅パラメータ分だけ離れた位置における垂直および長手磁化の減磁界の強さ $H_d(x_0+a, 0, 0)$ を式(9.5)，式(9.6)で求め，これらと cgs 系で表したそれぞれの最大減磁界強度 $4\pi M_{rm}$ との比を，転移幅と磁性層厚みとの比 a/δ に対して示したものである。

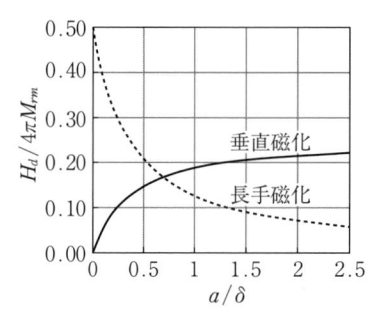

図9.9 減磁界強度の孤立磁化転移幅依存性（記録磁性層中心面で転移中央から a だけ離れた位置での値）

これから明らかなように，垂直磁化では転移幅が狭いほど減磁界が弱くなるのに対し，長手磁化では逆に強くなる。長手磁化の減磁界強度の最大値は，転移中央に立てた面に体積磁極密度 ρ をすべて置いた面磁極密度によるものに相当し，$2\pi M_{rm}$ である。一方，垂直磁化では，磁性層表面の面磁極密度だけから，y 方向へ $\delta/2$ だけ離れた磁性層中心面に加わるものであるので，πM_{rm} である。これらのことから，いずれにしろ垂直磁化方式のほうが，特に転移幅 a が狭まるほど減磁界が弱まるので，これが垂直磁化方式の高密度記録性を主張する理由になっている。

9.1.4 書込み性能の理論予測

ディジタル磁気記録の特性は磁化転移幅の狭さで決まるといっても過言ではない。信号対雑音（S/N）比も主要な評価指数であるが，これはメディア記録層の磁性粒径の大きさやばらつき，読出しヘッドの感度などに依存するので，読出し回路や，ヘッドとメディアの加工・製造など，周辺技術の進歩である程度救える。しかし磁化転移幅は，記録メディアの磁気特性や書込みヘッドの磁界分布，減磁界の影響など，磁気記録の本質的な物理特性で決まる。

孤立磁化転移が書き込まれる過程を図9.7で示したが，これは，①ヘッド磁界の極性が反転した瞬間と，②ヘッド磁界から抜け出して残留磁化が与え

られる過程からなる。それぞれの磁化過程は非線形で減磁界も影響するなど解析が容易でないため，計算機シミュレーションがしばしば用いられている[17]～[19]。

しかし，磁気ディスク記録磁性層の磁化曲線が数式化できれば，セルフコンシステント磁化の考え方を導入して減磁界の影響を考慮し，性能指数の一つである転移幅パラメータの大きさ a を理論的に解析，予測できる。

（1）**磁気ディスクの磁化曲線**　図9.10（a）は，磁気テープなどに用いられていた γ-Fe_2O_3 塗布膜の磁化容易方向に測ったメジャ，マイナ磁化曲線である。磁気記録では，記録メディアの磁気特性，特に保磁力 H_c や最大残留磁化 M_{rm}，飽和磁化 M_s の大きさ，および角形比 M_{rm}/M_s や H_c 付近の傾きなどが書込み特性に影響する。

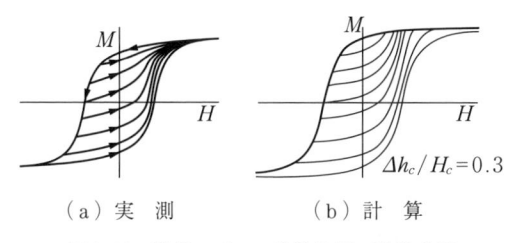

(a) 実　測　　　(b) 計　算

図9.10 記録メディア書込み層の磁化曲線

このような磁性粒集合体の磁化曲線は，個々の磁性粒の磁化曲線の和として測定される。磁性粒の形や大きさ，磁化容易方向などにはばらつきがあるが，これらの影響も含め，簡単のため個々の磁性粒の磁化曲線が角形であるとし，それらの保磁力 h_c が次式で表せるローレンツ型関数

$$\phi(h_c) = \pm \frac{N}{\pi \Delta h_c} \frac{1}{1 + \left(\dfrac{h_c \pm H_c}{\Delta h_c}\right)^2} \tag{9.7}$$

にしたがって分布しているとする。ここで N は単位体積内の磁性粒の総数である。また Δh_c は h_c 分布の半値幅の $1/2$，H_c は分布のピークを与える値であり，いずれも集合体の磁化容易方向に測定される磁化曲線から求められる[20]。

式（9.7）は磁性粒の保磁力が h_c である確率密度関数でもあり，自発磁化の

大きさを I_s とすると，$I_s \times N$ は微粒子集合体の飽和磁化の大きさ M_s である。右辺の符号は同順で，＋は磁性粒集合体の磁化が正，－は負であることを示している。磁化が正のとき，粒子は負磁界で負に反転するので h_c は負であり，分布は $h_c = -H_c$ でピークをとる。ただし式 (9.7) では，隣接粒子との相互作用により $h_c \geq 0$ の粒子もあるとしている。これは正磁界でも負に反転するものがあり，正の飽和磁界ですべての粒子は正を向くが，磁界が弱まると，$h_c \geq 0$ で値の大きなものから順に負に反転することを意味する。これらの粒子は，磁界ゼロですべて負を向くので，M_{rm} は M_s よりも小さくなる。

集合体の磁化が負のときも同様に考え，印加磁界の変化に応じて式 (9.7) の h_c 分布の変化を追跡し，分布関数上で正を向く粒子と負を向く粒子数を積分して求めると，磁界強度 H_1 を印加したときの，正あるいは負の飽和磁化から下降あるいは上昇するメジャ曲線上の磁化の大きさ M_1 が次式で求められる[20]。

$$M_1(H_1) = \frac{2M_s}{\pi} \arctan\left(\frac{H_1 \pm H_c}{\Delta h_c}\right) \tag{9.8}$$

ここで逆正接関数の中の符号は，正が下降，負が上昇するメジャ曲線であることを示し，前者では $H_1 = -H_c$，後者では $H_1 = H_c$ で，$M = 0$ になる。

詳細は省略するが，下降あるいは上昇メジャ曲線上の H_1 から反転する上昇あるいは下降マイナ曲線上で，磁界 H_2 を印加したときの磁化の大きさ M_2 も同様にして次式で表せる[20]。

$$M_2(H_2, H_1) = M_1(H_1) - \frac{2M_s}{\pi}\left\{\arctan\left(\frac{H_1 \mp H_c}{\Delta h_c}\right) - \arctan\left(\frac{H_2 \mp H_c}{\Delta h_c}\right)\right\} \tag{9.9}$$

ここで，右辺第 2 項｛｝内の arctan 関数内の符号は，負が下降メジャからの上昇マイナ曲線，正が上昇メジャからの下降マイナ曲線である。

図 9.10 (b) は，計算ソフト Mathcad 用いて式 (9.8)，式 (9.9) により求められたメジャ・マイナ曲線の一例で，図 (a) の実測の傾向をよく表している。このように式 (9.7) の分布関数は半値幅 Δh_c とピークを与える値 H_c とで特徴付けられ，これらで磁化曲線を解析的に求められる。

（2） **セルフコンシステント磁化**　外部磁界 $H_a(x,y,z)$ の印加により磁性体内の磁化分布 $M(x,y,z)$ が与えられると，その反作用として減磁界 $H_d(x,y,z)$ が磁性体内部に生じる。さらに記録磁性層が磁性微結晶粒からなる場合，磁性粒子間に交換相互作用が働く。これにはワイスの分子場理論を模して，周辺粒子の磁化の平均値に比例する平均磁界 $H_m(x,y,z)$ が加わるとする[21]。これらと印加磁界 $H_a(x,y,z)$ が重畳した実効磁界 $H_{eff}(x,y,z)$ で磁化分布 $M(x,y,z)$ が決まるので，これらの関係は

$$M(x,y,z) = M_s \cdot f_m(H_{eff}(x,y,z)) \tag{9.10 a}$$

$$H_{eff}(x,y,z) = H_a(x,y,z) + H_d(x,y,z) + H_m(x,y,z) \tag{9.10 b}$$

$$H_d(x,y,z) = f_d(M(x,y,z)) \tag{9.10 c}$$

として表せる。ここで $f_m(H_{eff}(x,y,z))$，$f_d(M(x,y,z))$ は磁化および減磁界の分布を表す関数で，M_s は飽和磁化の大きさである。$M(x,y,z)$ の分布は H_a 分布だけで決まるのではなく，H_a に H_d と H_m が加わって瞬間的に与えられる。これをセルフコンシステント（自己矛盾のない）磁化と呼ぶ[22]。

垂直磁気記録メディアの磁気特性の測定では，膜面に垂直な印加磁界 H_y で膜面に垂直な磁化成分 M_y を測定する。無限平板の磁性体を一様に垂直磁化することに相当するので，減磁界は cgs 単位系で M_y に減磁率 4π を掛けたものになり，これが外部磁界 H_y を減ずるように加わる。これに交換相互作用の影響として平均磁界 H_m がさらに加わる。

一様磁化された場合の減磁率を κ，交換相互作用の効果を係数 γ で表し，$H_d = \kappa M$，$H_m = \gamma M$ で表すと，これらに印加磁界 H_1 あるいは H_2 を加えたものを式 (9.10 b) の実効磁界 H_{eff} とし，これらを改めて式 (9.8)，式 (9.9) の H_1 および H_2 の代わりに置き換えると，これらを考慮したセルフコンシステントなメジャおよびマイナ磁化曲線は

$$M_1(H_1) = \frac{2M_s}{\pi}\arctan\left(\frac{H_1 + \kappa M_1 + \gamma M_1 \pm H_c}{\Delta h_c}\right) \tag{9.11}$$

$$M_2(H_2/H_1) = M_1(H_1) - \frac{2M_s}{\pi}\left\{\arctan\left(\frac{H_1 + \kappa M_2 + \gamma M_2 \mp H_c}{\Delta h_c}\right)\right.$$
$$\left. - \arctan\left(\frac{H_2 + \kappa M_2 + \gamma M_2 \mp H_c}{\Delta h_c}\right)\right\} \qquad (9.12)$$

により計算で求められる。arctan 関数内の符号は,式 (9.8),式 (9.9) と同様に,正が下降,負が上昇するメジャあるいはマイナ曲線を表している。

式 (9.11) から,保磁力 H_c 付近におけるメジャ曲線の勾配 α,および角形比角 M_{rm}/M_s は,それぞれ次式で与えられる[23]。

$$\alpha = \frac{2M_s}{\pi} \cdot \frac{1}{\Delta h_c + 8(\kappa - \gamma)M_s} \qquad (9.13)$$

$$\frac{M_{rm}}{M_s} = \frac{2}{\pi}\arctan\left(\frac{H_c - 4\pi(\kappa - \gamma)M_{rm}}{\Delta h_c}\right) \qquad (9.14)$$

式 (9.13) から,長手磁化膜の減磁率が $\kappa=0$,あるいは垂直磁化膜で $\kappa=4\pi$ とすると,粒子間交換相互作用が $\gamma=0$ で,粒子分散がきわめて狭い $\Delta h_c=0$ の場合のメジャ曲線の勾配は,長手で $\alpha=\infty$,垂直で $\alpha=1/4\pi$ である。また式 (9.14) から,$\kappa=0$,$\gamma=0$ である長手磁化膜の角形比は $M_{rm}/M_s=(2/\pi)\cdot\arctan(H_c/\Delta h_c)$ で与えられる。

図 9.11 は,Mathcad を用いて,$\kappa=4\pi$,$\gamma=0.3$ として垂直磁化膜のメジャ,マイナ磁化曲線を式 (9.11),式 (9.12) により求めた一例である。図では,粒子間交換相互作用が $\gamma=0$ の場合のメジャ曲線とも比較して示している。粒子間に交換相互作用が働いていると磁化曲線が立ち,保磁力付近の勾配が大きく

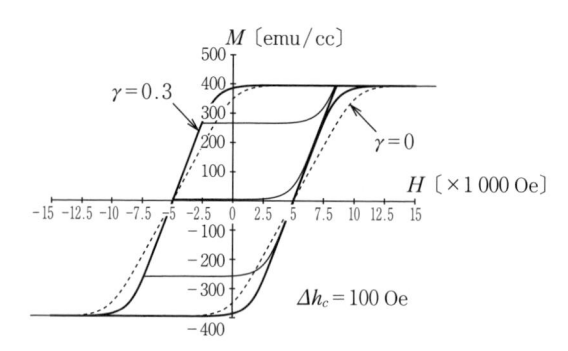

図 9.11 計算で求めた垂直記録磁性層の磁化曲線

なるが,このことは実測でも確かめられている[24]。

(3) 磁化転移幅の予測[23]　記録メディアは書込みヘッド上を通過中に飽和磁化に達する強い磁界を受ける。例えば,書込み電流の極性が正から負に反転すると,ヘッド磁界の極性が負に反転し,ヘッド中心よりの磁化が負に反転する。このときの磁化分布を暫定的に式(9.2)で近似し,磁化転移幅パラメータを $a=a_1$,最大磁化の大きさを M_{rm} の代わりに M_s とする。これは,ディスクの書込み層が熱緩和の影響を抑えるために $M_{rm}/M_s \approx 1$ であるように作製されており,さらにヘッド中心付近で飽和磁化されるためである。

ヘッドに固定した座標を図9.5のようにとり,磁化転移の中心を $x=x_0$ として,ここから正側に a_1,またヘッド表面上方に y だけ離れた記録磁性層内の点 (x_0+a_1, y) で,ヘッド磁界強度,減磁界強度および粒間交換相互作用磁界(平均磁界)強度を,それぞれ $H_h(x_0+a_1, y)$,$H_d(x_0+a_1, y)$,$H_m(x_0+a_1, y)$ とする。この点のヘッド磁界反転直後の磁化は,図9.7(c)に示すように下降メジャ磁化曲線上にあり,式(9.8)と式(9.10a)と(9.10b)より次式で表せる。

$$M_1(x_0+a_1, y) = \frac{2M_s}{\pi}\arctan\left(\frac{H_h(x_0+a_1, y)+H_d(x_0+a_1, y)+H_m(x_0+a_1, y)+H_c}{\Delta h_c}\right)$$
(9.15)

磁化分布が式(9.2)で与えられると,転移中心から a_1 だけ離れた点の磁化は $M_1(x_0+a_1, y)=M_s/2$ であり,式(9.15)より次式が得られる。

$$H_h(x_0+a_1, y)+H_d(x_0+a_1, y)+H_m(x_0+a_1, y) = \Delta h_c - H_c \quad (9.16)$$

一方,図9.7(c)で明らかなように,転移の中心 $x=x_0$ はメジャループからの残留磁化をゼロにする磁界強度が与えられている位置である。この磁界強度を残留保磁力 H_{cr} と呼ぶが,これは次式で近似できる。

$$H_{cr} = \pm\sqrt{H_c^2 + \Delta h_c^2} \quad (9.17)$$

ここで $H_c \gg \Delta h_c$ であれば $H_{cr} \approx H_c$ である。この磁界強度近傍のヘッド磁界分布は,磁界勾配を $\beta(x_0+a_1, y)$ とすると

$$H_h(x_0+a_1, y) = -H_{cr} - \beta(x_0+a_1, y)\cdot a_1 \quad (9.18)$$

で線形近似できる．したがって式 (9.16)，式 (9.18) から，a_1 は

$$a_1 = \frac{1}{\beta(x_0, y)} \left[\Delta h_c - \left\{ (H_{cr} - H_c) - H_d(x_0 + a_1, y) + H_m(x_0 + a_1, y) \right\} \right] \quad (9.19)$$

で求められることになる．右辺第 1 項の $\Delta h_c / \beta(x_0, y)$ は，記録条件だけで決まる転移幅パラメータで，これを a_0 とする．

ところで，記録磁性層中心面 $y = d + \delta/2$ で，かつ転移中心から a_1 だけ離れた位置で，式 (9.19) 中の減磁界強度 $H_d(x_0 + a_1, d + \delta/2)$ は，垂直，長手両磁化に対して，それぞれ式 (9.5)，式 (9.6) で与えられる．また粒間交換相互作用磁界 $H_m(x_0 + a_1, y)$ については，メディアノイズを発生させる大きな要因であることから，垂直，長手をかかわらず理想的な記録メディアを仮定して，$H_m = 0$ とすると，磁界反転直後の垂直，長手両磁化における転移幅パラメータ a_1^P，a_1^L は，それぞれ近似的に次式で計算できる．

$$a_1^P = \frac{1}{\beta\left(x_0, d + \dfrac{\delta}{2}\right)} \left[\Delta h_c + \left\{ (H_{cr} - H_c) - 2\pi\gamma M_s + 2\pi M_s \left\{ 1 - \frac{2}{\pi} \arctan^{-1}\left(1 + \frac{\delta}{2a_1^P}\right) \right\} \right\} \right]$$

(9.20)

$$a_1^L = \frac{1}{\beta\left(x_0, d + \dfrac{\delta}{2}\right)} \left[\Delta h_c + \left\{ (H_{cr} - H_c) - 8M_s \left\{ \frac{\pi}{4} - \arctan\left(1 + \frac{\delta}{2a_1^L}\right) \right\} \right\} \right]$$

(9.21)

これらの転移幅パラメータ a_1^P，a_1^L から，さらにヘッド磁界から抜け出した後の a_2^P，a_2^L も導出できる．しかし垂直，長手にかかわらず，書込み時の減磁界はヘッド磁界反転時に特に顕著に影響し，Δh_c がよほど大きくなければ，a_2^P，a_2^L は a_1^P，a_1^L とほぼ同じ値をとる[23]．それゆえここでは，これ以上の導出は省略する．

(4) **垂直磁化と長手磁化** 図 9.12 は，従来の長手磁化方式と最近導入されている垂直磁化方式の基本的特性の違いを，上述の解析法で求めて比較した一例である[23]．磁化容易方向が異なるだけで磁気特性が同じ書込み層を想定し，それぞれの磁化方式における転移幅パラメータ a のヘッド磁界勾配 β

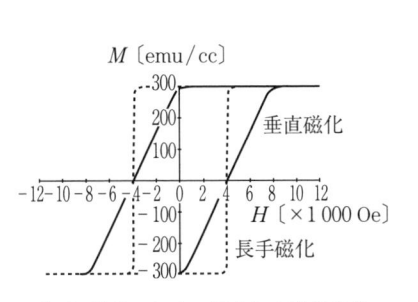

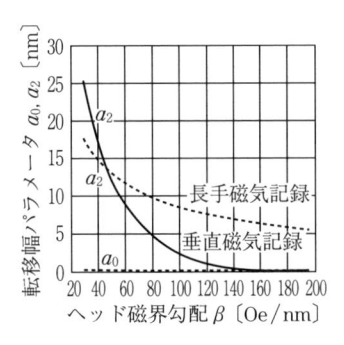

9.1 磁気記録 ― HDD の現状と将来 ―

(a) 計算のために仮定した磁化曲線　　(b) 転移幅パラメータのヘッド磁界勾配依存性

図 9.12 垂直，長手両方式の転移幅パラメータの比較
($H_c = 4000$ Oe, $\Delta h_c = 10$ Oe, $M_s = 300$ emu/cc, $\delta = 20$ nm, $\gamma = 0$)

依存性を，Mathcad を用いて求めたものである．

図（a）は，この解析のために仮定した記録磁性層の磁化曲線である．磁性粒の保磁力分散の半値幅 Δh_c がきわめて狭く，保磁力付近の勾配 α が急峻で角形性の良い理想的なものを仮定している．垂直磁化層については膜面に垂直な減磁界の影響も考慮している．

図（b）は，減磁界を考慮しない a_0 に対し，それぞれの磁化方式に対するヘッド磁界の極性反転直後の転移幅 a_1 を計算し，さらに残留磁化状態に落ち着いたときの値 a_2 を求めて，両磁化方式における a_2 を比較している．

保磁力分散 Δh_c がきわめて狭いので，図（b）のように，ヘッド磁界勾配 β がなだらかでも a_0 はきわめて狭い．しかし，ヘッド磁界の極性反転時の減磁界は，ヘッド中心よりでヘッド磁界に対し逆極性，外側では同極性で加わるので，ヘッド磁界分布を広げ，なだらかにするため，転移幅を大きく拡げる．

図 9.12 に示すように，ヘッド磁界勾配 β が小さく，転移幅が大きく与えられがちな場合，この現象は特に垂直磁化方式で顕著に見られる．しかし β が急峻になるにしたがって a_2 が減少し，それとともに図 9.9 に示したように減磁界も弱まるので，a_2 は急速に狭まって a_0 に漸近する．これに対して長手磁化では，β が急峻になって a_2 が狭まると，垂直磁化とは逆に減磁界が強まるので a_2 はさほど狭まらず，垂直磁化よりも大きくなる．

このことが，垂直磁気記録が高密度記録性を示す本質的な証左であり，長手磁化方式に置き換わってHDDの高密度大容量化を一段と進めている理由である．

9.1.5 課題と展望

ディジタル信号を高密度で書き込むには，減磁界の影響が高密度ほど激減する垂直磁化方式の導入が必須であった．そのため，垂直磁化方式で書き込める磁気ディスクと磁気ヘッドが開発されて，2005年にこの方式によるHDDが市場に出た．これにより，それ以前に比べて記録密度は6年で10倍近く増えたが，高記録密度化への要求には際限がない．

ある調査会社によると，世界中で流通したり蓄えられている情報量は，複製されたり再利用されたりしているものも含め，2010年現在で約12 ZB（Zeta Byte：10^{21} byte）であり，2020年には40 ZBにも上るといわれている．しばしば，「フラッシュメモリを用いるSSD（solid state drive）がHDDに置き換わる」といわれているが，フラッシュメモリは高密度化するほど原理的に書換え可能回数が減り，かつ設備投資に莫大な費用が必要でコストと生産量に限界があるために，上述の膨大なストレージ容量の要求には応えられない．そのこともあって，多量の情報を蓄積するデータセンターなどでは，HDDの高密度大容量化が際限なく要求されている．

図9.12に示したように，垂直磁化方式による磁化転移幅は，書込み層の物性的な限界，例えば磁性粒子間の幅（粒界の厚さ）程度まで狭められる．しかし書込み層を構成する磁性微粒子は，図9.4に示したように，大きさや位置だけでなく，保磁力や容易磁化方向などもばらついている．また粒子間には静磁気あるいは交換相互作用も働いている．

図9.13（a）は磁気力顕微鏡（magnetic force microscopy，略してMFM）で観察した書込み後の磁化状態である．磁化転移領域がジグザグ状になっており，これをボロヌイ・セル（Voronoi cell）で磁性粒子の形状をモデル化して表したのが，図（b）である[25]．狭トラック幅で二つの孤立転移を近接して書き込んだ場合を示している．粒子の幾何学的なばらつきによって，磁化転移領域だけでなくトラック端もジグザグ状になる．これに粒子の磁気特性のばらつ

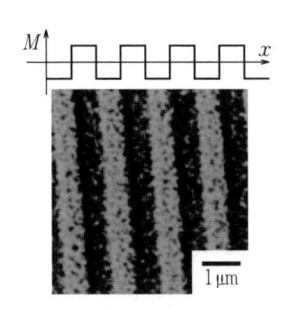

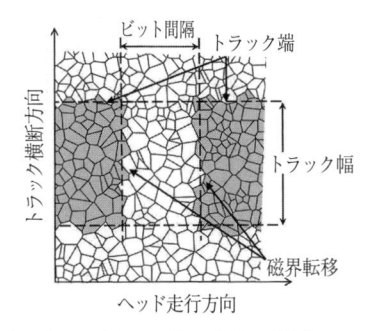

9.1 磁気記録 — HDD の現状と将来 —

(a) 書込み状態の MFM 観察　　(b) ボロヌイセルによる書込み状態のモデル

図 9.13 磁化転移近傍の磁化分布

きと粒子間の静磁気あるいは交換相互作用などが加わると，この状況はさらに深刻になる。転移幅がさらに広げられ隣の磁化転移と干渉し合ったり，実効トラック幅を広げたりして，記録密度の向上を妨げる。またこれがジッタノイズなどの原因になってS/N（信号対雑音）比を低下させ[25]，この点でも高密度化を難しくしている。

これを改善するには，磁性粒径を極力小さくするとともに，粒径や形，配置，磁性などのばらつきを小さくすることである。しかし磁性粒の体積を小さくすることは熱緩和の点で限界がある。これに対する耐性を高めるのは，書込み層の磁性粒の異方性定数を高める，つまり保磁力を高めることも一つの要件である。このためには書込みヘッドが生じる磁界を強める必要があり，ヘッド磁極に飽和磁化の大きな素材が求められる。しかしヘッド材料にはすでに限界に近いものが用いられている。

つまり，高密度化と記録メディアの高保磁力化，ヘッド磁極の高飽和磁束密度化とは，特に後者が限界になって三すくみ状態になっており，これまでの手法では容易に前進しにくい。このため，これを磁気記録のトライレンマ（Tri-lemma）と呼んでいる。

これを克服するため，書込み時に保磁力を低下させるエネルギーアシスト法の研究開発が精力的に進められている[26],[27]。その一つは，レーザ光を照射して熱による保磁力低下を利用する熱アシスト法である。光ヘッドと磁気ヘッド

を一体化させるため，光ヘッドについては近接場光を用いるさまざまな構造が提案，試作され，実験が進められている。

一方で，マイクロ波を照射すると保磁力が低下することが実験でも明らかにされ，これを用いるマイクロ波アシスト法の開発が進められている。これを可能にする鍵は，マイクロ波を発生する微小素子をスピントロニクスの原理を応用して開発し，これと磁気ヘッドとを一体化させた書込み用ヘッドを実現することである。その基本構造はすでに提案され，超高密度記録が可能であることが計算機シミュレーションで示されている[28]。現在，その実用可能性を確認する原理実験が進められている。

これらの新しい技術が開発されるまでは，現在の垂直磁気記録技術にさらに磨きをかけ，さまざまな工夫を加えながら，少しずつ高密度化の階段を上っていく以外にない。

9.2 光磁気記録

光磁気記録は，磁気記録と同様，磁性体の磁化の向きによってディジタル化された二値情報を記憶している。記録は，集光されたレーザ光によりディスク基板上の磁性薄膜を局所的に加熱することで行われ，熱磁気記録方式と呼ばれる。再生は，磁気光学カー効果を用いることで光学的に読み出す。光磁気記録は，磁気記録の特徴である「不揮発性」と「書き換え耐性」だけでなく，光記録の特徴である「媒体可換性」，「ランダムアクセス性」を兼ね備えており，1990年頃，データ用3.5インチMO（光磁気）ディスク，音楽用2.5インチMD（mini disk）として実用化された。当時の記録密度は600 Mbit/in^2程度と，ハードディスクより高密度な可換媒体として普及したが，光の回折限界による高密度化の限界から，10 Gbit/in^2以上の記録密度は実現されていない[29]。しかしながら，現在，この回折限界を破る技術として近接場光が注目されており，近接場光による局所加熱を磁気記録に利用した熱アシスト磁気記録[30]など，新たな高密度化技術への展開が期待されている。

9.2.1 記録再生方式

図9.14に示すように，光磁気記録の記録媒体としては，磁化が膜面に対して垂直方向を向いた垂直磁化膜が利用される．情報の記録には，まずレンズで絞られたレーザ光を記録媒体（垂直磁化膜）に照射し，この部分の温度をキュリー温度 T_C 以上に加熱する．強磁性体の自発磁化は，キュリー温度 T_C 付近で急激に減少して0になり，T_C 以上の温度では長距離の磁気秩序がなくなって常磁性となる．ここで，レーザ光照射を停止または媒体を移動すると加熱された部分の温度が下がり，キュリー温度以下で再び磁化が現われる．このとき磁化の向きは，外部から加えた磁界の方向となる．図のように磁界の向きを上向きとすれば情報の "1" が記録され，下向きとすれば情報は "0" となる．記録方式を大別すると，レーザ光強度を一定とし，磁界方向を変化させ記録する磁界変調記録方式と，磁界方向を一方向とし，レーザ光強度を変化させ記録する光変調記録方式がある．

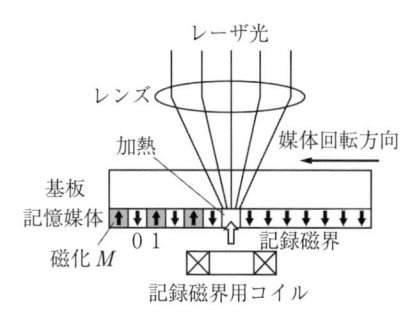

図9.14 熱磁気記録方式

情報の再生は，図9.15に示すように，磁気光学カー効果を用いて光学的に読み出す．磁気光学カー効果とは，磁性体に直線偏光を照射した際に，その反

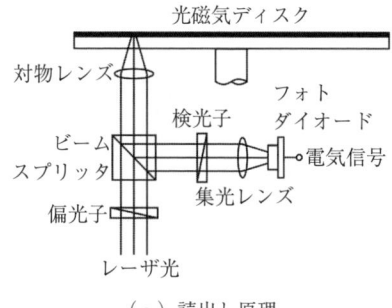

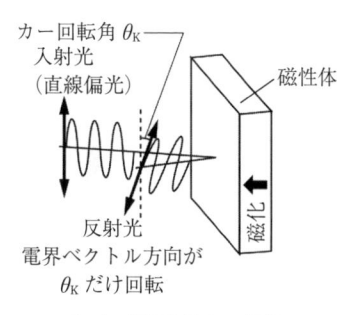

（a）読出し原理　　　　（b）磁気光学カー効果

図9.15　光磁気ディスクの読出し原理と磁気光学カー効果

射光の偏光面が磁化方向に依存し回転する現象である[31]。再生時のレーザ光は，記録の場合に比べて1桁程度弱いものが用いられる。レーザ光は偏光子を通して直線偏光とされ，媒体面に集光される。媒体（磁性薄膜）表面から反射された光はカー効果により偏光面の回転を受ける。この反射光はビームスプリッタで入射方向と直角方向に反射されて検光子へ導かれる。この光が検光子を通過すると，磁化の向きの違いが光強度の差となり，フォトダイオードで電気信号に変換される。

9.2.2 記 録 媒 体

光磁気記録媒体としては垂直磁化膜であること，およびある程度大きなカー効果を示すことが望まれる。また，熱磁気記録を行ううえで，適度なキュリー温度 T_C を持つこと，室温では大きな保磁力を持つが，温度上昇により保磁力が急減する材料が必要となる。その他，作製が容易などのさまざまな理由からTbFeCo等の希土類-鉄族アモルファス薄膜[32]が用いられている。この材料はTbとFeCoの磁気モーメントがたがいに反平行に結合しており，磁化，保磁力の温度依存性は図9.16のようになる。遷移金属と希土類の磁化が等しく，全体の磁化が0となる温度は補償温度 T_comp と呼ばれる。T_comp は希土類と遷移金属の組成比により容易に調整でき，室温付近にされる。これにより，室温では全体の磁化が小さくなり，磁化反転に必要な磁界（保磁力 H_c）が増大し，外部磁界に対して安定となる。一方，温度が上昇し，T_C 付近になると保磁力

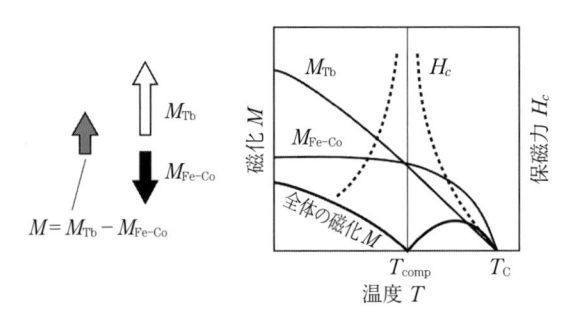

図 9.16　TbFeCo アモルファス膜の磁化の反平行結合と飽和磁化および保磁力の温度依存性

が急減し,容易に磁化反転が可能となる。T_C は遷移金属内の Co 含有量により調整することができ,記録に適した温度特性を容易に得ることができる。

演 習 問 題

（1） コアの透磁率がきわめて高く,コア内の磁化が,ギャップ両端でヘッド表面に平行,ギャップ端面に垂直であるとして,リング形磁気ヘッドのギャップ外に漏れる磁界分布を求めよ。

10 生体磁気と医療応用

10.1 生体と磁気

本節では,磁気を医療応用していく際に必要な基礎的な生体メカニズムと安全な利用における留意点を述べる。生体からどのような磁気的信号が得られるか,生体および生体内の分子が磁気に対しどのように応答するのか,磁気を医療応用する場合その安全性をどのように担保していくのか,といった基礎的な概念を示すとともに,最新の動向についても記述する。

10.1.1 生体からの磁気

人間の脳や心臓などからは,非常に微弱であるが磁界が発生している。生体から発生する磁界を示す場合,磁界という言葉を用いずに磁図という言葉を用いることが多い。例えば心臓から発生する磁界をいう場合,心磁図,脳から発生する磁界は脳磁図という。磁界の大きさを表すのに,単位面積を貫く磁束の数,すなわち磁束密度を用いる。地磁気が 0.3×10^{-4} T,都市の磁気ノイズが 0.2×10^{-6} T 程度であるのに対して,心磁図は 1.0×10^{-10} T のオーダ,脳波でよく知られているアルファ波は 1.0×10^{-12} T,すなわち,1 pT(ピコテスラ)のオーダの磁界の強さである。感覚からの刺激に反応して得られる誘発脳磁図はさらに 1 桁小さい 0.1 pT(=100 fT,フェムトテスラ)のオーダである。

生体から発生する磁界が測定されたのは,1963 年 Baule と McFee による心磁図が最初である。この測定に用いられた磁束計は,大きな誘導コイルを二つ組み合わせたものであり,雑音が非常に大きなものであった。この後,SQUID 磁束計や磁気シールドルームが開発され,生体から発生する磁界が少ない雑音

10.1 生体と磁気

できれいに測定できるようになった。

生体から発生する磁界にはその発生源の違いによって2種類あり，一つは体内を流れる電流によって発生する磁界，もう一つは体内に取り込まれた磁性体によって生じる磁界である。電流によって生じる磁界は，神経や筋肉の細胞の内外に流れるイオン電流によって生じる脳磁図や心磁図が代表的であり，磁性体によって生じる磁場としては肺や胃から生じる肺磁図や胃磁図がある。以下に，生体から発生する磁界の主なものとその医療的用途について簡単に述べるが，脳磁図と心磁図に関しては，臨床的にも重要であるので，その具体例を10.2.2項において紹介する。

脳磁図は脳波と同じように脳内の電気現象を捉えたものであり，X線CT，MRI，PETなどの画像診断装置とは異なり(1)脳の機能的な情報が得られる，(2)非侵襲計測である，(3)脳の活動部位がミリ秒の時間分解能で得られる等の特徴を有しており，脳機能研究や脳神経疾患の診断に用いられている。

心磁図は，心臓の電気活動を計測したもので心電図と同じような信号が得られるが，虚血性疾患における再分極過程の異常や不整脈性疾患における期外収縮の起源の特定など，心電図では得ることができない情報を得ることができる。さらに，出生前の胎児の心臓機能の診断において心磁図の有用性がいわれている。

脳から末梢筋，逆に末梢から脳へ信号が脊髄を通って伝わるが，脊髄に損傷が生じると，手足にしびれや麻痺が生じる。脊髄から発生する磁界を計測することにより麻痺やしびれの原因となる脊髄疾患を非侵襲的に検査することが可能である。

粉じんの多い職業に長年従事している労働者がかかりやすい疾患にじん肺があるが，これは肺内に蓄積した粉じんが原因となって起こる。じん肺の検査はX線に頼ることが多いが，肺内に長く蓄積している細かい粉じんはほとんど検出されず，じん肺が進行し肺の組織に変化が生じるまで検出されにくい。しかし，粉じんには鉄粉など磁性を持っているものも多く，これを磁気的に検出することによって肺内に蓄積している粉じんの量と分布を知ることができる。こ

のように粉じんを磁化させて，磁界を測定したものが肺磁図である。

この他にも，肝臓や胃に蓄積された鉄分を測定する肝磁図や胃磁図の測定が研究レベルでは行われているが，実際に臨床応用までには至っていない。

これらのように，生体から発生する磁界は，それを測定することにより，磁界が発生している器官の働きを知ることができ，臨床にも有用な情報を得ることができる。

10.1.2 生体機能物質と磁気（強磁場の生体効果と医学・生命科学）

強磁場と呼ばれる磁場の強さは，最近では数テスラ〜数十テスラの領域となってきている。超電導磁石の進歩により，十数テスラの磁場が多くの実験室空間で得られるようになり，生命現象において強磁場がどのような作用・効果を及ぼすかについて，尽きぬ興味が探求され続けている。

その一方で，数テスラ級の強磁場を用いた医学産業応用として，MRI（磁気共鳴イメージング）の開発の歴史は長く，さまざまなアプリケーションの研究開発が進められてきている。すなわち，強磁場を用いた生体の計測と制御の両面から磁場応用が医学生命科学分野で推進されている状況である。このような中，強磁場の安全性評価をバックグラウンドとしつつ[1]，新たな磁場応用が生体制御の観点から以下のような分野で研究開発が進められている。

生体高分子を磁場で配向させる手法として，磁場配向と呼ばれる現象を利用するものがある。有機分子の磁気特性（反磁性）によって高分子が磁場中で回転運動を起こすことが知られている。この反磁性は最近，「モーゼ効果」という磁場で水の表面が分かれる効果で有名になってきているが，一般的に反磁性物質は磁場からはじかれる性質を持つ。しかし，磁場配向という現象は，モーゼ効果のメカニズムとは別であり，分子レベルでの磁場に対する感受性（応答の方向性）によって生じるものである。コラーゲンなどのタンパク質を磁場で並べることで，付着した細胞の方向性を制御することで，再生医学に役立てる試みが多くなされている。

また，細胞の機能を磁気で制御する手法として，細胞内のタンパク質（細胞骨格と呼ばれる）を磁場配向させることで，卵の分割など細胞分裂を磁気的に

制御する研究も行われている。

　テスラ級の強磁場のみならず，地磁気レベルのマイクロテスラの直流磁場（時間的に変化しない磁場）や，高周波で時間変動する磁場を，生物が感知するか否かの研究も大変盛んである。磁性バクテリアやミツバチが体内の磁性微粒子（マグネタイト）で地磁気の方向を感受するという研究報告の歴史は長いが，最近は特に，ラジカル対と呼ばれる電子の組合せの状態に磁場が作用することで，鳥の眼における光感受性に磁場効果が起こり，鳥が地磁気の方向を知ることができるという説が有名である。また，人工衛星カメラで世界中の牧場の牛や羊が向いている方向を調べた結果，南北方向に家畜が向いている確率の高いことが報告され，学術的に認められていることは大変興味深い。

10.1.3　磁気の生体影響の評価

　磁気の生体影響を解明するために，これまでに，大きさや時間変動，空間分布などが異なるさまざまな特性の磁界に対し，神経行動学，神経内分泌系，神経変性疾患，心臓血管系疾患，生殖および発達，およびがんなど，さまざまな生体作用の観点から，細胞・動物やヒトボランティアを対象に実験的な検討が行われてきた。また，人々の集団の中での病気の発生状況と磁界レベルとの関係を調査して，統計的に因果関係を調べる疫学研究も行われてきた。これらの研究の全体的な評価が，WHO（世界保健機関）による「国際電磁界プロジェクト」において行われ[2]～[4]，この評価結果に基づき，ICNIRP（国際非電離放射線防護委員会）と呼ばれる機関が，電磁界へのばく露による健康への有害な影響から人体を防護する指標とするため，電磁界ばく露制限のガイドラインを公表している[5],[6]。また国内では，電気学会に「電磁界生体影響問題調査特別委員会」が1995年に組織され，磁気の生体影響に関する詳細なレビューが行われている[7],[8]。

　ばく露制限に関するICNIRPの考え方では，身の回りの環境に存在する低レベルの低周波磁界の長期ばく露については，疫学研究による影響は示唆されるものの，ガイドラインの根拠とするには，十分な再現性がないことが示されている。一方，高レベルの磁界の短期ばく露については，静磁界および1 Hz～

100 kHz の低周波帯域に対し，急性影響に関する確立された影響を根拠として，中枢神経および末梢神経の刺激，ならびに網膜での閃光現象の閾値に基づくガイドライン値が示されている。これらのガイドラインでは，ばく露対象を一般公衆と職業的ばく露に分けて異なる値が示されており，一般公衆に対してより厳しい値となっている。ガイドラインに示されている数値は，心臓ペースメーカなど体内埋込み機器への電磁的干渉の防護を想定するものではないが，磁気を医療応用するうえで参考となる。

静磁界のガイドライン値は，一般公衆では 400 mT，職業的ばく露では，頭部および胴体部で 2 T，四肢では 8 T となっている。なお，特殊な職業環境では，頭部および胴体部においても「身体の動きによって誘発される影響に対して適切な作業管理がなされていることを条件に，8 T までのばく露が認められる場合がある」としている。また，「埋込み形医用電子機器や強磁性物質のインプラントを装着した人への影響，および磁界によって飛来する物体の危険性などの間接的な影響を防止するため，実際的な管理においては，例えば 0.5 mT 程度の低いレベルで制限する場合もある」としている。

低周波磁界のガイドラインでは，磁気閃光現象（強い変動磁界が網膜において光として感知される現象），および神経の刺激（痛みを感じるレベル）が考慮されている。周波数特性を有する生体影響の閾値に基づき，不確かさなどを考慮した「低減係数」を見込んだ，体内の誘導電界で表される「基本制限」が示され，同時に測定評価の便宜のために，磁束密度で表された「参考レベル」が示されている。基本制限は，「頭部の中枢神経系組織」および「体全体」の2種類の対象に対し異なる基本制限の値が示されており，商用周波数（50/60 Hz）では，「頭部の中枢神経系組織」の基本制限の値が低く，職業ばく露では，100 mV/m（50 Hz）および 120 mV/m（60 Hz），公衆ばく露では，これらの5分の1の値である（表 10.1）。また，基本制限から導かれる磁界参考レベルは，職業ばく露については，1 mT（50 Hz，60 Hz ともに），公衆ばく露では，0.2 mT（50 Hz，60 Hz ともに）となっている（表 10.2）。

基本制限から参考レベルの換算は工学的な課題であり，人体の構成要素の詳

10.1 生体と磁気

表 10.1 ICNIRP ガイドラインにおける基本制限

ばく露特性	対象部位	周波数範囲	体内誘導電界〔V/m〕
職業ばく露	頭部 CNS 組織	1 Hz 〜 10 Hz 10 Hz 〜 25 Hz 25 Hz 〜 400 Hz 400 Hz 〜 3 kHz 3 kHz 〜 10 MHz	$0.5/f$ 0.05 $2\times10^{-3}f$ 0.8 $2.7\times10^{-4}f$
	頭部および身体の全組織	1 Hz 〜 3 kHz 3 kHz 〜 10 MHz	0.8 $2.7\times10^{-4}f$
公衆ばく露	頭部 CNS 組織	1 Hz 〜 10 Hz 10 Hz 〜 25 Hz 25 Hz 〜 1 000 Hz 1 000 Hz 〜 3 kHz 3 kHz 〜 10 MHz	$0.1/f$ 0.01 $0.4\times10^{-3}f$ 0.4 $1.35\times10^{-4}f$
	頭部および身体の全組織	1 Hz 〜 3 kHz 3 kHz 〜 10 MHz	0.4 $1.35\times10^{-4}f$

注）f は Hz を単位とした周波数．すべての値は実効値．100 kHz 以上の周波数では，RF に特有な基本制限を別途考慮する必要がある．

表 10.2 ICNIRP ガイドラインにおける電界・磁界の参考レベル（無擾乱 rms 値）

ばく露特性	周波数範囲	電界強度〔kV/m〕	磁束密度〔T〕
職業ばく露	1 Hz 〜 8 Hz 8 Hz 〜 25 Hz 25 Hz 〜 300 Hz 300 Hz 〜 3 kHz 3 kHz 〜 10 MHz	20 20 $5\times10^2/f$ $5\times10^2/f$ 1.7×10^{-1}	$0.2/f^2$ $2.5\times10^{-2}/f$ 1×10^{-3} $0.3/f$ 1×10^{-4}
公衆ばく露	1 Hz 〜 8 Hz 8 Hz 〜 25 Hz 25 Hz 〜 50 Hz 50 Hz 〜 400 Hz 400 Hz 〜 3 kHz 3 kHz 〜 10 MHz	5 5 5 $2.5\times10^2/f$ $2.5\times10^2/f$ 0.83×10^{-2}	$0.04/f^2$ $0.5\times10^{-2}/f$ 0.2×10^{-3} 0.2×10^{-3} $0.08/f$ 0.27×10^{-4}

注）表中の f の単位は Hz．100 kHz 以上の周波数では，RF に特有な参考レベルを別途考慮する必要がある．

細を模擬する「数値人体モデル」に対し，数値計算が行われている[9]。使用される人体モデルは，2 mm 程度の解像度を有し，上記ガイドライン[6]では，数値計算および人体のモデル化における「不確かさ」を見込んだうえで，1 mT, 50 Hz の一様磁界ばく露に対して，誘導電界 100 mV/m を対応させている．な

お，ガイドライン・規制との適合性評価方法の標準化については，IEC（国際電気標準会議）の TC106 と呼ばれる専門委員会において検討がなされている．

10.2 生体信号と磁気刺激

10.2.1 生体信号の検出

10.1.1 項で述べたように，脳や心臓などからは微弱ながらも磁界が発生しており，この磁界を体表面で測定することにより，生体内の電気生理的な機能を非侵襲で計測することができる．多チャンネルのセンサアレイを用いて体表面での磁界分布を測定し，この結果を再構成することにより，機能部位の特定やその動的な振舞いの解析がなされている．

生体からの磁気信号を計測するための磁気センサとしては，8.1.4 項で述べた SQUID 磁気センサが代表的なものである[10],[11]．図 8.8 に示すように検出コイルと SQUID 素子を磁気的に結合することにより構成される．検出コイルと SQUID 素子の大きさは 10 mm 角，および 0.1 mm 角程度である．SQUID 素子の電流-電圧特性は図 8.7 に示すように，素子に鎖交する磁束 Φ により変化する．磁束量子 Φ_0（$= 2.068 \times 10^{-15}$ Wb）と呼ばれるきわめて微小な磁束により変化するため，高感度な磁気センサを構成できる．SQUID 磁気センサを駆動するための回路は FLL 回路と呼ばれており，$10^{-6} \Phi_0$ 程度の磁束の検出を可能としている．磁気センサとしての性能は磁界雑音スペクトル $S_B^{1/2}$ で表され，$S_B^{1/2} = 1 \sim 5$ fT/Hz$^{1/2}$ 程度となっている（1 fT $= 10^{-15}$ T）．

この SQUID 磁気センサを 100 個程度アレイ状に配置し，体表面での磁界分布を測定する．これらの装置は，後述するように脳磁計（MEG）や心磁計（MCG）と呼ばれている．なお，微弱な磁気信号を検出する際には環境磁気雑音を低減することが重要となる．このため，検出コイルは図 8.8 に示したような微分型のものが用いられており，グラディオメータと呼ばれている．

もう一つのセンサとしては，光ポンピング原子磁気センサの開発研究がなされている[12]．ガラスのセル内にアルカリ金属原子（K，Rb Cs など）のガスを封入し，セルの場所での磁界を以下のように計測する．通常，原子内では上向

きと下向きのスピンが均等にある。アルカリ金属原子に円偏光したレーザ光（ポンプ光）を照射すると原子内のスピンが一方向にそろう現象が知られており，これを光ポンピングによるスピン変極と呼んでいる。変極されたスピンは磁界が存在する場合には，磁界によるトルクを受けて回転する。この回転の様子を磁気光学効果を用いて検出用のレーザ光で測定し，その結果から磁界を検出する。磁界感度としてはSQUID磁気センサと同程度のものが開発されている。

先述の二つのセンサでは神経（ニューロン）に流れる電流が作る磁界を測定している。これに対して，生体内のプロトン（^{1}H）の核磁気を検出して生体内の形態情報や機能情報を得ることも可能であり，この装置はMRI（magnetic resonance imaging）と呼ばれている。原子核内に存在する磁気双極子モーメント（核磁気モーメント）に対して静磁界Bを印加すると，磁気モーメントは磁場の周りを一定の周波数で歳差運動を行う。その周波数fはラーモア周波数と呼ばれており，磁界Bに比例し$f = \gamma B/(2\pi\mu_0) = \gamma' B$となる。その比例係数$\gamma'$は原子核の核種によって決まっており，プロトンの場合は$\gamma' = 42.6$ MHz/Tとなる。この歳差運動に伴い周波数fの信号磁界が発生するため，この磁界を計測することにより生体内のプロトンを計測できる[13]。

生体内のプロトンの空間的な分布を測定するためには，静磁場に加えて傾斜磁場を印加し，場所xに対して$B(x) = B_0 + kx$となるようにする。場所xから発生する信号磁界の周波数fはその場所での磁界$B(x)$で決まるため，周波数により信号源の位置を特定できる。一方，信号の大きさがその場所でのプロトンの濃度に比例する。傾斜磁場を3次元的にすることにより生体内のプロトン分布を計測することができる。プロトン分布を通して生体内の形態情報が得られるため，生体組織の画像化装置として広く用いられている。

このMRIを用いて生体内の機能情報を得ることも可能である。生体活動に伴って血液中のヘモグロビンの量が変化するため，この変化を検出すれば活動部位を特定できる。ヘモグロビンは常磁性体であり，この磁性を利用してヘモグロビンの量をMRI信号として取り出すことができる。この装置は生体活動を計測するという意味でfMRI（function MRI）と呼ばれている。

10.2.2　脳磁図と心磁図

脳磁図は，脳の神経活動による電流が頭皮上に発生する磁界を検出して，その磁界分布から活動部位の電流を推定するものである[14]。生体組織の透磁率は真空の透磁率とほぼ同じ値であるため，空間的なひずみを含まずに測定できることが大きな特長である。脳磁図は，脳機能研究への応用だけではなく，「磁気神経診断を行う医療機器」としても認可され臨床の現場でも活用されている。ヒトが刺激を受けたときに脳から発生する磁場は，「誘発脳磁図」と呼ばれ，聴性誘発磁図，視覚誘発脳磁図，体性感覚誘発脳磁図などがある。これらの大きさは，都市活動に伴う磁気雑音（1 nT）と比べて，桁違いに小さいが，SQUID 磁束計を用いることで計測が可能である。

SQUID 磁束計は，図 10.1 のように液体ヘリウム容器の中に配置され，頭部を取り囲む曲面での磁界の分布が計測される。この磁界分布を最も良く説明するような脳内の電流の大きさと位置と向きを計算することで，活動している脳の部位とその活動電流の大きさを推定するのが脳磁図の原理である。この推定結果は MRI の情報と重ね合わせて表示され，医師にとって有益な情報を提供することになる。

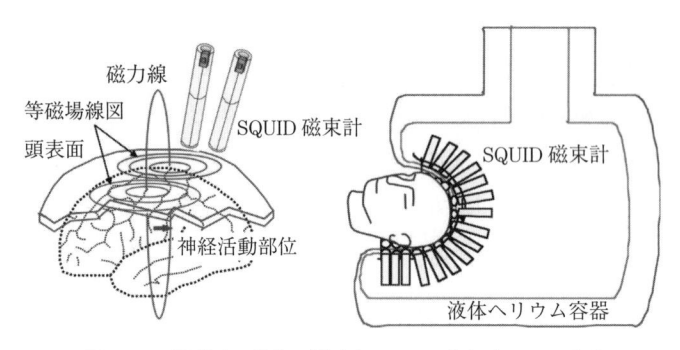

図 10.1　脳磁図の発生の様子と SQUID 磁束計による計測

図 10.2 は体性感覚誘発脳磁図の例である。被験者は時刻 0 ms に，左手首に弱い電気刺激を与えられ，それに対する神経の反応が視床から皮質に伝搬していく様子が示されている[15]。時刻 14.9 ms，15.8 ms，16.7 ms，20.6 ms にお

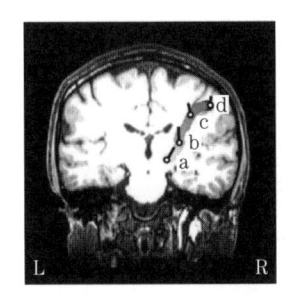

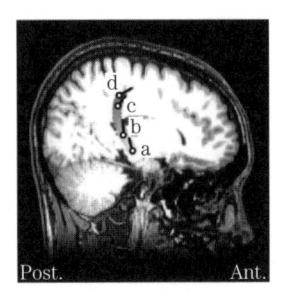

図 10.2 体性感覚誘発脳磁図の例（文献 (15) より改変）

いて活動電流の位置がそれぞれ図中 a，b，c，d の位置に推定され，その結果が MRI と重ね合わせてドットで表示されている．また，電流の方向はドットから出る線分で示されている．時間とともに，視床近傍に活動電流が現れた後（図中 a），皮質に向かって上向きのベクトルを保ちながら反応部位が上方に異動し（図中 b，c），時刻 20.6 ms では大脳皮質の体性感覚野に到達している（図中 d）．

刺激の部位を変えると，反応する大脳皮質の反応部位も変わるが，このことを利用して脳の感覚機能や運動機能がどの位置に局在しているかを脳磁計で知ることができる．脳腫瘍の外科手術の前には，どの部位を温存して手術すべきかの計画が立てられ，またてんかんの手術の場合もてんかんの焦点部位の同定により術前の計画が立てられる．てんかんについては，焦点性ではないてんかん患者についても無用な手術を避けられるというメリットもある．

心磁図は，心筋細胞内の電気興奮に伴うオン電流から発生する微弱な磁場を体表面で計測するものである．心磁図も脳磁図同様に，心臓の異常な電気活動を空間的なひずみなく無侵襲で計測でき，医療機器としても認可されて臨床の現場でも活用されている．

心磁図の大きさは 1 pT 程度と脳磁図よりも大きいが，やはり，環境雑音より桁違いに小さく，**図 10.3** のような磁気シールドルームのなかで SQUID 磁束計を用いて計測が行われる．心筋虚血および梗塞等の心筋異常について，その程度や発生場所の同定により，早期の治療に結びつくことが期待されている．

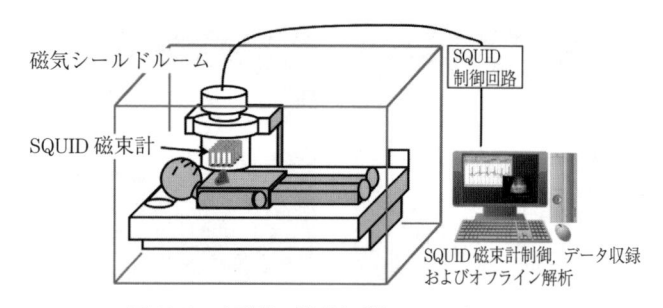

図 10.3 心磁計の構成と磁気シールドルーム

また従来の心電図や超音波エコーでは診断が難しいとされていた，胎児における「WPW症候群」や「QT延長症候群」などについても診断できるようになってきた[17]。心磁図検査の基準となる健常者の大規模なデータベースも構築されつつあり，心磁図の臨床的有効性がエビデンスベースで示されるようにもなってきている[18]。

10.2.3 磁 気 刺 激

生体から発生する磁界を計測するのではなく，逆に外部から磁界を与えることによって神経や筋を刺激する磁気刺激が注目されている。1985年 Barker らは，ヒトの頭の表面にドーナツ状の円型コイルを置き，このコイルに大電流を瞬間的に流し，1 T オーダのパルス磁場をつくることにより脳を頭の外から経頭蓋的に刺激することに成功した[19]。これを契機として，脳の経頭蓋磁気刺激（transcranial magnetic stimulation，略して TMS）を用いて，脳機能を調べる研究が行われるようになってきた。しかし，円型コイルを用いた磁気刺激では，標的のみを局所的に刺激することができず，広い部分が刺激されることになり脳機能の詳細な検討には不都合であった。これに対して，8字コイルを用いた局所的磁気刺激法が Ueno らにより考案され[20]，大脳皮質の標的のみを 5 mm 以内の分解能で刺激することが可能となった。

TMS は，扱いが比較的簡単で副作用が非常に少なく，いろいろな分野で脳機能研究や臨床に応用されている。従来，臨床の現場において神経系の疾患に関して，感覚系機能は誘発電位によって検査が可能であったが，中枢を含む運

動系の電気生理学的機能の検査法はなかった。TMSの出現によって，頭蓋外から大脳皮質運動野を刺激し，運動誘発電位を末梢から記録することにより，運動機能を定量的に評価できるようになった。また，運動機能の評価ばかりでなく，障害の回復状態や，障害による皮質運動野の可塑性変化の検索にも用いることができる。さらに，皮質運動野の位置同定やマッピング，脳内の機能性連関の研究にも応用されている。脳神経機能検査ばかりでなく，パーキンソン病など運動中枢系疾患の治療やうつ病や分裂病など，精神疾患の治療への応用が期待されている。

磁気を用いてどうして脳神経を刺激できるのか，原理はいたって単純でファラデーによって発見された電磁誘導の法則，すなわち変動する磁場がコイルに鎖交すると起電力が誘導されるという現象を利用している。生体の近傍にコイルを配置し，コイルに変動電流を流すと，その磁束変化に応じて，生体内にはコイルに流した電流とは逆向きに渦電流が流れる。この渦電流によって神経を刺激するのが磁気刺激である。

TMSは，その刺激頻度の違いによって2種類に分けられる。従来より，神経学的検査に用いられている単発経頭蓋磁気刺激（single pulse TMS）と連続して磁気刺激を与える反復経頭蓋磁気刺激（repetitive TMS，略してrTMS）である。

単発磁気刺激は，1秒〜数秒に1回の磁気刺激を与える方法であり，rTMSは，数Hz〜数十Hzの連続刺激を意味する。

TMSを行う場合，注意すべき刺激パラメータとしては，単発刺激では，刺激強度と刺激間隔，および刺激電流の方向である。rTMSに関連する刺激のパラメータとしては，刺激強度，刺激周波数，刺激の持続時間があり，rTMSでは，これらのパラメータの設定によって，刺激の効果や安全性が大きく変わるおそれがあり，パラメータ設定には十分注意を払う必要がある。

TMSは単発刺激パルスの強度，あるいは反復刺激パルスの強度や周波数を制御し，脳神経の活動を時間的，空間的に自由に妨害したり遮断したりと自由に制御することができる。この特徴を用いて，視覚野，感覚野，体性感覚野の

機能研究などに加えて，言語機能や短期記憶機能など高次脳機能の研究にも用いられている。

臨床応用としては，TMSは従来より，神経疾患を持つ患者の運動ニューロンの電気生理学的検査として用いられてきたが，近年では，精神科領域の疾患の治療や，治療判定効果測定に補助的に用いる試みも行われている。統合失調症，気分障害，トゥレット障害，強迫性障害，外傷性ストレス障害，パニック障害，注意欠陥多動性障害，物質乱用などに対して，大脳資質内の興奮性と精神疾患の関係を模索する研究がなされている。中でも，うつ病や統合失調症に対しては，治療効果も報告されている。また，少し意外に思われるかもしれないが，てんかんの治療にTMSが注目されている。磁気刺激はてんかん発作を誘発する危険性はある。しかし，脳には抑制系の神経があるので，抑制系をうまく刺激すれば，発作が抑制されるという発想である。

TMSは脳神経を直接刺激することができるため，当初よりその安全性が問題となっていた。特に，てんかん誘発が懸念され，繰り返し磁気刺激を与えるrTMSではその可能性が高くなると考えられる。単発刺激のTMSに関しては重篤な副作用は報告されていないが，rTMSに関しては，発作を誘発したという報告がいくつかある。このため安全性に関する研究が数多く行われ，安全に使用するためのガイドラインが多くの研究を基に定められており[21]，ガイドラインに従っていれば特に副作用もなく問題はない。

10.3 磁気医療技術

本節では，体内埋込み医療機器にエネルギー・信号を伝送する磁気技術と磁気医療機器のための磁気シールド技術を取り上げる。前者は，体内へのエネルギー・信号伝送を行うための非接触・低侵襲に基づく磁気の基礎技術，後者はMRIなどの医療機器の磁気シールドと生体磁気計測のための磁気シールドの基礎概念について記述する。

10.3.1 エネルギー・信号伝送

電磁界や電磁波を利用したエネルギー・信号伝送としては，(1) マイクロ波

10.3 磁気医療技術

方式[22]，(2) エバネッセント波方式[23]，(3) 電磁界共振（磁界共鳴）方式[24]，(4) 電界共鳴方式，(5) 電磁誘導方式[25]があり，それぞれの特徴を生かした非接触伝送法が提案されている．

図 10.4 は上記の各伝送法が対象とする伝送電力と伝送距離の関係を示したものである．(1) と (2) が遠方界を利用した方式であり，(3) 〜 (5) が近傍界を利用した方式である．ただし，(2) のエバネッセント波方式はエネルギー放出，受電のところで近傍界を利用している．

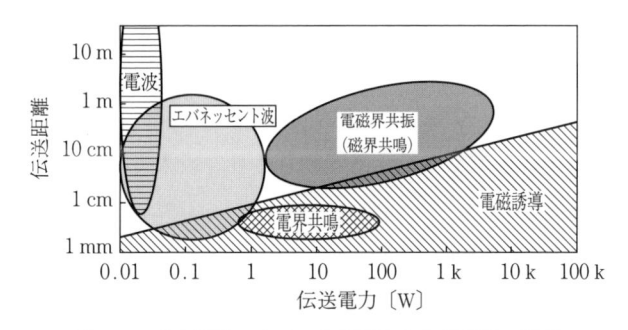

図 10.4 各伝送法における伝送電力と伝送距離の関係

図中の電波で表される領域は，おもにマイクロ波方式が適用される領域を表すが，日常空間においては技術的限界ではなく，生体へのばく露基準によって伝送電力範囲がせばめられている．ただし，治療応用においてはばく露基準の対象外であるため，広範囲の電力伝送が可能である．

近傍界を利用する方式では (5) の電磁誘導方式が，伝送電力では広範囲をカバーできる技術であり，(3) の電磁界共振（磁界共鳴）方式は伝送距離の点で優位性がみられる．(4) の電界共鳴方式は電界を利用するため，装置がコンパクトになる可能性があると考えられる．

非接触電力伝送方式の基本は，対向させたコイル対と磁束収束用の磁性材を用いた電磁誘導の原理に基づく．効率を高めるためにはキャパシタンスとの組合せは必須であり，電磁界共振（磁界共鳴）方式も本質は同等である．いずれも近傍界の交流磁界を利用する方式である．周波数帯は 10 kHz 〜 10 MHz 帯，

伝送距離は数 mm 〜数十 cm が想定される。

体内埋込みを想定した医療機器に対し非接触でエネルギー・信号を伝送する技術は，感染防止，QOL（quality of life）の向上などの点から必須のものである。受電電力の利用の仕方によって，(1) 電力として出力（心臓ペースメーカ，電気刺激，除細動），(2) 機械エネルギーとして出力（人工心臓，人工括約筋，人工食道），(3) 熱エネルギーとして出力（ハイパーサーミア，ステント）などに分けることができる。完全置換人工心臓向けなど，体内で機械エネルギーとして出力するものについては，すでに伝送電力 40 W で体内への電力伝送総合効率が 93 % を超えるものが実現している。この場合，損失による温度上昇の問題は生じていない。

医療応用以外では家電や交通分野で注目され，最大で 150 kW を超える電力伝送が報告されている[26]。

10.3.2 医療機器駆動

磁気力で駆動する医療機器は生体磁気計測機器に比べ実用化が遅れていたが，非接触で対象物の駆動や支持を行える利点を生かし，近年相次いで臨床に供せられるようになった。磁気軸受と磁気カップリングを利用した浮上・回転機構は補助人工心臓の耐久性を高め，重い心臓病患者の QOL を格段に向上させている。体内に挿入した医療機器を磁界によって経皮的に駆動する技術は，カテーテルの磁気ナビゲーションシステムに応用され，不整脈の低侵襲治療に貢献している。これら以外にも，磁気力による大腸内視鏡やカプセル内視鏡の誘導補助機構[27]が動物実験の段階に入り，ワイヤレスで生体組織を進む磁気マイクロマシン[28]を使った夢の治療法の研究が精力的に進められている。以下では臨床応用された代表的な例として，磁気浮上型補助人工心臓とカテーテルの磁気ナビゲーションシステムについて説明する。

（1）**磁気浮上型補助人工心臓**[29] 補助人工心臓は心臓を残したままその機能を補助するものである。従来，空気圧駆動の拍動流型が主流であったが，耐久性が低く小型化が困難という問題があった。近年，連続流型の血液ポンプに磁気軸受や動圧軸受など非接触軸受を採用した体内埋込補助人工心臓が

10.3 磁気医療技術

開発され，日本においても 2010 年に製造販売が承認されている。

図 10.5 は磁気軸受を利用した磁気浮上型補助人工心臓の構成である。モータ部，インペラ（羽根車）の入ったポンプ部，磁気軸受部から構成される。モータの回転軸にはインペラ駆動用の永久磁石が埋め込まれた円盤が取り付けられている。インペラは羽根を2枚の円盤ではさんだ構造となっており，モータに対向する円盤には永久磁石が埋め込まれ，磁気浮上用の吸引とモータのトルクをインペラに伝える磁気カップリングの役割を担う。もう1枚の円盤はステンレス製で磁気軸受の電磁石の磁路となる。磁気軸受部は電磁石と位置センサからなり，フィードバック制御によって電磁力と永久磁石の吸引力をバランスしインペラをポンプ内で浮上させる。軸受部の摩擦や摩耗がなくなったことで，耐久性と信頼性が向上し，血栓形成や血球破壊（溶血）も大幅に抑制される。

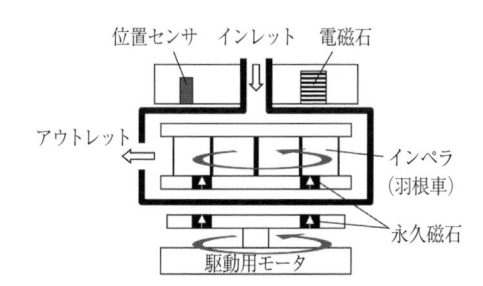

図 10.5 磁気浮上型補助人工心臓の構成

（2） 磁気ナビゲーションシステム[30]　カテーテルやガイドワイヤなどの挿入型医療機器を体内に挿入する際，その先端の向きを経皮的に制御する磁気ナビゲーションシステムが実用化され，カテーテルアブレーションを中心に臨床使用されている。カテーテルアブレーションとは，血管を通してカテーテルを心臓に挿入し，その先端を発熱することで心筋を焼灼して不整脈を根治する治療法である。

図 10.6 は磁界によるカテーテル屈曲の原理図である。カテーテル先端には永久磁石が装着されており，磁界を印加すると磁石の磁気モーメントに磁気トルク

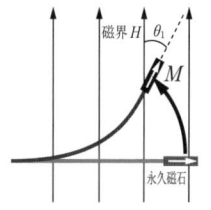

図 10.6 磁気トルクによるカテーテル屈曲の原理図

が働きカテーテルは磁界ベクトルの方向に屈曲する。この磁気トルク T の大きさは，永久磁石の磁気モーメントを M，磁界強度を H，磁気モーメントと磁界ベクトルのなす角を θ とすれば

$$T = MH\sin\theta \tag{10.1}$$

と表される。図は直線状のカテーテルが磁気トルクによって，カテーテルの弾性力と磁気トルクが釣り合う角度 θ_1 まで屈曲した様子である。実際の磁気ナビゲーションシステムでは，磁界強度は一定とし，磁界ベクトルの方向をベッド両脇に設置した二つの永久磁石の角度を変えることで制御する。カテーテルの挿入も自動化されており，術者はX線透過装置でカテーテルの位置をモニターで確認しながらジョイスティックを使って遠隔治療を行う。

10.3.3 磁気シールド

パーマロイなどの高透磁率材料を用いた磁気シールドルーム（magnetically shielded room，略して MSR）の遮蔽率 SF は，式（10.2）で求まる。

$$SF = 1.0 + \sum_{i=1}^{n} S_i + \sum_{i=1}^{n}\sum_{j=1}^{n} S_i S_j V_{ij} \tag{10.2}$$

ただし，立方体の場合

$$S_i = 0.8\frac{\mu_\Delta t_i}{a_i} \tag{10.3}$$

$$V_{ij} = 1 - \left(\frac{a_i}{a_j}\right)^3 \tag{10.4}$$

また，球の場合

$$S_i = \frac{2}{3}\frac{\mu_\Delta t_i}{r_i} \tag{10.5}$$

ここで，n：層数，μ_Δ：増分透磁率，t_i：第 i 層（高透磁率材料）の厚さ，a_i：第 i 層の立方体の辺の長さ，r_i：第 i 層の球の半径，S_i：第 i 層の遮蔽率とした。生体磁気計測用の磁気シールドルームは，人が入るスペースが必要なため，最低 2.5 m 四方の大きさの空間が必要となるが，式（10.3），式（10.5）からわかるように，空間が大きくなるに従い，遮蔽率は小さくなる。パーマロイのように，μ_Δ が 10 000 以上の場合，多層の MSR では層間距離 $(a_i - a_j)$ を大

10.3 磁気医療技術

きく確保すると式 (10.4) の V_{ij} が有効になるため,式 (10.2) の多層の MSR の遮蔽率は,各シールド層の厚みの合計と同じ厚みの一層の MSR に比べて大きくなり,通常,2 層,3 層のシールド層(高透磁率材料)と渦電流による数十 Hz の遮蔽効果を期待した導電層(通常アルミ)の構成で設計される生体磁気計測用 MSR が多い。また,角部の磁気抵抗が大きくなる立方体の式 (10.3) で求まる遮蔽率に比べて,球体の式 (10.5) の S_i は大きいので,従来,球体,および球体に近い形状の 26 面体,32 面体で設計される MSR があったが,最近の MSR の形状は,使い勝手が良く,組立てが容易で,シールド層同士の磁気的接合が容易で接合部からの漏れも小さい立方体・直方体で設計されている[31]。

一方,生体磁気信号のうち誘発脳皮活動 (evoked cortical activity),脳幹 (brain stem) などの脳磁界 (Magnetoencephalography, 略して MEG) は 10^{-14} T 程度,胎児心臓 (fetal heart) を含めた心磁界 (Magnetocardiography, 略して MCG) は 10^{-11} T 程度であり,一般的な外部磁気ノイズレベル (10^{-9} 〜 10^{-8} T) に比べると,0.01 〜数十 Hz の周波数帯において,MEG で 5 〜 6 桁,MCG で 2 〜 3 桁低くなっている[32]。この周波数帯での MSR の遮蔽率は,一般には 30 〜 300 程度であり[33],MSR だけでは必要な S/N 比が確保できない。そこで,マグネットメータに代わり外部磁気ノイズが低減できるグラディオメータの SQUID 磁束計とノイズキャンセルシステム,および加算平均法によりノイズが低減される。例えば,外部磁気ノイズを,MSR で 1 000 分の 1,グラディオメータで 100 分の 1,加算平均で 10 分の 1,合計で 1 000 000 分の 1 にして生体磁気計測がなされる。外部磁気ノイズは MSR により低減されるが,環境振動や空調ダクトのゆらぎに起因する MSR の微振動は,MSR が高透磁率材料で構成されているため,磁気ノイズとなり生体磁気計測に影響する[34],[35]。この周波数帯の中で,0.1 Hz 以下の超低周波領域における既存の 1 層から多層の MSR で,遮蔽率と高透磁率材料(パーマロイ)の重量の関係を求めると,遮蔽率は重量の 3 乗の 3.28 倍の回帰直線でほぼ近似することができる[31]。

引用・参考文献

第 1 章
(1) Bozorth, R. M.：Ferromagnetism, pp. 845〜849, D. Van Nostrand Co., Inc.（1951）

第 2 章
(1) Slonczewski, J. C.：J. Appl. Phys., **32**, 253 S（1961）
(2) Kanamori, J.：Magnetism, **1**. p. 127. Academic Press, N. Y.（1963）
(3) 例えば，上村洸，菅野暁，田辺行人：配位子場理論とその応用，裳華房（1969）
(4) 近角聰信：強磁性体の物理(下)，裳華房（1984）；太田恵造：磁気工学の基礎Ⅱ，共立出版(1996)；桜井良文ほか：磁性薄膜工学，丸善（1977）
(5) Sakaki, Y., Yoshida M. and Sato, T.：IEEE Trans. Magn., **MAG-29**, pp. 3517〜3519（1993）
(6) Brailsford, F.：J. Inst. Elect., Engs. **75**, pp. 38〜48（1948）
(7) Williams, H. J., Shockley, W. and Kittel, C.：Phys. Rev., **80**, pp. 1090〜1094（1950）
(8) Pry, R. H. and Bean, C. P.：J. Appl. Phys., **29**, pp. 532〜533（1958）
(9) Sakaki, Y.：IEEE Trans. Magn., **MAG-16**, pp. 569〜572（1980）
(10) Sakaki, Y. and Imagi, S. I.：IEEE Trans. Magn., **MAG-18**, pp. 1840〜1842（1982）
(11) Sakaki, Y. and Imagi, S. I.：IEEE Trans. Magn., **MAG-17**, pp. 1478〜1480（1981）
(12) Sakaki, Y. and Sato, T.：IEEE Trans. Magn., **MAG-20**, pp. 1487〜1489（1984）
(13) Arai, K. I., Kim, Y. H. and Yamaguchi, M.：J. Appl. Phys., **70**. 10. pp. 6256〜6258（1991）

第 3 章
(1) 近角聰信：強磁性体の物理(下)，裳華房（1984）
(2) 近角聰信：強磁性体の物理(上)，裳華房（1978）
(3) 岡﨑靖雄：電磁鋼板の現状，機械設計，**34**, p. 72〜77（1990）
(4) 電気学会技術報告：電力用磁性材料とその有効利用，p. 921（2003）
(5) 新日本製鐵(株)電磁鋼板カタログ
(6) Yamaji, T., Abe, M. and Tanaka, Y. et al.：J. Mag. Magn. Mater., **133**, pp. 187〜189（1994）
(7) Ushigami, Y., Okazaki, Y. and Abe N. et al.：J. Matr. Engn. Perform., **4**, pp. 435〜

440 (1995)
(8) 平井平八郎ほか：現代電気・電子材料，p. 151，オーム社（1993）
(9) Bozorth, R. M.：Ferromagnetism, IEEE（1993）
(10) Rassmann, G. and Hofman, U.：J. Appl, Phys., **39**, 2, pp. 603～605（1968）
(11) ㈱トーキン　金属磁性材料カタログ，Vol. 01
(12) 例えば，太田恵造：磁気工学の基礎 I，p. 2，共立出版（1973）
(13) 例えば，エレセラ出版委員会編，富永匡昭：フェライトの基礎と磁石材料，p. 2, 技献（1979）
(14) 例えば，山口，柳田編，岡本，近：マグネトセラミックス，5 章，技報堂出版（1985）
(15) Gorter, E. W.：Proc. IRE, **43**, p. 1945（1955）
(16) Ed. Wohlfath, E. P., Krupicka, S. and Novâk, P.：Ferromagnetic Materials, **2**, ch. 4, North-Holland（1982）
(17) Kuipers, A. J. M.：Thesis, Technical Univ. Eindhoven（1978）
(18) Šim ša, Z., et al.：Proc. 11 th ICPS Warsaw, 1294（1972）
(19) 例えば，山口，柳田編，岡本，近：マグネトセラミックス，p. 101，技報堂出版（1985）
(20) Guillaud, C.：J. Phys. Rad., 12, p. 239（1951）
(21) Smith, J. and Wijn, H. P. J.：Ferrites, Phillps Tech. Library, John Wiley and Sons（1959）
(22) Guilliaud, C. and Roux, M.：Compt. Rend, **229**, p. 1133（1949）
(23) Pauthenet, R.：Ann. Phys., **7**, p. 710（1952）
(24) Shichijo, Y.：Trans. Japan Inst. Metals, **2**, p. 204（1961）
(25) Ed. Hashino, Y. et.al., Roess, E.：Proc. Int. Conf. on Ferrites, Kyoto, pp. 187～190, University of Tokyo Press（1970）
(26) Ohta, K.：J. Phys. Soc. Japan, **18**, p. 685（1963）
(27) Ohta. K. and Kobayashi, N.：Jpn. J. Appl., Phys. **3**, p. 576（1964）
(28) 三吉，川原：日本応用磁気学会誌，**20**, p. 11（1996）
(29) 山田，大塚，庄司，山家，米倉：まてりあ，**35**, p. 710（1996）
(30) Ed. Desirant, M. and Michiel, J. L., Guillaud, C., Villers, C., Maraid, A. and Paulus, M.：Solid State Physics, **3**, pp. 71～90, Academic Press（1960）
(31) Ed. Wohlfarth, E. P., Slick, P. I.：1986, Ferromagnetic Materials, **2**, ch. 3, North-Holland（1986）
(32) Snoek, J. L.：Physica, **14**, p. 207（1948）

(33) 村上, 松木：感温磁気応用工学, p.13, 培風館（1993）
(34) G. Herzer：IEEE Trans. Magn. **25**, p. 3327（1989）
(35) R. C. Scherwood, E. M. Gyorgy, H. S. Chen, S. D. Ferris, G. Norma and H. J. Leamy：AIP Proc. **24**, p. 745（1975）
(36) P. J. Flanders, C. D. Graham, Jr. and T. Egami：IEEE Trans Magn., **Mag-11**, p. 1323（1975）
(37) H. Fujimori, Y. Obi, T. Masumoto and H. Saito：Mater. Sci. & Eng. **23**, p. 281（1976）
(38) T. Jagielinski, K. I. Arai, N. Tsuya, S. Ohnuma and T. Masumoto：Ⅲ Trans. **Mag-13**, p. 1553（1977）
(39) S. Ohnuma, K. Watanabe and T. Masumoto：phys. Stat. sol.（a）**44** K151（1977）
(40) Metglas 2605SA1 Technical Bulletin より抜粋, http://www.metglas.com/index.asp.
(41) H. Fujimori, H. Yoshimoto and H. Morita：IEEE Trans. Magn. **MAG-16**, p. 1227（1980）
(42) R. F. Krause and F.W. Werner：IEEE Trans. Magn., **MAG-17**, p. 2686（1981）
(43) 福永博俊, 淵上祥児, 成田賢仁：日本磁気学会誌, **8** p. 197（1984）
(44) Metglas 2605S3A Technical Bulletin より抜粋, http://www.metglas.com/index.asp.
(45) Metgas 2714A Technical Bulletin より抜粋, http://www.metglas.com/index.asp.
(46) Metglas 2628MB Technical Bulletin より抜粋, http://www.metglas.com/index.asp.
(47) H. Fukunaga and K. Inoue：Jpn. J. Appl. Phys., **31** p. 1347（1992）
(48) Y. Yoshizawa, S. Oguma, and K. Yamauchi：J. Appl. Phys., **64** p. 6044（1988）
(49) Fukunaga, T. Yanai, H. Tanaka, M. Nakano, K. Takahashi, Y. Yoshizawa, K. Ishiyama, and K. I. Arai：IEEE Trans. Magn., **38**, p. 3138（2002）
(50) 日立金属(株)ホームページ：http://www.hitachi-metals.co.jp/product/finemet/fp07.htm
(51) M. Ohta and Y. Yoshizawa, J. Phys. D：Appl. Phys., **44** 064004（2011）
(52) Kubota, A. Makino, A. Inoue, J. Allys and Compounds, **509S** S416（2011）

第4章

(1) 三島徳七：Ohm, **19**, p. 353（1932）
(2) 加藤与五郎, 武井武：電学誌, **53**, p. 408（1933）
(3) Went. J. J., Rathenau, G. W., Gorter, E. W. and van Ooeterhaut, G. W.：Philips Tech. Rev., **13**, p. 194（1952）
(4) Cochardt, A：J. Appl. Phys., **34**, p. 1273（1963）
(5) Hoffer, G. and Strnat, K.：IEEE Trans. Magn., **MAG-2**, p. 487（1966）

(6)　Strnat, K. J.：Cobalt, **36**, p. 133（1967）
(7)　Tawara, Y. and Senno, H.：Jpn. J. Appl. Phys., **12**, p. 761（1973）
(8)　Sagawa, M., Fujimura, S., Togawa, N., Yamamoto, H. and Matsuura, Y.：J. Appl. Phys., **55**, p. 2083（1984）
(9)　Croat, J. J., Herbest, J. F., Lee, R. W. and Pinkerton, F. E.：J. Appl. Phys., **55**, p. 2078（1984）
(10)　Coey, J. M. and Sun, H.：J. Mag. Magn. Mater., **87**, p. L 251（1990）
(11)　M. Katter, J. Wecker, and L. Schultz：J. Appl. Phys., **70**, p. 3188（1991）
(12)　佐川眞人，浜野正昭，平林　眞監修，西尾博明：永久磁石―材料科学と応用―，アグネ技術センター（2007）
(13)　電気学会希土類磁石調査専門委員会：技術報告II部，122号（1981）
(14)　例えば Bentz, M. G. and Martin, D. L.：IEEE Trans. Magn., **MAG-7**, p. 285（1971）
(15)　例えば S. Foner, E. J. McNiff, D. L. Martin, and M. G. Bentz：Appl. Phys. Lett., **20**, p. 447（1972）
(16)　例えば Kido, G., Nakagawa, Y., Ariizumi, T., Nishio, H. and Takano, T.：Proc. of the 10th Int. Workshop on Rare-Earth Magnets and Their Applications, Kyoto, Japan, p. 101（1989）
(17)　R. Grössinger, G. W. Jewell, J. Dudding, and D. Howe：IEEE Trans. Magn., **29**, p. 2980（1993）
(18)　R. Grössinger, M. Taraba, A. Wimmer, J. Dudding, R. Cornelius, P. Knell, B.Enzberg-Mahlke, W. Fernengel, J. C. Toussaint, and D. Edwards：Proc. of the 17th Int. Workshop on Rare-Earth Magnets and Their Applications, Newyork, p. 285（2002）
(19)　P. Bretchko and R. Ludwig：IEEE Trans. Magn., **36**, p. 2042（2000）
(20)　R. Ludwig, P. Bretchko, and S. Makarov：IEEE Trans. Magn., **38**, p. 211（2002）
(21)　R. Cornelius, J. Dudding, P. Kneel, R. Grössinger, B. Enzberg-Mahlke, W. Fernengel, M. Taraba, J. C. Toussaint, A. Wimmer, and D. Edwards：IEEE Trans. Magn., **38**, p. 2462（2002）
(22)　西尾博明，竹淵　確，石坂　力，田口　仁，福野　亮，山元　洋：日本応用磁気学会誌，**27**, p. 971（2003）
(23)　F. Fiorillo, C. Beatrice, O. Bottauscio, and E. Patrori：IEEE Trans Magn., **43**, p. 3159（2007）
(24)　G. Kido：Proc. of the 13th Int. Workshop on Rare-Earth Magnets and Their Applications, Birmingham, p. 707（1994）

(25) IEC Standard 60404-5 (2007-02): Magnetic materials-Part 5: Permanent magnet (magnetically hard) materials-Method of measurement of magnetic properties (2007)
(26) JIS C 2501: 永久磁石試験法, 日本規格協会 (1998)
(27) P. P. Cioffi: Rev. Sci. Instrum., **21**, p. 624 (1950)
(28) F. G. Brockman and W. G. Steneck: Philips Tech. Rev., **16**, p. 79 (1954)
(29) C. H. Chen, A. K. Higgins, and R. M. Strnat: J. Magn. Magn. Mater., 320, L84 (2008)
(30) A. K. Higgins, C. D. Graham, R. M. Strnat, and C. H. Chen: IEEE Trans. Magn., **44**, p. 3266 (2008)
(31) 白井照光: 計測技術, 2004-11, p. 53 (2004)
(32) 小助川充生: 計測自動制御学会論文集, **20**, 5, p. 417 (1984)
(33) Kaneko, H., Homma, M. and Nakamura. K.: AIP Conf. Proc., No. 5, p. 1088 (1971)
(34) Y.Ogata, Y. Kubota, T. Takami, M. Tokunaga, T. Shinohara: IEEE Trans. Magn., **35**, p. 3334 (1999)
(35) H. Taguchi, Y. Minachi, K. Masuzawa, and H. Nishio: Ferrite, Proc. of the 8th Int. Conf. (ICF8), Kyoto, p. 405 (2000)
(36) 小林義徳, 細川誠一, 尾田悦志, 豊田幸夫: 粉体および粉末冶金誌, **55**, p. 541 (2008)
(37) H. Yamamoto, T. Kawaguchi, and M. Nagakura: IEEE Trans. Magn., **MAG-15** p. 1141 (1979)
(38) Lotgering. F. K., Vormans, P. H. G. M. and Huyberts, M. A. H.: J. Appl. Phys., **51**, p. 5913 (1980)
(39) Ram, S. and Joubert, J. C.: IEEE Trans. Magn., **MAG-28**, p. 15 (1992)
(40) 山元洋: 粉体および粉末冶金誌, **43**, p. 5 (1996)
(41) 豊田幸夫: 粉体および粉末冶金誌, **44**, p. 17 (1997)
(42) Martin, D. L. and Benz, M. G.: IEEE Trans. Magn., **MAG-7**, p. 291 (1971)
(43) Tawara, Y.: Jpn. J. Appl. Phys., **7**, p. 966 (1968)
(44) Nesbit, E.: J. Appl. Phys., **40**, p. 4029 (1969)
(45) Ojima, T., Tomizawa, S., Yoneyama, T. and Hori, T.: IEEE Trans. Magn., **MAG-13**, p. 1317 (1977)
(46) 佐川真人: 日本応用磁気学会誌, **9**, p. 25 (1985)
(47) Sagawa, H., Hirosawa, S., Yamamoto, T., Fujimura. S. and Matsumura, Y.: Jpn. J. Appl. Phys., **26**, p. 785 (1987)
(48) 金子祐治, 徳原宏樹, 石垣尚幸: 粉体および粉末冶金誌, **41**, p. 695 (1994)
(49) Yoneyama, T., Kohmoto, O. and Yajima, K.: Proc. of the 9th Int. Workshop on

Rare-Earth Magnets and Their Applications, Bad. Soden, FRG, p. 495 (1987)

(50) Matsumoto, F., Sakamoto, H., Komiya, M. and Fujikura, M. : J. Appl. Phys., **63**, p. 3507 (1988)

(51) Yamamoto, H., Nagakura, H., Qzawa, Y. and Katsuno, T. : Proc. of the 10th Int. Workshop on Rare-Earth Magnets and Their Applications, Kyoto, Japan, p. 543 (1989)

(52) Coehoon, R., de Mooji, D. B. and de Waard, C. : J. Mag. Magn. Mater., **80**, p. 101 (1989)

(53) Hirosawa, S. and Kanekiyo, H. : IEEE Trans. Magn. **MAG-29**, p. 2863 (1993)

(54) 山元 洋, 中西 崇:電学論 A, **124**, 10, p. 851 (2004)

(55) 武下拓夫, 中山亮治:日本応用磁気学会誌, **17**, p. 25 (1993)

(56) Y. Honkura, C. Mishima, N. Hamada, and N. Mitarai : Proc. of the 17th Int. Workshop on Rare-Earth Magnets and Their Applications, Delaware, USA, p. 52 (2002)

(57) Iriyama, T., Kobayashi, K., Imaoka, N., Fukuda, T., Kato, H. and Nakagawa, Y. : IEEE Trans. Magn., **28**, p. 2326 (1992)

(58) A. Kawamoto, T. Ishikawa, S. Yasuda, K. Takeya, K. Ishizawa, T. Iseki and K. Ohmori : IEEE Trans Magn. **35**, p. 3322 (1999)

(59) T. Yamamoto, T. Hidaka, T. Yoneyama, H. Nishio, and A. Fukuno : Proc. of the 14th Int. Workshop on Rare-Earth Magnets and Their Applications, San Paulo, p. 121 (1996)

(60) S. Sakurada, K. Nakagawa, F. Kawashima, T. Sawa, T. Arai, and M. Sahashi : Proc. of the 16th Int. Workshop on Rare-Earth Magnets and Their Applications, Sendai, Japan, p. 719 (2000)

(61) H. Yamamoto and T. Ooi : IEEE Trans. Magn., **40**, p. 1952 (2004)

(62) R. Omatsuzawa, K. Murashige, and T. Iriyama : Trans. Magn. Soc. Japan, **4**, p. 113 (2004)

(63) Satoh, K., Oka, K., Ishii, J. and Satoh, T. : IEEE Trans. Magn., **MAG-21**, p. 1979 (1985)

(64) Shimoda, T., Kasai, K. and Teranishi, K. : Proc. of the 4th Int. Workshop on Rare Earth-Cobalt Permanent Magnets and Their Applications, Hakone, Japan, p. 335 (1979)

(65) Cech, R. E. : J. Metals, **26**, p. 32 (1974)

(66) Mishima, C., Hamada, N., Mitarai, H. and Honkura, Y. : Proc. of the 16th Int.

Workshop on Rare-Earth Magnets and their Applications, **2**, p. 873, Sendai, Japan (2000)
(67) 石川　尚，川本　淳，大森賢次：日本応用磁気学会誌，**24**, p. 1394 (2000)
(68) Kume, M., Hayaashi M., Yamamoto M., Kawamura K. and Ihara K.：IEEE Trans. Magn., **41**, p. 3895 (2005)
(69) 桜田新哉，津田井昭彦，新井智久：粉体および粉末冶金，**50**, p. 626 (2003)
(70) 広沢　哲，金清裕和，三次敏夫：粉体粉末冶金，**52**, p. 182 (2005)
(71) 日本電子材料工業会編：永久磁石関連表，日本電子材料工業会，p. 18 (1992)
(72) Hornreich, R. M., Rubinstein, H. and Spain, R. J.：IEEE Trans. Magn., **MAG-7**, p. 29 (1971)
(73) Clark, A. E. and Belson, H. S.：Phys. Rev., **B 5**, p. 3642 (1972)
(74) Abbundi, R. and Clark, A. E.：IEEE Trans. Magn., **MAG-13**, p. 1519 (1977)
(75) Savage, H. T., Abbundi, R. and Clark, A. E.：J. Appl. Phys., **40**, p. 1674 (1979)
(76) Williams, C. M. and Koon, N. C.：AIP Conf. Proc., No. 18, p. 1247 (1974)
(77) Ullakko, K, Huang, J. K., Kantner, C. and O'Handley, R. C.：Appl. Phys. Lett., **69**, p. 1966 (1996)
(78) 未踏加工技術協会編：新時代の磁性材料，工業調査会，p. 207 (1981)
(79) 毛利佳年雄：日本応用磁気学会誌，**3**, p. 96 (1979)
(80) Hayashi, Y., Honda, T., Arai, K. I., Ishiyama, K. and Yamaguchi, M.：IEEE Trans. Magn., **29**, p. 3129 (1993)
(81) Butler, J. L. and Ciosek, S. L.：J. Acoust. Soc. Am., **67**, p. 1809 (1980)
(82) Bozorth, R. M.：Ferromagnetism, IEEE PRESS, p. 235 (1993)
(83) 佐々木晃史，渡辺健次，野原清彦，小野　寛，近藤信行，佐々木徹，佐藤周三，一瀬　功：川崎製鉄技報，**13**, p. 392 (1981)
(84) 涌井　一：コンクリート工学，**28**, p. 4. (1990)
(85) YSS（ヤスキハガネ）カタログ，p. 93，日立金属 (2002)

第 5 章

(1) Néel, L.：Remarques sur la théorie des propriétés magnétiques des couches minces et des grains fins, J. Phys. Radium., **17**, 3, pp. 250〜255 (1956)
(2) 島田　寛，山田興治：磁性材料，p. 134, 講談社サイエンティフィク (1999)
(3) 島田　寛：軟磁性材料，薄膜 I「薄膜の磁化過程」，まぐね，**3**, 8, pp. 384〜552 (2008)
(4) Kikuchi, N., Okamoto, S., Kitakami, O., Shimada, Y., Kim, S. G., Otani, Y., and Fukamichi, K.：Vertical Magnetization Process in Sub-Micron Permalloy Dots, IEEE Trans. Magn., **37**, 4, pp. 2082〜2084 (2001)

(5) 島田　寛：軟磁性材料，軟磁性微粒子材料，まぐね，5, 2, pp. 74～81（2010）
(6) Hasegawa, D., Ogawa, T., Yamaguchi, M., and Takahashi, M.：Dynamic Magnetic Properties of Fe_3O_4 Nanoparticle Assembly in High-frequency Range, J. Magn. Soc. Jpn., **30**, 6-1, pp. 528～530（2006）
(7) Olmedo, L., Chateau, G., Deleuze, C. and Forveille, J. L.：Microwave Characterization and Modelization of Magnetic Granular Materials, J. Appl. Phys., **73**, 10, pp. 6992～6994（1993）
(8) 近角聡信：強磁性体の物理（下），p. 341，裳華房（1984）
(9) 桜井良文編：磁性薄膜工学，p. 145，丸善（1977）
(10) 島田　寛，山田興治：磁性材料，p. 149，講談社サイエンティフィク（1999）
(11) Stuart, R. V., Wehner, G. K.：Energy Distribution of Sputtered Cu Atoms, J. Appl. Phys., **35**, pp. 1819～1824（1964）
(12) Thornton, J. A.：The Microstructure of Sputter-Deposited Coatings, J. Vac. Sci. Technol., A4, pp. 3059～3065（1986）
(13) Maeda, Y., Suzuki, Y., Sakashita, Y., Iwata, S., Kato, T., Tsunashima, S., Toyoda, H., Sugai, H.：Effect of Sputtering Deposition Process on Magnetic Properties in Magnetic Multilayers, Jpn. J. Appl. Phys., **47**, 10, pp. 7879～7885（2008）
(14) Nakagawa, S., Kitamoto, Y., Naoe, M.：Control of Internal Stress of Co-Cr Films Deposited by Facing Targets Sputtering, IEEE Trans. on Magn., **26**, 1, pp. 106～108（1990）
(15) Sun, S., Murray, C. B., Weller, D., Folks, L., Moser, A.：Monodisperse FePt Nanoparticles and Ferromagnetic FePt Nanocrystal Superlattices, Science, **287**, 5460, pp. 1989～1992（2000）
(16) Hyeon, T., Lee, S. S., Park, J., Chung, Y., Na, H. B.：Synthesis of Highly Crystalline and Monodisperse Maghemite Nanocrystallites without a Size-Selection Process, J. Am. Chem. Soc., **123**, pp. 12798～12801（2001）
(17) 猪俣浩一郎監修：スピンエレクトロニクスの基礎と応用，p. 223，シーエムシー出版（2004）
(18) Shinjo, T., Okuno, T., Hassdorf, R. Shigeto, K. and Ono, T.：Science, **289**, p. 930（2000）
(19) Ernult, F., Yamane, K., Mitani, S., Yakushiji, K., Takanashi, K., Takahashi, Y. K., Hono, K., Appl. Phys. Lett. **84**, p. 3106（2004）
(20) Kikuchi, N., Hashimoto, T., Okamoto, S., Shen, Z., Kitakami, O.：Jpn. J. Appl. Phys. **50**, 046505（2011）

(21) Kent, A.D., Molnár, S., Gider, S. and Awschalom, D. D.：J. Appl. Phys. **76**, p. 6656 (1994)
(22) Takemura, Y. and Shirakashi, J.：Jpn. J. Appl. Phys. **39**, p. L1292 (2000)
(23) Chou, S. Y., Krauss, P. R. and Renstrom, P. J.：Appl. Phys. Lett. **67**, p. 3114 (1995)
(24) Komuro, M., Taniguchi, J., Inoue, S., Kimura, N., Tokano, Y., Hiroshima, H. And Matsui, S.：sui, S) Jpn. J. Appl. Phys. **39**, p. 7075 (2000)
(25) 鎌田, 喜々津, 木原, 森田, 木村, 和泉：日本磁気学会第172回研究会資料, p. 7 (2010)
(26) 白江公輔, 荒井賢一, 島田　寛：マイクロ磁気デバイスのすべて, 工業調査会 (1992)
(27) Yamaguchi, M., Baba, M. and Arai, K. I.："Sandwich-Type Ferromagnetic RF Integrated Inductor", IEEE Trans. Microwave Theor. Tech., **49**, 12, pp. 2331～2334 (2001)
(28) Munakata, M., Namikawa, M., Motoyama, M., Yagi, M., Shimada, Y., Yamaguchi, M. and Arai, K. I.：Magnetic Properties and Frequency Characteristics of $(CoFeB)_x\cdot(SiO_{1.9})_{1-x}$ and CoFeB Films for RF Application, Trans. Magn. Soc. Jpn., **2**, 5, p. 388 (2002)
(29) Ohnuma, S., Iwasa, T., Fujimori, H. and Masumoto, T.：Noise Suppression Effect of Soft Magnetic Co-Pd-B-O Films with Large ρ and Bs, IEEE Trans. Magn., **42**, 10, pp. 2769～2771 (2006)
(30) Ikeda, K., Suzuki, T. and Sato, T.：$CoFeSiO/SiO_2$ Multilayer Granular Films with Very Narrow Ferromagnetic Resonant Linewidth, IEEE Trans. Magn., **45**, 10, pp. 4290～4293 (2009)
(31) 曽根原誠, 佐藤敏郎, 山沢清人, 三浦義正, 池田愼治, 山口正洋：高周波マイクロ磁気デバイス用Mn-Ir/Fe-Si交換結合膜の作製と特性, 日本応用磁気学会誌, **29**, 2, pp. 132～137 (2005)
(32) 馬場　誠, 末沢健吉, 高橋祐一, 茂泉　孝, 山口正洋, 荒井賢一, 菊地新喜, 芳賀　昭, 島田　寛, 田邉信二, 伊東健治：CoNbZr薄膜を用いたGHz帯薄膜インダクタ, 日本応用磁気学会誌, **24**, 4-2, pp. 879～882 (2000)
(33) 池田賢司, 鈴木利昌, 丸山誠礼, 峰村知剛, 曽根原誠, 佐藤敏郎：非常に狭い強磁性共鳴線幅を有する$CoFeSiO/SiO_2$積層グラニュラー磁性膜を用いたダブルスパイラル構造インダクタ, 日本磁気学会誌, **34**, 2, pp. 123～130 (2010)
(34) Measurement of conducted emissions - Magnetic probe method, IEC pp. 61967～6 (2002)

(35) Yamaguchi, M., Koya, S., Torizuka, H., Aoyama, S. and Kawahito, S.：Shielded-Loop Type On-Chip Magnetic Field Probe to Evaluate Radiated Emission from Thin-Film Noise Suppressor, IEEE Trans. Magn., **43**, 6, pp. 2370〜2372（2007）
(36) Masuda, N.：Development of On-Chip Loop Coils for Evaluation of RF Noise Suppression Film, The 59th Electronic Components and Technology Conference（ECTC）, **2**, pp. 815〜818（2009）
(37) 松下伸広，阿部正紀：フェライトめっき膜を用いた GHz 帯域の電磁ノイズ抑制体，セラミックス，**41**, 1, pp. 20〜24（2006）
(38) Sohn, J., Han, S. H., Yamaguchi, M. and Lim, S. H.：Si-based Electromagnetic Noise Suppressors Integrated with a Magnetic Thin Film Appl. Phys. Lett., **90**, 14, pp. 143520（2007）
(39) 佐藤勝昭：光と磁気，2章，朝倉書店（1988）
(40) 逢坂哲彌，山崎陽太郎，石原　宏　編：記録・メモリ材料ハンドブック，p. 201，朝倉書店（2000）
(41) スピントロニクスの総合的な解説書として，高梨弘毅（監修）：スピントロニクスの基礎と材料・応用技術の最前線，シーエムシー出版（2009）
(42) スピン流に関する解説として，高梨弘毅：固体中におけるスピン流の創出と制御，応用物理，**77**, 3, pp. 255〜263（2008）
(43) スピンカロリトロニクスに関する論文特集として，Bauer, G. E. W., MacDonald, A. H. and Maekawa, S.（Eds.）：Spin Caloritronics, Solid State Comm., **150**, 11-12, pp. 459〜552（2010）
(44) 半導体スピントロニクスに関する解説として，田中雅明：半導体におけるスピン生成―半導体スピントロニクスの最近の進展―，応用物理，**78**, 3, pp. 205〜216（2009）

第 6 章

（1） 宮入：電気回路と磁気回路の双対，電気・機械エネルギー変換工学，第2章，pp. 27〜40，丸善（1976）
（2） 榊，佐藤：信学論，J 68-C, pp. 462〜467（1985）
（3） Sato, T. and Sakaki, Y.：IEEE Trans. Magn., **MAG-26**, pp. 2894〜2897（1990）
（4） 例えば，高橋則雄：三次元有限要素法―磁界解析技術の基礎，電気学会（2006）
（5） V. Karapetoff：The Magnetic Circuit, McGraw-Hill（1911）
（6） G. R. Slemon：Equivalent circuits for transformers and machines, including non-linear effect, Proceeding of the IEE, **100**, pp. 129〜143（1953）
（7） R. W. Kulterman：Computerized analysis of magnetically coupled electrome-

chanical systems, IEEE Trans. Magn., **5**, pp. 519～524（1969）
（8） R. M. Hunt and J. W. Nippert：Computer-aided magnetic circuit design for a bell ringer, The Bell System Technical Journal, **57**, pp. 179～203（1978）
（9） Y. Saito：Three-Dimensional Analysis of Nonlinear Magnetostatic Fields in a Saturable Reactor, Comp. Meths. Appl. Mech. Eng., **16**, pp. 105～115（1978）
（10） 森田　孝，石井良博：空間回路網法によるMnZnフェライトの鉄損解析，日本応用磁気学会誌，**21**, pp. 625～628（1997）
（11） 早乙女英夫，宮崎麻衣：フェライトコアの非線形磁気損失特性を考慮した空間回路網法，電気学会マグネティックス研究会資料，MAG-09-138（2009）
（12） 田島克文，一ノ倉理，穴澤義久，加賀昭夫：3次元磁気回路モデルに基づく直交磁心の磁化特性の算定，電気学会マグネティックス研究会資料，MAG-90-96（1990）
（13） 田島克文，加賀昭夫，一ノ倉理：3次元磁気回路と電気回路の直接結合による直交磁心形電力変換器の動作解析，電気学会論文誌A，**117**, pp. 155～160（1997）
（14） K. Nakamura, O. Ichinokura：Dynamic Simulation of PM Motor Drive System Based on Reluctance Network Analysis, 13th International Power Electronics and Motion Control Conference（EPE-PEMC 2008), 441（2008）
（15） 水口尊博，中村健二，一ノ倉理：3次元リラクタンスネットワーク解析によるクローティースモータの設計法に関する一考察，電気学会論文誌D，**129**, 11, pp. 1048～1053（2009）

第7章

（1） 船久保 編：制御用アクチュエータ，第2, 3章，産業図書（1984）
（2） 内野：圧電／電歪アクチュエータ，第1章，森北出版（1986）
（3） 山田 編：リニアモータ応用ハンドブック，pp. 2～14，工業調査会（1986）
（4） 丹野 編：メカトロニクスへの招待，pp. 10～15，森北出版（1989）
（5） 電気学会磁気アクチュエータ調査専門委員会編：リニアモータとその応用，pp. 27～33，電気学会（1984）
（6） 山沢，鈴木：日本応用磁気学会誌，**8**, 2, pp. 221～224（1984）
（7） 電気学会磁気アクチュエータ調査専門委員会編：リニアモータとその応用，pp. 11～14，電気学会（1984）
（8） 正田編著：リニアドライブ技術とその応用，pp. 146～165，オーム社（1991）
（9） 見城，新村：ステッピングモータの基礎と応用，第2章，総合電子出版（1979）
（10） 電気学会磁気アクチュエータ調査専門委員会編：リニアモータとその応用，

pp. 34～36, 電気学会（1984）
(11) 菊地：電磁ポンプの新しい応用について, 電学誌, **97**, pp. 796～799（1977）
(12) 正田編著：リニアドライブ技術とその応用, pp. 16～25, オーム社（1991）
(13) 江刺, 藤田, 五十嵐, 杉山：マイクロマシーニングとマイクロメカトロニクス 1, 培風館（1992）
(14) Fan, L. S., Tai, Y. C. and Muller, R. S.：Sensors and Actuators, **20**, p. 41（1989）
(15) 桑野：日本応用磁気学会誌, **18**, p. 903（1994）
(16) 本田, 島崎, 荒井：日本応用磁気学会誌, **20**, p. 541（1996）
(17) Arai, K. I., Sugawara, W., Ishiyama, K., Honda, T. and Yamaguti, M.：IEEE Trans., Magn., **MAG-31**, p. 3758（1995）
(18) 本田, 荒井：日本応用磁気学会誌, **20**, p. 537（1996）
(19) 中川：精密工学会誌, **54**, p. 40（1986）
(20) 中澤, 米澤, 藤井：日本機械学会講演論文集, 1003（1992）
(21) 伊東：日本応用磁気学会誌, **18**, p. 922（1994）
(22) 筒井, 岩淵, 椛島, 池田, 山下：日本機械学会ロボティクス・メカトロニクス講演会講演論文集, A, 267（1992）
(23) Ahn, C. H., Kim, Y. J. and Allen, M. G.：Proc. 6th IEEE Workshop on Micro Electro Mechanical Systems, 1（1993）
(24) H. D. Storm：Magnetic Amplifiers, pp. 1～503, John Wiley & Sons, Inc.（1955）
(25) 茂木：磁気増幅器, pp. 1～278, 日刊工業新聞社（1957）
(26) 村上：磁気応用工学, pp. 17～32, 朝倉書店（1984）
(27) 蓮見：鉄共振の活用, pp. 35～36, オーム社（1952）
(28) 桜井：磁気応用回路, pp. 95～96, 日刊工業新聞社（1973）
(29) 山田, 宮澤, 別所：基礎磁気工学, pp. 155-158, 学献社（1975）
(30) 新谷, 斎藤：電学論, **105-B**, pp. 241～248（1985）
(31) 田所：電学誌, **86**, pp. 1305～1312（1966）
(32) 別所：電学誌, **87**, pp. 1383～1390（1967）
(33) 村上：磁気応用工学, pp. 183～184, 朝倉書店（1984）
(34) 中村, 川上, 赤塚, 前田, 佐藤, 一ノ倉：日本応用磁気学会誌, **24**, pp. 803～806（2000）
(35) S. D. Wanlass, et al.：The paraformer, IEEE WESCON Tech. Papers, **12**, Part. 2（1968）
(36) 一ノ倉, 前田, 高橋, 村上：日本応用磁気学会誌, **10**, pp. 351～354（1986）
(37) K. Shirakawa, K. Yamaguchi, M. Hirata, T. Yamaoka, F. Takeda, K. Murakami, H.

Matsuki : Thin-film cloth-structured inductor for magnetic integrated-circuit, IEEE Trans. Magn., **26**, 5, pp. 2262〜2264 (1990)

(38) T. Sato, T. Inoue, H. Tomita, S. Yatabe, K. Nishijima, Y. Tokai, M. Nameki, N. Saito, T. Mizoguchi : 5MHz switching micro dc-dc converter using planar inductor, *Internat. Telecom. Energy Conf.* (*INTELEC'96*), pp. 485〜490 (1996)

(39) R. E. Jones Jr. : Analysis of the efficiency and inductance of multiturn thin film magnetic recording heads, IEEE Trans. Magn., **MAG-14**, 5, pp. 509〜511 (1978)

(40) T. Sato, K. Yamasawa, H. Tomita, T. Inoue, T. Mizoguchi : FeCoBN magnetic thin film inductor for MHz switching micro DC〜DC converters, IEEJ Trans. Industrial Appl., **121-D**, 1, pp. 84〜89 (2001)

(41) S. Sugahara, A. Nakamori, Z. Hayashi, M. Edo, H. Nakazawa, Y. Katayama, M. Gekinozu, K. Matsuzaki, A. Matsuda, E. Yonezawa, K. Kuroki : Characteristics of a monolithic dc-dc converter utilizing a thin film inductor, *Internat. Power Electron. Conf.* (*IPEC-Tokyo 2000*), pp. 326〜330 (2000)

(42) M. Mino, T. Yachi, K. Yanagisawa, A. Tago, K. Sakakibara : Switching converter using thin-film microtransformer with monolithically integrated rectifier diodes, IEICE Trans. Electron., **E80C**, 6, pp. 821〜827 (1997)

(43) D. S. Gardner, G. Schrom, F. Paillet, B. Jamieson, T. Karnik, and S. Borkar : Review of On-Chip Inductor Structures with Magnetic Films, IEEE Trans. Magn., **45**, 10, pp. 4760〜4766 (2009)

(44) T. Maruyama, Y. Obinata, M. Sonehara, K. Ikeda, T. Sato : Increase of Q-Factor of RF Magnetic Thin Film Inductor by Introducing Slit-Patterned Magnetic Thin Film and Multiline-Conductor Spiral Coil, IEEE Trans. Magn., **47**, 10, pp. 3196〜3199 (2011)

(45) K. H. Kim, K. Yamada, M. Yamaguchi : The relationship between the arrangement of patterning magnetic film and high frequency properties of ferromagnetic RF integrated inductors, The papers of Technical Meeting on Magnetics, IEE Japan, MAG-05-176 (2005)

(46) 水田　創, 中沢政博, 滝澤和孝, 佐藤敏郎, 山沢清人, 三浦義正, 三宅裕子, 秋江正則, 上原裕二, 宗像　誠, 八木正昭：携帯電話用 CoFeB 磁性薄膜方向性結合器の大振幅信号伝送特性, J. Magn. Soc. Jpn, **32**, 3, pp. 376〜381 (2008)

(47) M. Yamaguchi, Y. Shimada, K. Inagaki, B. Rejaei : Skin effect suppression in RF devices using a multilayer of conductor and ferromagnetic thin film with negative permeability, Microwave Workshops and Exhibition 2008, Workshop 8-3 (2008)

第 8 章

(1) Pant, B. and Krahn, D. R.：J. Appl. Phys., **69**, p. 5943（1991）
(2) Gordon, D. I. and Brown R. E.：IEEE Trans. Magn., **MAG-8**, p. 76（1972）
(3) 務中，吉見，中西，飯島，山田：日本応用磁気学会誌，**20**, pp. 561～564（1996）
(4) Kawahito, S., Sasaki, Y., Sato. H., Nakamura, T. and Tadokoro, Y.：Sensors and Acutuators, A 43, pp. 128～134（1994）
(5) Grivet, P. A. and Malnar, L.：Advan. Electron., Electron Phys., **23**, p. 39（1967）
(6) 原　宏編著：量子電磁気計測，p. 254，電子情報通信学会（1991）
(7) Knuutila, J. E. T., Ahonen, A. I., Hmlinen, M. S., Kajola, M. J., Laine, P. P., Lounasmaa, O. V., Parkkonen, L. T., Simola, J. T. A. and Tesche, C. D.：IEEE Trans. Magn., **MAG-29**, p. 3315（1993）
(8) 毛利佳年雄：精密工学会誌，**62**, pp. 341～344（1996）
(9) I. Sasada：Orthogonal fluxgate mechanism operated with dc biased excitation, J. Appl. Phys., **91**（10），pp. 7789（2002）
(10) I. Sasada：Symmetric response obtained with an orthogonal fluxgate operating in fundamental mode, IEEE. Trans. Magn., **38**（5），pp. 3377～3379（2002）
(11) M. Butta, I, Sasada：effct of terminations in magnetic wire on noise oforthogonal fluxgate operated in fundamental mode, IEEE transactions on MAGNETICS, **48**, 4, pp. 1477～1480（2012）
(12) Dietrich, W.：IBM Journal, **6**, pp. 368～371（1962）
(13) Baibich, N. M., Broto, J. M., Fert, A., Nguyen, F., Dau, Van, Petroff, F., Eitenne, P., Friederich, Greuzet A. and Chazelas, J.：Phys. Rev. Lett., **61**, pp. 2472～2475（1988）
(14) Dieny, B., Sperious, V. S., Parkin, S. S. P., Gurney, B. A., Wilhoit, D. R. and Mauri, D.：Phys., Rev. **B 43**, pp. 1297～1300（1991）
(15) 毛利：日本応用磁気学会誌，**19**, pp. 847～856（1995）
(16) 千田，越本：日本応用磁気学会誌，**21**, pp. 895～900（1997）
(17) 脇若，八鳥，島田，西山，村田，伊藤：日本応用磁気学会誌，**19**, p. 461（1995）
(18) 壬王：電子科学，**19**, 25（1980）
(19) ミツトヨカタログ，No. 13005, p. 4
(20) 高橋，伊東：基礎センサ工学，電気学会（1990）
(21) 脇若，須山，水野，山本：電学論，**114D**, p. 325（1994）
(22) 石崎，高橋，下村，正木，北沢：電学論，**115D**, p. 598（1995）
(23) 岡田：磁気応用技術シンポジウム B6-2（2005）

(24) D. Wang, J. Brown, T. Hazelton, J. Daughton：IEEE Trans, on MAG., **41**, 10, pp. 3700〜3702 (2005)
(25) 笹田：電学論, **114-A**, p. 277 (1994)
(26) Sasada, I., Hiroike, A. and Harada, K.：IEEE Trans. Magn., **MAG-20**, p. 951 (1984)
(27) Beth, R. A. and Meeks, W. W.：Rev. Sci. Instrum., **25**, p. 603 (1954)
(28) Dahle, O.：ASEA Journal, **33**, 3, p. 23 (1960)
(29) 笹田, 浦本, 原田：電学論, **107D**, p. 64 (1987)
(30) Sasada, I.：Materials Research Society Symposium Proceedings Vol. 360 (Materials for Smart Systems Edited by Trolier, S., -McKinstry, et al.), p. 231 (1995)
(31) Rombach, P. and Langheinrich, W.：Sensors and Actuators A, **46**, 47, p. 294 (1995)
(32) Bozorth, R.：Ferromagnetism, p. 597, D. Van Nostrand Co. Inc. (1951)
(33) Dahle, O.：ASEA Journal, **33**, 3, p. 23 (1960)
(34) 脇若, 中山, 平野, 長沢, 山田：電学論, **115A**, p. 936 (1995)
(35) 岸本, 英, 脇若, 山田：日本応用磁気学会誌, **15**, p. 481 (1991)

第 9 章

(1) D E. D., Mee C. D. and Clark M. H.：Magentic Recording ― The First 100 Years, IEEE PRESS (1999)
(2) IWASAKI S. and NAKAMURA Y.：An Analysis for the Magnetization Mode for High Density Magnetic Recording, IEEE Trans. Magn., **13**, 5, pp. 1272〜1277 (1977)
(3) Takano H., Nishida Y., Kuroda Y., Sawaguchi H., Hosoe Y., Kawabe T., Aoi H., Muraoka H., Nakamura Y., and Ouchi K.：Realization of 52.5 Gb/in2 perpendicular recording, J. Mag. Magn. Mater., **235**, pp. 241〜244 (2001)
(4) 岡村博司編著：ハード・ディスク装置の構造と応用, CQ 出版社 (2002)
(5) Jones R. E., Mee C. D., and Tsang C.：Chap. 6 Recording Heads, Magnetic Recording Technology ed. by C. D. Mee and E. D. Daniel, pp. 6.1〜6.102, McGraw-Hill (1996)
(6) NAKAMURA Y. and IWASAKI S.：1.1 RECORDING AND REPRODUCING CHARACTERISTICS OF PERPENDICULAR MAGNETIC RECORDING, RECENT MAGNETICS FOR ELECTRONICS ed. By Y. Sakurai, JARECT, OHMSHA LTD. and NORTH-HOLLAND CO. LTD., **15**, p. 3〜17 (1984)
(7) Iwasaki, S., Nakamura, Y. and Ouchi K.：Perpendicular Magnetic Recording with a Composite Anisotropy Film, IEEE Trans. Magn., **15**, 6, pp. 1456〜1458 (1979)
(8) 中村慶久監修：垂直磁気記録の最新技術, pp. 82〜90, シーエムシー出版

(2007)

(9) Arnoldussen T. C.：Chap. 4 Film Media, Magnetic Recording Technology ed. by C. D. Mee and E. D. Daniel, pp. 4.1～4.66, McGraw-Hill（1996）

(10) 中村慶久監修：垂直磁気記録の最新技術，pp. 213～220，シーエムシー出版（2007）

(11) 中村慶久監修：垂直磁気記録の最新技術，pp. 204～212，シーエムシー出版（2007）

(12) 中村慶久監修：垂直磁気記録の最新技術，pp. 127～147，シーエムシー出版（2007）

(13) 島津武仁：第5章 2. Co-Pt-Cr-SiO$_2$ 系記録層材料，中村慶久監修 垂直磁気記録の最新技術，pp. 148～157，シーエムシー出版（2007）

(14) Cullity B. D.：Introduction to Magnetic Materials, pp. 410～418, Addison-Wesley Publishing Company（1972）

(15) 中村慶久：垂直磁気記録 Ⅲ 第3章 単磁極形磁気ヘッドの設計ポイントは何処か（その1），まぐね，**1**, 10, pp. 489～498（2006）

(16) 中村慶久：垂直磁気記録 Ⅶ 第6章 転移幅パラメータの近似解析，まぐね，**3**, 1, pp. 43～51（2008）

(17) 中村慶久：垂直磁気記録 Ⅴ 第4章 垂直磁気記録のためのシミュレータ，まぐね，**2**, 4, pp. 197～204（2008）

(18) 中村慶久：垂直磁気記録 Ⅴ 第4章 垂直磁気記録のためのシミュレータ（その2），まぐね，**2**, 7, pp. 369～378（2008）

(19) 吉田和悦，金井 靖，Simon Greaves，高岸雅幸，赤城文子：マイクロマグネティクスの磁気記録への応用Ⅰ 磁気記録・再生シミュレータの概要，まぐね／Magnetics Jpn., **4**, 4, pp. 197～205（2009）

(20) 中村慶久：垂直磁気記録 Ⅰ 第1章 まぜ垂直磁気記録の研究を始めたか，まぐね，**1**, 4, pp. 159～169（2006）

(21) 田河育也，竹尾昭彦，中村慶久：磁気記録媒体における粒子間相互作用磁界，日本応用磁気学会誌，**18**, 2, pp. 95～98（1994）

(22) NAKAMURA Y.：Extremely High-Density Magnetic Information Storage—Outlook Based on Analyses of Magnetic Recording Mechanisms—, IEICE Trans. Electron., **E78-C**, 11, pp. 1477～1492（1995）

(23) 中村慶久：垂直磁気記録 Ⅶ 第6章 転移幅パラメータの近似解析，まぐね，**3**, 1, pp. 43～51（2008）

(24) 竹尾昭彦，田河育也，中村慶久：Co-Cr 垂直磁気記録媒体の M-H ループにお

ける粒子間相互作用の影響，日本応用磁気学会誌，**19**, 2, pp. 97〜100（1995）
(25) 中村慶久：垂直磁気記録 Ⅷ　第7章　これからの垂直磁気記録，まぐね，**3**, 5, pp. 228〜236（2008）
(26) 城石芳博：ハードディスクドライブ技術の最先端，まぐね／Magnetics Jpn., **5**, 7, pp. 312〜319（2010）
(27) 五十嵐万壽和：エネルギーアシスト記録の現状と課題，まぐね／Magnetics Jpn., **5**, 7, pp. 339〜347（2010）
(28) J. -G. Zhu, X. Zhu, and Y. Tang：Microwave Assisted Magnetic Recording, IEEE Trans. Magn., **44**, pp. 125〜131（2008）
(29) 今村，太田監修：超高密度光磁気記録技術，pp. 65〜125, トリケップス（2000）
(30) McDaniel T. W., Challener W. A., and Sendur K.：IEEE Trans. Magn., **39**, p. 1972（2003）
(31) 佐藤勝昭：光と磁気，pp. 5〜21, 朝倉書店（1988）
(32) Gambino R. J. and Suzuki T.：Magneto-optical Recording Materials, pp. 28〜57, IEEE Press（1999）

第10章

(1) Kangarlu A., Baudendistel K. T., Heverhagen J. T., Knopp M. V.：Radiologe, **44**（1）, 1, p. 49（2004）
(2) WHO：Environmental Health Criteria No. 238（2007）
(3) WHO：Fact sheet No. 322（2007）
(4) WHO：Environmental Health Criteria No. 232（2006）
(5) ICNIRP：Health Physics, **94**, 4, pp. 504〜513（2009）
(6) ICNIRP：Health Physics, **99**, 6, pp. 818〜836（2010）
(7) 電気学会：「電磁界の生体影響に関する現状評価と今後の課題」（1998）
(8) 電気学会：「電磁界の生体影響に関する現状評価と今後の課題第Ⅱ期（2003）
(9) P. J. Dimbylow：Phys Med Biol, **50**, pp. 1047〜1070（2005）
(10) 原宏，栗城真治　共編：脳磁気科学— SQUID 計測と医学応用—, オーム社（1997）
(11) Clarke J. and Braginski A. I.（Eds.）：The SQUID Handbook, WILEY-VCH（2004）
(12) Kominis I. K., Kornack T. W., Allred J. C. and Romalis M. V.：A subfemtotesla multichannel atomic magnetometer, Nature, **422**（6932）, pp. 596-599（2003）
(13) 巨瀬勝美：NMR イメージング，共立出版（2004）
(14) 上原　弦，河合　淳：SQUID センサを用いた医療脳磁界計測装置, 電気学会誌 特集 超電導エレクトロニクスの最近の動向 - 3, IEEJ Journal, **130**, 3, pp. 146〜149（2010）

(15) Kimura T., Ozaki I., and Hashimoto I.：Brain Impulse Propagation along Thalamocortical Fibers Can Be Detected Magnetically outside the Human Brain, , J Neurosci, **28** (47), pp. 1235～1238 (2008)
(16) 神鳥明彦：心磁図開発の最先端，応用物理，**74**, pp. 580～586 (2005)
(17) Hosonoa T., Chibaa Y., Shintoa M., Kandorib A., Tsukada K.：A Fetal Wolff-Parkinson-White Syndrome Diagnosed Prenatally by Magnetocardiography, Fetal Diagn. Ther., **16**, pp. 215～217 (2001)
(18) 神鳥明彦，村上正浩，田中喜美夫，緒方邦臣，渡辺康志，岡裕　爾：心磁図のデータベース化への取り組み，日立評論，**88**, 09, pp. 708～709 (2006)
(19) Barker, T., Jalinous R., Freeston IL.：Non-invasive magnetic stimulation of the human motor cortex：lancet 1, pp. 1106～1107 (1985)
(20) Ueno, S., Tashiro T., Harada K.：Localized stimulation of neural tissues in the brain by a paired configuration of time-varying magnetic fields, J. Appl. Phys., **64** (10), pp. 5862～5864 (1988)
(21) 磁気刺激法に関する委員会からのお知らせ，臨床神経生理学，**35** (6), p. 565 (2007)
(22) Glaser, P.E.：Science, **162**, pp. 857～886 (1968)
(23) 篠田：計測と制御，**46**, pp. 98～103 (2007)
(24) Karalis K.A., Moffatt R., Joannopoulos J.D., Fisher P., and Soljacic M.：Science, **317**, pp. 83～86, (2007)
(25) 村上，松木，菊地：日本応用磁気学会誌，**17**, pp. 485～488 (1993)
(26) 松木他：非接触電力伝送技術の最前線，CMC出版 (2009)
(27) 石山，千葉：日本応用磁気学会誌，**28**, pp. 1067～1073 (2004)
(28) 石山，荒井：まぐね，**1**, pp. 65～69 (2006)
(29) 築谷，赤松：日本機械学会論文集 (B編)，**61**, pp. 3913～3920 (1995)
(30) Ernst, S., Ouyang, F., Linder, C., and et al：Circulation, **109**, pp. 1472～1475 (2004)
(31) 山崎，小林：日本応用磁気学会誌，**29**, pp. 632-639 (2005)
(32) Pasquarelli A., Tenner U. and Erne S. N.：Proc. of 1WK98, Ilmenau, Germany, pp. 21 (1998)
(33) 山崎，小林：日本応用磁気学会誌，**29**, pp. 405～415 (2005)
(34) 阿部，山崎，宮内，藤巻，小林：電気学会論文誌A分冊，**119-A**, 12, pp. 1472～1479 (1999)
(35) 阿部，山崎：日本建築学会構造系論文誌，**76**, 662, pp. 355～361 (2011)

演習問題解答

第 1 章

（1） $530.5\,\text{kA/m}$, $6.6\,\text{kOe}$

（2） 導体で囲まれた面積を鎖交する磁束の総数 $\Psi=(l\times B)\times 1$ 〔turn〕となり，式（1.27）に代入することで

$$e=-lB\frac{dx}{dt}=-lBv$$

を得る。図の方向に移動した場合（$v<0$），電圧は $e>0$ すなわち反時計回りに電流が流れる方向に起電力が生ずる。これは，式（1.29）と一致する。

（3） 磁束 Φ は，$\Phi(S,B)=S(t)B(t)$ と表され，式（1.27）に代入すると

$$e=-\frac{d\Psi}{dt}=-n\left(\frac{\partial\Phi}{\partial B}\frac{dB}{dt}+\frac{\partial\Phi}{\partial S}\frac{dS}{dt}\right)=-n\left(S\frac{dB}{dt}+B\frac{dS}{dt}\right)$$

となり，第1項が磁束変化の時間変化に起因する変圧器起電力，一方，第2項は形状の変化を伴うコイルの運動による速度起電力である。

（4） 図1.7に示すソレノイドコイルの磁界の強さ H は

$$\oint H\,dl=H\times 1\,\text{〔m〕}=ni$$

となり，1 m 当りの磁束の総数 Ψ は，ソレノイドコイルの半径を R とすると

$$\Psi=\mu_0 H\pi R^2 n=\mu_0\pi R^2 n^2 i=Li$$

となることから，インダクタンス L が求められる。

第 2 章

（1） (111)面内で磁化が回転するので，トルクの式は

$$T=\frac{K_2}{18}\sin 6\phi$$

となり，K_1 の項が消える。ここで，ϕ は〔112〕軸と磁化方向のなす角度である。そのため計測されたトルク曲線の振幅から K_2 を求めることができる。

（2） 式（2.29）に $\beta_1=0$, $\beta_2=\beta_3=1/\sqrt{2}$ を代入して計算すると

$$\lambda=\frac{1}{4}\lambda_{100}+\frac{3}{4}\lambda_{111}\sin 2\theta$$

と計算できる。ここで θ は伸縮測定方向と磁界印加方向とのなす角である。

（3） 2.5.2項の取扱いから

$$\delta U-2J_s SH\cos\phi\,\delta x=kx\delta xS-2J_s SH\cos\phi\,\delta x=0$$

すなわち，$x = \dfrac{2J_s \cos\phi}{k} H$

磁化の変化量は

$$J = 2J_s S\cos\phi\, x = \dfrac{4J_s^2 S\cos^2\phi}{k} H$$

$$\chi_i = \dfrac{J}{H} = \dfrac{4J_s^2 S\cos^2\phi}{k}$$

（4）磁壁の単位面積当りの磁壁移動による磁束変化 $\delta\Phi$ は，$\delta\Phi = 2J_s V\delta t$，したがって起電力は，$E = \delta\Phi/\delta t = 2J_s V$。磁壁は $I = 2J_s V/\rho$ の電流源として働く。これによって電流が磁壁の両側に流れる。それぞれの抵抗値 R_1，R_2 は距離 ρx，$\rho(d-x)$ に比例し，たがいに並列に接続されていると考えられるから，合成抵抗は

$$R = \dfrac{R_1 R_2}{R_1 + R_2} = \dfrac{\rho x(d-x)}{x + (d-x)} = \dfrac{\rho x(d-x)}{d}$$

ゆえに，損失は

$$P = RI^2 = \dfrac{4J_s^2 V^2}{\rho d} x(d-x)$$

（5）ヒント：[ ]内の各項を無限級数に展開し，$q \to 0$ の極限値を求める。

第3章

（1）試料の形状の対称性から，渦電流は x 軸に平行で中心軸（x 軸とする）から等距離にある2直線と端面近くで端面に平行な2直線からなる長方形を断面とする閉曲面を電流路とすることがわかる。

いま，**図 解 3.1** のように座標をとり，位置 z に微小幅 dz で y 方向に単位長さを持つ方形管を考える。これに誘導される電圧 e は式（解3.1）で，この抵抗 R は式（解3.2）で与えられるから，方形管での消費電力 p は e^2/R の時間平均をとって式（解3.3）となる。

$$e = -2\omega z l B_m \cos\omega t \qquad (\text{解}3.1)$$

$$R = \dfrac{2(l+z)\rho}{dz} \cong \dfrac{2l\rho}{dz} \qquad (\text{解}3.2)$$

$$p = 4l(\pi f z B_m)^2 \dfrac{dz}{\rho} \qquad (\text{解}3.3)$$

W_e は p を z に関して積分し，gld で割ることによって得られる。

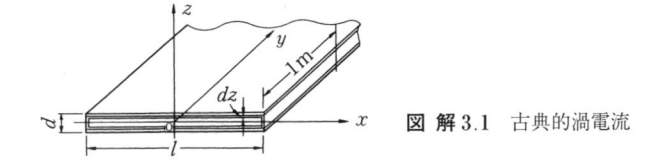

図 解 3.1 古典的渦電流

$$W_e = \frac{4\pi^2 f^2 B_m^2}{\rho g d}\int_0^{d/2} z^2 dz = \frac{(\pi d f B_m)^2}{6 g \rho}$$

W_e の値は表 3.1 を参照して,式 (2.56) を用い計算せよ。

（2） 式 (3.1) とそれに関する説明を参照。

（3） 3.4.3 項の後半参照。

第 4 章

（1） 4.2 節を参照。磁石性能評価の最大のポイントは磁性材料の B-H 減磁曲線上の磁束密度とそれに対応する磁界の強さとの積の最大値（最大エネルギー積）で,記号は $(BH)_{\max}$ で単位は〔J/m³〕である。ゆえに $(BH)_{\max}$ の値が大きいことは,電子電気機器に用いる場合の小形化の目安になる。

（2） 4.2 節を参照。

（3） 4.3.4 項を参照すると利点については種々述べてある。欠点は ① 製造時に結合材を入れるために磁気特性が低い。② 結合剤の種類にもよるが使用温度範囲が限られる。③ 材料によってはコストが高くなる。

（4） 4.5.1 項を参照。

第 5 章

（1）
$$\frac{d\bm{J}}{dt} = -\frac{\gamma}{1+\alpha^2}\bm{T} - \frac{\alpha\gamma}{1+\alpha^2}\left(\frac{\bm{J}}{J_s}\times\bm{T}\right) \tag{5.9}$$

$$\bm{T} = \frac{1}{\cos\theta}\frac{\partial U}{\partial \phi}\bm{f} + \frac{\partial U}{\partial \theta}\bm{g} \tag{5.10}$$

$$U = K_u \sin^2\phi - H_x J_s \cos\theta\cos\phi - H_y J_s \cos\theta\sin\phi + \frac{J_s^2}{2\mu_0}\sin^2\theta \tag{5.11}$$

面内磁化膜の高速磁化反転のほとんどの場合,$\theta \approx 0$（薄膜の特殊性による）であるから,$\cos\theta \approx 1$,$\sin\theta \approx 0$ であり,H_x,H_y,H_k は J_s/μ_0 に比べて十分小さいので無視できるとし,また

$$\frac{d\bm{J}}{dt} = -J_s\left\{\left(\frac{d\theta}{dt}\right)\bm{f} - \left(\frac{d\phi}{dt}\right)\bm{g}\cos\theta\right\} \tag{解 5.1}$$

であるので

$$J_s \frac{d\theta}{dt} = \frac{\gamma}{1+\alpha^2}\frac{1}{\cos\theta}\frac{\partial U}{\partial \phi} - \frac{\alpha\gamma}{1+\alpha^2}\frac{\partial U}{\partial \theta} \tag{解 5.2}$$

$$J_s \cos\theta\frac{d\phi}{dt} = -\frac{\gamma}{1+\alpha^2}\frac{\partial U}{\partial \theta} - \frac{\alpha\gamma}{1+\alpha^2}\frac{1}{\cos\theta}\frac{\partial U}{\partial \phi} \tag{解 5.3}$$

が得られ,$\cos\theta \approx 1$,$\sin\theta \approx 0$ および H_x,H_y,H_k は J_s/μ_0 に比べて無視する近似を用いて式 (解 5.2),(解 5.3) から $d\theta/dt$ を消去すると

$$\frac{d^2\phi}{dt^2} + \alpha\gamma\frac{J_s}{\mu_0}\frac{d\phi}{dt} + \frac{\gamma^2}{\mu_0}\frac{dU}{d\phi} = 0 \tag{5.12}$$

が得られる。ここで通常 α は大きくてもせいぜい 0.1 程度であるので, α^2 は1に比べて十分に小さいとして無視した。

第6章
（1）$R_s + j\omega L_s$ において，$R_s = \omega N^2 \mu'' A / l$, $L_s = N^2 \mu' A / l$。
（2）① $\mathcal{R} = 4.38 \times 10^5$ A/Wb, ② $L = 0.57$ H, ③ 2.28 mWb。
（3）① $\mathcal{R} = l_i / \mu_i A + x / \mu_0 A$ なので
$$f = -\frac{\Phi^2}{2\mu_0 A} = -\frac{B^2 A}{2\mu_0} \quad [\text{N}]$$
② $L = N^2 / \mathcal{R}$ なので
$$f = -\frac{N^2 I^2}{2\mu_0 A} \left(\frac{l_i}{\mu_i A} + \frac{x}{\mu_0 A} \right)^{-2} \quad [\text{N}]$$

第7章
（1）（ i ）磁心の体積を v [m^3] とすると，磁気エネルギーは $W = v \cdot \int_0^{B_m} H \cdot dB$ [J] であることを用いると, $\Delta x_0 = 0$ のときは $W_0 = 9.34 \times 10^5$ J, $\Delta x_1 = 1$ のときは $W_1 = 1.14 \times 10^{-5}$ J。
（ ii ）$F = -dw/dx = -(W_1 - W_0)/(\Delta x_1 - \Delta x_0)$ より $F = 82$ mN

（2）スケーリング則は対象とする物体の寸法を実際に変化させてみると考えやすい。磁石の体積を増加させるとそれに比例して力も増加するので，まず寸法 L の3乗に比例することがわかる。磁界を増加させるためには単位長当りの巻数を増やせばよい。巻数の増加はコイルの断面積を増加させるので L の2乗に比例する。けっきょく，磁界勾配は L に比例する。その結果，電磁力は L の4乗に比例することになる。コンデンサの印加電圧を一定とすると，静電力はキャパシタンスの変位の微分で与えられる。キャパシタンスは電極面積に比例して間隔に反比例するので L に比例する。微分を考えれば，けっきょく，静電力は寸法の0乗に比例する。アクチュエータの単位体積当りの力に直すと，電磁力は L に，静電力は L の -3 乗に比例することになり，マイクロ化するほど静電力が大きくなることがわかる。

（3）①マイクロ化した場合，静電形は大きな力を発揮するが，同極の電荷は反発して逃げてしまうので，利用できる力は吸引力のみである。一方，電磁形は吸引力と反発力を利用できる。②電磁力は永久磁石を利用できるが，静電力にはこれに相当する材料がない。③静電形に比較して電磁形のアクチュエータではギャップが大きく取れるので，大きな変位が得られる。④静電形アクチュエータはコイルを必要としないので，構造が平面的になりフォトファブリケーションに適している。電磁形は立体構造のコイルが必要なので作製法が複雑になる。⑤

電圧駆動である静電形はゴミを吸引しやすいので，使用環境に注意を要する．導電性の液体中では使用できない．電流駆動の電磁形は高電圧を必要とせず，使用環境もあまり選ばない．⑥ 電磁形は磁界のエネルギーを利用したワイヤレス駆動が可能であるが，静電形では困難である．

（4）（ⅰ）200 V　（ⅱ）8.66

第 8 章

（1）1 000 Nm 印加時のインダクタンスの変化量を dL とすると，題意より dL/L_0 =1/100（L_0 は $T=0$ に対するインダクタンス）．フルブリッジでこれを検出する場合，ブリッジの出力電圧はブリッジの励磁電圧を E とすれば，$E\cdot dL/L_0$ となる．トルクを 1 % の精度で検出しようとするとブリッジ出力電圧の検出に 1/10 000 の分解能が要求される．1 000 Nm に対するねじれ角は 1.0357×10^{-2} ラジアン，すなわち約 0.593 度．この角度を 1/100 の精度で検出することが必要であるから，0.005 93 度の分解能が必要．

第 9 章

（1）ギャップ両端のコア内で磁化がヘッドの表面に平行であるから，ギャップの両端面に面密度 $+\sigma$，$-\sigma$ の磁極が生ずるとして，これによりギャップ外に漏れる磁界を計算すればよい（図解 9.1）．

ギャップ端面上点 P'（$\pm g$, y', z'）の面磁極密度を σ とすると，これを囲む微小面積 ds（$=dydz$）によるギャップ外部点 P（x, y, z）での磁界は

$$dH_x = \sigma\left(\frac{\cos\theta}{r^2}\right)dydz \qquad (解9.1)$$

で求められる．ここで，r は点 P' から点 P までの距離，θ は P' から P に向かう方向と x 方向とのなす角度である．

したがって x 成分磁界は，トラック幅とヘッド長さ，およびギャップ深さを無限大とすると

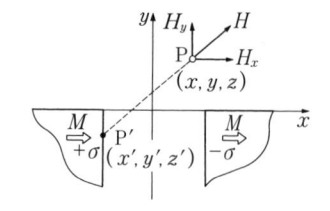

図解 9.1　リングヘッドのギャップ近傍座系

$$H_x = \sigma \int_{-\infty}^{0} dy \int_{-\infty}^{\infty} \frac{(x+g)}{\{(x+g)^2 + (y-y')^2 + (z-z')^2\}^{3/2}} dz$$

$$-\sigma \int_{-\infty}^{\infty} dy \int_{-\infty}^{\infty} \frac{(x-g)}{\{(x-g)^2 + (y-y')^2 + (z-z')^2\}^{3/2}} dz \quad (\text{解 }9.2)$$

ここで，トラック幅 W についての積分は

$$H_x = \sigma \int_{-\infty}^{0} \frac{(x+g)}{\{(x+g)^2 + (y-y')^2\}} dy - \sigma \int_{-\infty}^{0} \frac{(x-g)}{\{(x-g)^2 + (y-y')^2\}} dy$$

したがって

$$H_x = 2\sigma \left[\tan^{-1}\left\{\frac{(x+g)}{y}\right\} - \tan^{-1}\left\{\frac{(x-g)}{y}\right\} \right]$$

として決まる。同様にして y 成分は

$$H_y = \sigma \int_{-\infty}^{0} dy \int_{-\infty}^{\infty} \frac{(y-y')}{\{(x+g)^2 + (y-y')^2 + (z-z')^2\}^{3/2}} dz$$

$$-\sigma \int_{-\infty}^{0} dy \int_{-\infty}^{\infty} \frac{(y-y')}{\{(x-g)^2 + (y-y')^2 + (z-z')^2\}^{3/2}} dz$$

$$= \sigma \ln \frac{\left|(x+g)^2 + y^2\right|}{\left|(x-g)^2 + y^2\right|}$$

である。

索　引

【あ】
アステロイド曲線　108
アルフェル　64

【い】
異常損失　56
イソパーム　29, 63
一軸磁気異方性　27
異方性エネルギー　8, 25
異方性磁界　31
異方性定数　26
インダクタ　13
インバー合金　63

【か】
回転磁化　42
角形比　54
核磁気共鳴　16
核磁子　16
カー効果　38
ガーネット　65
可飽和リアクトル　157
感温磁性材料　150
干渉電子顕微鏡法　39

【き】
軌道角運動量　15
キュリー温度　19
キュリーの法則　18

【く, け】
クーロン力　8
けい素鋼板　57

【こ】
交換スプリング磁石　96
交換相互作用　21
硬質磁性材料　7
高周波キャリヤ形磁気ヘッド　178
固有保磁力　83

【さ】
最大エネルギー積　83
最大減磁界強度　200
最大透磁率　10
残留磁化　9
残留損　55

【し】
磁　化　7
磁　界　1
磁界変調記録方式　211
磁化困難軸　25
磁化容易軸　25
磁気インピーダンス　178
磁気エンコーダ　182
磁気光学効果法　38
磁気スケール　181
磁気双極子相互作用　20
磁気損　55
磁気定数　7
磁気トルク計　29
磁気分極　7
磁気モーメント　7
磁　極　8
磁気力顕微鏡法　39
磁区構造　8

自己インダクタンス　13
指向性　173
磁性体　7
自然共鳴　71
磁　束　7
磁束密度　7
磁束量子　178
磁　場　1
純　鉄　56
消　磁　9
消磁状態　9, 34
蒸着法　114
初磁化曲線　40
初透磁率　10
心磁計　220

【す】
垂直磁化方式　191
推　力　151
スケーリング則　155
スパッタ法　114
スーパーマロイ　63
スピノーダル分解　88
スピン　15, 128
スピン角運動量　16
スピン注入　129
スピントランスファー　129
スレータ・ポーリング曲線　55

【せ】
整磁合金　62
静電相互作用　21
性能指数　138
センサ　178

索　引　257

【そ】

走査形電子顕微鏡法	39
走査プローブ顕微鏡	119
ソレノイドコイル	5
損失角	137
損失係数	138

【た, ち】

弾性波	180
超磁歪材料	102
直交フラックスゲート	174

【て】

鉄損	138
転移幅パラメータ	198
電荷	128
電気機械結合係数	102
電磁界ばく露	217
電磁鋼板	57
電磁誘導	12
電磁力	6
電力損失	54

【と】

等価渦電流抵抗	140
等価ヒステリシス抵抗	140
動的損失	138
トラック幅	192
トンネル磁気抵抗効果	129

【な, に】

ナノインプリント	120
軟質磁性材料	7

【ね, の】

ニュークリエーション型	92
ネール磁壁	38, 106
脳磁計	220

【は】

薄膜インダクタ	120
薄膜磁気ヘッド	193
パーミンバ合金	63
パラメトリック発振	163
バルクハウゼン効果	42
反強磁性体	21
反磁界係数	11

【ひ】

光変調記録方式	211
ヒステリシス曲線	8, 40
ヒステリシス損	9
非接触電力伝送	227
比透磁率	10
微分透磁率	10
表皮の深さ	45
ピンニング型	92

【ふ】

ファラデー効果	38
ファラデーの電磁誘導の法則	12
複素透磁率	138
プランジャマグネット	137
フレミングの右手の法則	13
ブロッホ磁壁	38, 106
分子磁界	18

【へ】

分子線エピタキシー	114
粉末図形法	34
平行フラックスゲート	174
ヘルムホルツコイル	5

【ほ】

ボーア磁子	16
方向性規則配列	28
飽和磁化	40
保磁力	9, 83

【ま】

マイスナー効果	154
マグネットプラムバイト形結晶構造	65
枕木状磁壁	106

【め, よ】

メスバウアー効果	16
陽子	16

【ら, り】

ランジュバン関数	17
ランダウ・リフシッツ・ギルバートの運動方程式	110
リソグラフィ	118

【ろ】

ローレンツ顕微鏡法	39
ローレンツ力	6

【B, G, J】

B-H 減磁曲線	83
g 係数	16
J-H 減磁曲線	83

【K, M】

KS 鋼	80
MK 鋼	81

【O, S】

OP 磁石	81
Snoek の限界	71

改訂 磁気工学の基礎と応用
Magnetics — Fundamentals and Applications — (Revised Edition)
© 一般社団法人 電気学会 1999, 2013

1999年 5月20日 初　版第1刷発行
2008年 8月20日 初　版第7刷発行
2013年10月25日 改訂版第1刷発行
2022年 7月 5日 改訂版第3刷発行

検印省略

編　者　一般社団法人 電 気 学 会
　　　　マグネティックス技術委員会
発 行 者　株式会社　コ ロ ナ 社
　　　　代 表 者　牛 来 真 也
印 刷 所　新日本印刷株式会社
製 本 所　有限会社愛千製本所

112-0011　東京都文京区千石 4-46-10
発 行 所　株式会社　コ ロ ナ 社
CORONA PUBLISHING CO., LTD.
Tokyo Japan
振替00140-8-14844・電話(03)3941-3131(代)
ホームページ　https://www.coronasha.co.jp

ISBN 978-4-339-00856-2　C3054　Printed in Japan　　　　　（吉原）

本書のコピー，スキャン，デジタル化等の無断複製・転載は著作権法上での例外を除き禁じられています。
購入者以外の第三者による本書の電子データ化および電子書籍化は，いかなる場合も認めておりません。
落丁・乱丁はお取替えいたします。